建设工程招投标与合同管理

主　编　庞业涛　文　真
副主编　曹双平　张瀚兮
主　审　倪志军

西南交通大学出版社
·成　都·

图书在版编目（CIP）数据

建设工程招投标与合同管理 / 庞业涛，文真主编
. —成都：西南交通大学出版社，2020.3（2022.1 重印）
ISBN 978-7-5643-7372-6

Ⅰ. ①建… Ⅱ. ①庞… ②文… Ⅲ. ①建筑工程 – 招标 – 高等职业教育 – 教材②建筑工程 – 投标 – 高等职业教育 – 教材③建筑工程 – 经济合同 – 管理 – 高等职业教育 – 教材 Ⅳ. ①TU723

中国版本图书馆 CIP 数据核字（2020）第 030347 号

Jianshe Gongcheng Zhaotoubiao yu Hetong Guanli
建设工程招投标与合同管理

主　编 / 庞业涛　文　真
责任编辑 / 刘　昕
助理编辑 / 王同晓
封面设计 / 吴　兵

西南交通大学出版社出版发行
（四川省成都市金牛区二环路北一段 111 号西南交通大学创新大厦 21 楼　610031）
发行部电话：028-87600564　028-87600533
网址：http://www.xnjdcbs.com
印刷：四川森林印务有限责任公司

成品尺寸　185 mm × 260 mm
印张　20　　字数　498 千
版次　2020 年 3 月第 1 版　　印次　2022 年 1 月第 2 次

书号　ISBN 978-7-5643-7372-6
定价　49.80 元

课件咨询电话：028-81435775
图书如有印装质量问题　本社负责退换

前　言

近年来，国家、行业主管部门及各省市出台了大量的关于促进建筑行业信息化，大力发展 BIM 和装配式的相关政策。随着建筑行业转型升级，BIM 和装配式建筑会越来越普及。党的十八大将信息化作为推进经济结构战略性调整的重要内容，要求大幅提升信息化水平，推进信息网络技术广泛运用，推动信息化和工业化深度融合，“电子招标”将是招投标工作发展的主导方向，

BIM 和装配式建筑的发展，招投标政策法规的不断更新，对招投标及合同管理提出了新的要求。本次修订，针对行业发展以及高素质技能型、应用型人才培养的需要，对第一版中的内容进行了增删修订，增加了电子招投标、BIM 招投标、装配式建筑招投标等内容，调整内容结构，修订过时的内容，并修改配套的任务练习、项目练习。

本教材由重庆房地产职业学院庞业涛、文真担任主编，曹双平、张瀚兮担任副主编，倪志军担任主审。重庆房地产职业学院张瀚兮、冯亚飞，昆明冶金高等专科学校陈泰之，四川职业技术学院陈兴帮参加编写。具体分工如下：庞业涛编写项目一、项目五、项目六、项目七、项目九，文真编写项目二、项目三、项目四，张瀚兮编写项目八、 曹双平编写项目十和部分习题的修订，冯亚飞、陈泰之、陈兴帮参与部分任务的修订。庞业涛负责全书统稿、修撰。

本书在编写过程中，编者查阅了大量招投标相关的法律、法规，招投标与合同管理专业书籍、论文、企业内部资料以及重庆市工程建设招标投标交易信息网、重庆市公共资源交易网、深圳市住房和建设局网等网站，引用了其中一些图表及内容。在此向原作者致以衷心的感谢。

由于招投标与合同管理发展较快，现行国家及地区的有关政策文件、标准不断更新，加之编者水平有限，时间仓促，书中难免存在缺漏和错误之处，敬请广大读者和专家批评指正。

编　者

2019 年 12 月

目　录

项目一　建筑市场 ······ 1

任务 1.1　认识建筑市场 ······ 2

任务 1.2　建设工程发承包方式与招投投标概述 ······ 13

项目小结 ······ 28

项目练习 ······ 28

项目二　建设工程项目招标 ······ 31

任务 2.1　建设工程施工招标概述 ······ 32

任务 2.2　建设工程施工招标程序 ······ 37

任务 2.3　建设工程招标文件的组成与编制 ······ 44

任务 2.4　建设工程施工招标案例 ······ 65

项目小结 ······ 66

项目练习 ······ 66

项目三　建设工程项目投标 ······ 68

任务 3.1　投标程序及主要工作 ······ 69

任务 3.2　资格预审 ······ 82

任务 3.3　投标文件编制 ······ 97

任务 3.4　投标报价的策略与技巧 ······ 128

项目小结 ······ 134

项目练习 ······ 134

项目四　建设工程项目开标、评标与定标 ······ 136

任务 4.1　开标和评标的内容及组织 ······ 137

任务 4.2　建设工程开标、评标和定标的程序及要求 ······ 141

项目小结 ······ 148

项目练习 ······ 148

项目五　电子招投标与 BIM 招投标 ······ 151

任务 5.1　认识电子招投标 ······ 153

任务 5.2　基于 BIM 的电子招投标 ······ 165

项目小结 ······ 175

项目练习 ······ 176

项目六　装配式建筑招投标 ……177
任务 6.1　装配式建筑招投标 ……178
任务 6.2　装配式建筑招投标案例 ……181
项目小结 ……190
项目练习 ……191
项目七　建设工程施工合同 ……192
任务 7.1　合同概述 ……193
任务 7.2　建设工程施工合同 ……201
项目小结 ……218
项目练习 ……218
项目八　建设工程施工合同管理 ……222
任务 8.1　建设工程施工合同管理概述 ……223
任务 8.2　建设工程施工合同签约管理 ……229
任务 8.3　建设工程施工合同履约管理 ……240
任务 8.4　风险管理 ……250
项目小结 ……258
项目练习 ……258
项目九　建设工程施工合同索赔管理 ……261
任务 9.1　索赔与索赔管理概述 ……262
任务 9.2　索赔的程序与处理 ……271
任务 9.3　索赔计算 ……281
项目小结 ……289
项目练习 ……289
项目十　国际工程招投标与国际工程合同条件 ……293
任务 10.1　国际工程项目招标方式及程序 ……294
任务 10.2　国际工程合同条件 ……302
项目小结 ……309
项目练习 ……309
参考文献 ……313

项目一　建筑市场

项目目标

建筑市场与招标投标制度存在相辅相成的关系，建立统一、开放、竞争、有序的建筑市场是不断深化招标投标体制改革的目标。近年来，工程项目招投标的改革取得了巨大的进步，我国工程施工招标率已经达到 85% 以上，招投标与合同管理在许多工程管理领域中得到普及，我国的建筑市场正在不断地规范。通过本项目的学习，掌握建筑市场的基本知识，为后续项目的学习打下基础。

教学要求

能力目标	知识要点
掌握建筑市场的主体及客体	（1）建筑市场的主体 （2）建筑市场的客体
了解建设市场的资质管理	（1）从业企业资质管理 （2）专业人士资格管理
熟悉建设工程交易中心	（1）建设工程交易中心的性质与作用 （2）建设工程交易中心的基本功能 （3）建设工程交易中心的运行原则 （4）建设工程交易中心运作的一般程序
了解工程招投标相关法律法规	（1）民法 （2）建筑法 （3）招标投标法 （4）合同法
熟悉建设工程发包、承包的方式	（1）建设工程发包的方式 （2）建设工程承包的方式
掌握工程招标投标的基本知识	（1）建设工程招标投标的概念 （2）建设工程招标投标的分类 （3）建设工程招标投标的特点 （4）建设工程招标投标的原则 （5）招投标的监督管理

案例导入

【背景】

建筑业作为我国国民经济的重要支柱，对我国的经济发展和就业都有着不可替代的重要作用，对于构建和谐社会举足轻重。近年来，我国建筑业取得了举世瞩目的巨大成就，正从建筑业大国向着建筑业强国迈进。但是，我国建筑市场发展过程中出现了一些深层次的问题，如：建筑市场法律法规不完善，部分地区市场壁垒、行业垄断等一些体制性、机制性的深层次问题仍普遍存在；招投标制度不够完善，招投标范围太宽，造成社会资源浪费；业主行为不规范，造成虚假招标、明招暗定、围标串标、转包、违法分包；各类工程质量和安全生产事故问题频繁；市场公平交易秩序维护不够，拖欠款问题严重等建筑市场中一些“顽症”仍没有得到根治；市场诚信体系建设的相关信用信息平台、失信惩戒的社会和法制环境还有待进一步健全；不履行基本建设程序、建设单位非法干预工程的现象依然存在；行业发展基础薄弱，企业核心竞争力和从业人员素质亟待提高等。

在推进建筑行业改革方面，行业主管部门出台的政策依然密集如雨，国家也不断加快修订建筑法等法律法规，进一步完善建筑市场法律法规体系。工程担保、保险制度以及与市场经济相适应的工程造价管理体系基本建立，建筑市场准入制度更加科学完善，统一开放、公平有序的建筑市场规则和格局基本形成。全国建筑工人培训、技能鉴定、职业身份识别、信息管理系统基本完善。市场各方主体行为基本规范，建筑市场秩序明显好转。

【问题思考】

（1）目前我国的建筑市场存在哪些问题？

（2）建筑业面临着哪些挑战？

（3）建筑市场的完善与招投标有何关系？

任务 1.1 认识建筑市场

任务导入

建筑市场是建设工程市场的简称，是进行建筑商品和相关要素交换的市场，主要以建设工程承发包交易活动为主要内容。建筑市场有广义和狭义之分。狭义的建筑市场是指交易建筑商品的场所。由于建筑商品体形庞大、无法移动，不可能集中在一定的地方交易，所以一般意义上的建筑市场为无形市场，没有固定交易场所。它主要通过招标投标等手段，完成建筑商品交易。当然，交易场所随建筑工程的建设地点和成交方式不同而变化。广义的建筑市场是指建筑商品供求关系的总和，包括狭义的建筑市场、建筑商品的需求程度、建筑商品交易过程中形成的各种经济关系等。

1.1.1　建筑市场的主体及客体

1.1.1.1　建筑市场的主体

建筑市场的主体是指参与建筑生产交易过程的各方，主要有业主（建设单位或发包人）、承包商、工程咨询服务机构等。建筑市场的客体是指一定量的可供交换的商品和服务，它包括有形的建筑产品（建筑物、构筑物）和无形的建筑产品（咨询、监理等智力型服务）。

1．业　主

业主是指既有某项工程建设需求，又具有该项工程建设相应的建设资金和各种准建手续，在建筑市场中发包工程建设的勘察、设计、施工、监理任务，并最终得到建筑产品的政府部门、企事业单位或个人。

在我国工程建设中，业主也称为建设单位，只有在发包工程或组织工程建设时才成为市场主体，故又称为发包人或者招标人。因此，业主方作为市场主体具有不确定性。在我国，有些地方和部门曾提出过要对业主实行技术资质管理制度，以改善当前业主行为不规范的问题。但无论是从国际惯例还是从国内实践看，对业主资格实行审查约束都是不成立的，对其行为进行约束和规范，只能通过法律和经济的手段去实现。

项目业主的产生可归纳为以下几种方式：

（1）企业、机关或事业单位。如投资新建、扩建或改建工程，则此等企业、机关或事业单位即为项目的业主。

（2）对于不同投资或参股的工程项目业主则是共同投资方组成的董事会或管理委员会。

（3）各类开发公司。开发公司自行融资或由投资方协商组建或委托开发的工程管理公司也可称为业主。

业主在项目建设过程中的主要职能：

（1）建设项目可行性研究与决策。

（2）建设项目的资金筹措与管理。

（3）办理建设项目的有关手续（如征地、建筑许可等）。

（4）建设项目的招标与合同管理。

（5）建设项目的施工与质量管理。

（6）建设项目的竣工验收与试运行。

（7）建设项目的统计及文档管理。

2．承包商

承包商是指拥有一定数量的建设装备、流动资金、工程技术经济管理人员及一定数量的工人，取得建设行业相应资质证书和营业执照的，能够按照业主的要求提供不同形态的建筑产品并最终得到相应工程价款的建设施工企业。

相对于业主，承包商作为建筑市场的主体，是长期和持续存在的。因此，无论是按照国际还是国内惯例，对承包商一般都要实行从业资格管理。承包商从事建筑生产，一般需要具备四个方面的条件：

（1）拥有符合国家规定的注册资本。

（2）拥有与其资质等级相适应且具有注册执业资格的专业技术和管理人员。

（3）拥有从事相应建筑活动所应有的技术装备。

（4）经资格审查合格，已取得资质证书和营业执照。

承包商可按其所从事的专业分为土建、水电、道路、港口、铁路、市政工程等专业公司。在市场经济条件下，承包商需要通过市场竞争（招标）取得施工项目，需要依靠自身的实力去赢得市场，承包商的实力主要包括四个方面：

（1）技术方面的实力。有精通本行业的工程师、造价工程师、项目经理、合同管理等专业人员队伍；有工程设计、施工专业装备，能解决各类工程施工中的技术难题；有承揽不同类型项目施工的经验。

（2）经济方面的实力。具有相当的周转资金用于工程准备及备料，具有一定的融资和垫付资金的能力；具有相当的固定资产和为完成项目需购入大型设备所需的资金；具有支付各种担保和保险的能力，能承担相应风险的能力；承担国际工程尚需具备筹集外汇的能力。

（3）管理方面的能力。建筑承包市场属于买方市场，承包商为打开局面，往往需要低利润报价取得项目，在成本控制上下功夫，向管理要效益，并采用先进的施工方法提高工作效率和技术水平，因此必须具有一批过硬的项目经理和管理专家。

（4）信誉方面的能力。承包商一定要有良好的信誉，它将直接影响企业的生存与发展。要建立良好的信誉，必须遵守法律法规，承担国外工程要按国际惯例办事，保证工程质量、安全、工期，并认真履约。

承包商投标工程，必须根据本企业的施工力量、机械装备、技术力量、施工经验等方面的条件，选择适于发挥自己优势的项目，避开企业不擅长或缺乏经验的项目，做到扬长避短，避免给企业带来不必要的风险和损失。

3．工程咨询服务机构

工程咨询服务机构是指具有一定注册资金，具有一定数量的工程技术、经济管理人员，取得建筑咨询证书和营业执照，能为工程建设提供估算测量、管理咨询、建设监理等智力型服务并获取相应费用的企业。

工程咨询服务企业包括勘察设计机构、工程造价（测量）咨询单位、招标代理机构、工程监理公司、工程管理公司等。工程咨询服务机构虽然不是工程承发包的当事人，但其受业主委托或聘用，与业主订有协议书或合同，因而对项目的实施负有相当重要的责任。

1.1.1.2 建筑市场的客体

建筑市场的客体，一般称作建筑产品，是建筑市场的交易对象，既包括有形建筑产品，也包括无形产品——各类智力型服务。

建筑产品不同于一般工业产品，因为建筑产品本身及其生产过程，具有不同于其他工业产品的特点。在不同的生产交易阶段，建筑产品表现为不同的形态，可以是咨询公司提供的咨询报告、咨询意见或其他服务；可以是勘察设计单位提供的设计方案、施工图纸、勘察报告；可以是生产厂家提供的混凝土构件，当然也包括承包商生产的房屋和各类构筑物。

1．建筑产品的特点

（1）建筑生产和交易的统一性。建筑物与土地相连，不可移动，这就要求施工人员和施工机械只能随建筑物不断流动。从工程的勘察、设计、施工任务的发包到工程竣工，发包方与承包方、咨询方进行的各种交易与生产活动交织在一起。建筑产品的生产和交易过程均包含于建筑市场之中。

（2）建筑产品的单件性。由于业主对建筑产品的用途、性能要求不同以及建设地点的差异，决定了多数建筑产品不能批量生产，决定了建筑市场的买方只能通过选择建筑产品的生产单位来完成交易。无论是设计、施工、管理服务，发包方都只能以招标要约的方式向一个或一个以上的承包商提出自己对建筑产品的要求。通过承包方之间在价格及其他条件上的竞争，确定承发包关系。业主选择的不是产品，而是产品的生产单位。

（3）建筑产品的整体性和分部分项工程的相对独立性。这个特点决定了总包和分包相结合的特殊承包形式。随着经济的发展和建筑技术的进步，施工生产的专业性越来越强。在建筑生产中，由各种专业施工企业分别承担工程的土建、安装、装饰、劳务分包，有利于施工生产技术和效率的提高。

（4）建筑生产的不可逆性。建筑产品一旦进入生产阶段，其产品不可能退换，也难以重新建造，否则双方都将承受极大的损失。所以，建筑最终产品质量是由各阶段成果的质量决定的，设计、施工必须按照规范和标准进行，才能保证生产出合格的建筑产品。

（5）建筑产品的社会性。绝大部分建筑产品都具有相当广泛的社会性，涉及公众的利益和生命财产的安全，即使是私人住宅，都会影响到环境、进入或靠近它的人员的生活和安全。政府作为公众利益的代表，加强对建筑产品的规划、设计、交易、建造的管理是非常必要的，有关建设的市场行为都应受到管理部门的监督和审查。

2．建筑市场的商品属性

长期以来，受计划经济体制影响，工程建设由工程指挥部管理，工程任务由行政部门分配，建筑产品价格由国家规定，抹杀了建筑产品的商品属性。

改革开放以后，由于推行了一系列以市场为取向的改革措施，建筑企业成为独立的生产单位，建设投资由国家拨款改为多种渠道筹措，市场竞争代替行政分配任务，建筑产品价格也走向市场形成，建筑产品的商品属性观念已为大家所认识，成为建筑市场发展的基础，并推动了建筑市场的价格机制、竞争机制和供求机制的形成，使实力强、素质好、经营好的企业在市场上更具竞争性，能够更快地发展，实现资源的优化配置，提高了全社会的生产力水平。

3．工程建设标准的法定性

建筑产品的质量不仅关系承发包双方的利益，也关系到国家和社会的公共利益。正是由于建筑产品的这种特殊性，其质量标准是以国家标准、国家规范等形式颁布实施的。

从事建筑产品生产必须遵守这些标准规范的规定，违反这些标准规范将受到国家法律的制裁。

工程建设标准涉及面很宽，包括房屋建筑、交通运输、水利、电力、通信、采矿冶炼、石油化工、市政公用设施等方面。

工程建设标准的对象是工程勘察、设计、施工、验收、质量检验等各个环节中需要统一的技术要求。它包括五个方面的内容：

（1）工程建设勘察、设计、施工及验收等的质量要求和方法；

（2）与工程建设有关的安全、卫生、环境保护的技术要求；

（3）工程建设的术语、符号、代号、计量与单位、建筑模数和制图方法；

（4）工程建设的试验、检验和评定方法；

（5）工程建设的信息技术要求。

在具体形式上，工程建设标准包括了标准、规范、规程等。工程建设标准的独特作用就在于，一方面，通过有关的标准规范为相应的专业技术人员提供了需要遵循的技术要求和方法；另一方面，由于标准的法律属性和权威属性，保证了从事工程建设的有关人员按照规定去执行，从而为保证工程质量打下了基础。

1.1.2 建筑市场的资质管理

建筑活动的专业性、技术性都很强，而且建设工程投资大、周期长，一旦发生问题，将给社会和人民的生命财产安全造成极大损失。因此，为保证建设工程的质量和安全，对从事建设活动的单位和专业技术人员必须实行从业资格管理，即资质管理制度。建筑资质包括从业企业资质和专业人士资格。

1.1.2.1 从业企业资质管理

在建筑市场中，围绕工程建设活动的主体主要有三方，即业主、承包商、工程咨询服务机构。我国《中华人民共和国建筑法》规定，对从事建筑活动的施工企业、勘察单位、设计单位和工程咨询机构（含监理单位）实行资质管理。

1．建筑业企业（承包商）资质管理

建筑业企业（承包商）是指从事土木工程、建筑工程、线路管道及设备安装工程、装修工程等的新建、扩建、改建活动的企业。我国的建筑业企业分为施工总承包企业、专业承包企业和劳务分包企业。施工总承包企业又按工程性质分为房屋、公路、铁路、港口、水利、电力、矿山、冶金、化工石油、市政公用、通信、机电等 12 个类别；专业承包企业又根据工程性质和技术特点划分为 60 个类别；劳务分包企业按技术特点划分为 13 个类别。

从事房屋建筑工程施工总承包企业以及与之相关的专业承包企业资质等级在《建筑业企业资质等级标准》中大致是如下划分的。

（1）施工总承包企业资质。根据企业资信能力、企业主要管理人员和专业技术人员要求、科技进步水平、代表工程业绩、承包范围的不同，工程施工总承包企业资质等级分为特级、一级、二级、三级。

（2）施工专业承包企业资质。施工专业承包企业资质等级基本上是分为一级、二级、三级。取得专业承包资质的企业（以下简称专业承包企业），可以承接施工总承包企业分包的专业工程和建设单位依法发包的专业工程。专业承包企业可以对所承接的专业工程全部自行施工，也可以将劳务作业依法分包给具有相应资质的劳务分包企业。

（3）劳务分包企业资质。劳务分包企业资质等级基本上是分为一级、二级。劳务分包企业资质不分专业，可以承接施工总承包企业或专业承包企业分包的劳务作业。

这三类企业的资质等级标准，由国家建设部统一组织制定和发布。

2．工程咨询单位资质

工程咨询服务单位是指具有一定注册资金，具有一定数量的工程技术，经济、管理人员，取得建设咨询证书和营业执照，能为工程建设提供估算计量、管理咨询、建设监理等智力型服务并获取相应费用的企业。国际上，工程咨询服务单位一般称为咨询公司，在国内则包括勘察公司设计院，工程监理公司，工程造价咨询公司、招标代理机构和工程管理公司等。它们主要向建设项目业主提供工程咨询和管理等智力型服务，以弥补业主对工程建设业务不了解的不足咨询单位并不是工程本发包时当事人，但受业主聘用，与业主订有协议书和合同，从事工程咨询设计或监理等工作，因而在项目的实施中本担重要的责任。咨询任务可以贯穿于从项目立项到竣工验收乃至使用阶段的整个项目建设过程，也可以只限于其中某个阶段，例如可行性研究咨询、施工图设计、施工监理等。

（1）工程勘察、设计企业资质。我国建设工程勘察设计资质分为工程勘察资质和工程设计资质。工程勘察资质分为工程勘察综合资质、工程勘察专业资质、工程勘察劳务资质；工程设计资质分为工程设计综合资质、工程设计行业资质、工程设计专项资质。

（2）工程监理企业资质。工程监理企业资质分为综合资质，专业资质和事务所资质。其中，专业资质按照工程性质和技术特点划分为若干工程类别。综合资质、事务所资质不分级别。专业资质分为甲级、乙级；其中，房屋建筑、水利水电、公路和市政公用专业资质可设立丙级。工程监理企业资质相应许可的业务范围如下。

① 综合资质可以承担所有专业工程类别建设工程项目的工程监理业务。

② 专业甲级资质可承担相应专业工程类别建设工程项目的工程监理业务；专业乙级资质可承担相应专业工程类别二级以下（含二级）建设工程项目的工程监理业务；专业丙级资质可承担相应专业工程类别三级建设工程项目的工程监理业务。

③ 事务所资质：可承担三级建设工程项目的工程监理业务，国家规定必须实行强制监理的工程除外。

工程监理企业可以开展相应类别建设工程的项目管理，技术咨询等业务。

3．工程招标代理机构资质

在2007年实施的《工程建设项目招标代理机构资格认定办法》中，工程招标代理机构资质等级划分为甲级和乙级和预备级。在2017年，住房和城乡建设部办公厅发布《住房和城乡建设部办公厅关于取消工程建设项目招标代理机构资格认定加强事中事后监管的通知》中规定，自2017年12月28日起，各级住房和城乡建设部门不再受理招标代理机构资格认定申请，停止招标代理机构资格审批。深入推进工程建设领域"放管服"改革，加强工程建设项目招标代理机构（以下简称招标代理机构）事中事后监管，规范工程招标代理行为，维护建筑市场秩序。

4. 材料、设备供货商资质

工程建设项目招标人对项目实行总承包招标时，未包括在总承包范围内的货物达到国家规定规模标准的，应当由工程建设项目招标人依法组织招标。

工程建设项目招标人对项目实行总承包招标时，以暂估价形式包括在总承包范围内的货物达到国家规定规模标准的，应当由总承包中标人和工程建设项目招标人共同依法组织招标。双方当事人的风险和责任承担由合同约定。

1.1.2.2　专业人士资格管理

在建筑市场中，把具有从事工程咨询资格的专业工程师称为专业人士。建筑行业尽管有完善的建筑法规，但没有专业人士的知识和技能的支持，政府难以对建筑市场进行有效的管理。由于他们的工作水平对工程项目建设成败具有重要的影响，所以对专业人士的资格条件有很高要求。

近几年，我国专业人士执业资格制度逐步趋于完善。目前，建筑类专业人士包括建筑师、结构工程师、监理工程师、造价工程师、建造师、投资咨询师等。资格和注册条件为：大专以上专业学历；参加全国统一考试，成绩合格；具有相关专业的实践经验；等等。我国对每一类专业人士制定了相应的注册执业管理规定及相关要求。

目前，我国专业人士资格管理制度尚处于起步阶段，但随着建筑市场的进一步完善，对其管理会进一步规范化、制度化。

1.1.3　建设工程交易中心

建设工程从投资性质上可分为两大类：一类是国家投资项目，另一类是私人投资项目。在西方发达国家中，私人投资占了绝大多数，工程项目管理是业主自己的事情，政府只是监督他们是否依法建设；对国有投资项目，一般设置专门的管理部门，代为行使业主的职能。

在我国，政府部门、国有企业、事业单位投资在社会投资中占有主导地位。建设单位使用的资产都是国有投资，由于国有资产管理体制的不完善和建设单位内部管理制度的薄弱，很容易造成工程发包中的不正之风和腐败现象。针对上述情况，近几年我国出现了建设工程交易中心。把所有代表国家或国有企事业投资的业主请进建设工程交易中心进行招标，设置专门的监督机构，这是我国解决国有建设项目交易透明度的问题和加强建筑市场管理的一种独特方式。

1.1.3.1 建设工程交易中心的性质与作用

1. 建设工程交易中心的性质

建设工程交易中心是经政府主管部门批准的，为建设工程交易活动提供服务的场所。它不是政府管理部门，也不是政府授权的监督机构，本身并不具备监督管理职能。

但建设工程交易中心又不是一般意义上的服务机构，其设立需得到政府或政府授权主管部门的批准，并非任何单位和个人可随意成立；它不以营利为目的，旨在为建立公开、公正、平等竞争的招投标制度服务，只可经批准收取一定的服务费，工程交易行为不能在场外发生。

2. 建设工程交易中心的作用

按照我国有关规定，对于全部使用国有资金投资，以及国有资金投资占控股或主导地位的房屋建筑工程项目和市政工程项目，必须在建设工程交易中心内报建、发布招标信息、合同授予、申领施工许可证。招投标活动都需在场内进行，并接受政府有关管理部门的监督。应该说，建设工程交易中心的设立，对国有投资的监督制约机制的建立、规范建设工程承发包行为、将建筑市场纳入法制化的管理轨道有着重要的作用，是符合我国特点的一种好形式。

建设工程交易中心建立以来，由于实行集中办公、公开办事制度和程序及提供一条龙的“窗口”服务，不仅有力地促进了工程招投标制度的推行，而且遏制了违法违规行为，对防止腐败、提高管理透明度有显著的成效。

1.1.3.2 建设工程交易中心的基本功能

我国的建设工程交易中心是按照三大功能进行构建的。

1. 信息服务功能

信息服务功能包括收集、存储和发布招标投标信息、政策法规信息、造价信息、设备及材料价格信息、承包商信息、咨询单位和专业人士信息、分包信息等。在设施上配备有大型电子墙、计算机网络工作站，为承发包交易提供广泛的信息服务。

2. 场所服务功能

对于政府部门、国有企业、事业单位的投资项目，我国明确规定，一般情况下都必须进行公开招标，只有特殊情况下才允许采用邀请招标。所有建设项目进行招标投标必须在有形建筑市场内进行，由有关管理部门进行监督。按照这个要求，工程建设交易中心必须为工程承发包交易双方包括建设工程的招标、评标、定标、合同谈判等提供设施和场所服务。住房和城乡建设部出台的《建设工程交易中心管理办法》规定，建设工程交易中心应具备信息发布大厅、洽谈室、开标室、会议室及相关设施以满足业主和承包商、分包商、设备材料供应商之间的交易需要。同时，要为政府有关管理部门进驻集中办公，办理有关手续和依法监督招标投标活动提供场所服务。

3．集中办公功能

由于众多建设项目要进入有形建筑市场进行报建、招标投标交易和办理有关批准手续，这就要求政府有关建设管理部门进驻工程交易中心集中办理有关审批手续和进行管理。建设行政主管部门的各职能机构进驻建设工程交易中心，受理申报的内容一般包括：工程报建、招标登记、承包商资质审查、合同登记、质量报监、施工许可证发放等。进驻建设工程交易中心的相关管理部门集中办公，公布各自的办事制度和程序，既能按照各自的职责依法对建设工程交易活动实施有力监督，也方便当事人办事，有利于提高办公效率。

1.1.3.3　建设工程交易中心的运行原则

建设工程交易中心要有良好的运行秩序，充分发挥市场功能，就必须坚持市场运行的一些基本原则，主要有以下几方面。

1．信息公开原则

建设工程交易中心必须充分掌握政策法规，工程发包商、承包商和资质单位的资质，造价指数，招标规则，评标标准，专家评委库等各项信息，并保证市场各方主体都能及时获得所需要的信息资料。

2．依法管理原则

建设工程交易中心应严格按照法律、法规开展工作，尊重建设单位依照法律规定选择投标单位和选定中标单位的权利。尊重符合资质条件的建筑企业提出的投标要求和接受邀请参加投标的权利。任何单位和个人不得非法干预交易活动的正常进行。监察机关应当进驻建设工程交易中心实施监督。

3．公平竞争原则

建立公平竞争的市场秩序是建设工程交易中心的一项重要原则。进驻的有关行政监督管理部门应严格监督招标、投标单位的行为，防止地方保护、行业和部门垄断等各种不正当竞争，不得侵犯交易活动各方的合法权益。

4．属地进入原则

按照我国有形建筑市场的管理规定，建设工程交易实行属地进入。每个城市原则上只能设立一个建设工程交易中心，特大城市可以根据需要，设立区域性分中心，在业务上受中心领导。对于跨省、自治区、直辖市的铁路、公路、水利等工程，可在政府有关部门的监督下，通过公告由项目法人组织招标、投标。

5．办事公正原则

建设工程交易中心是政府建设行政主管部门批准建立的服务性机构。须配合进场的各行政管理部门做好相应的工程交易活动管理和服务工作。要建立监督制约机制，公开办事规则和程序，制定完善的规章制度和工作人员守则，发现建设工程交易活动中的违法、违规行为，应当向政府有关管理部门报告，并协助进行处理。

1.1.3.4 建设工程交易中心运作的一般程序

按照有关规定，建设项目进入建设工程交易中心后，一般按图 1-1 所示的程序运行。

招标人应在立项批文下达后的一个月内，持立项批文向进驻有形建筑市场的建设行政主管部门进行报建登记。登记完后，招标人持报建登记表向有形建筑市场索取交易登记表并填写完毕后，在有形建筑市场办理交易登记手续。对于按规定必须进行招标的工程，进入法定招标流程；对于不需要招标的工程，招标人只需向进驻有形建筑市场的有关部门办理相关备案手续即可。当招标程序结束后，招标人或招标代理机构按我国《招标投标法》及有关规定向招投标监管部门提交招标投标情况的书面报告，招投标监管部门对招标人或招标代理机构提交的招标投标情况的书面报告进行备案。招标人、中标人需缴纳相关费用。有形建筑市场按统一格式打印中标（交易成交）或未中标通知书，招标人向中标人签发中标（交易成交）通知书，并将未中标通知送达未中标的投标人。如果涉及专业分包，劳务分包，材料、设备采购招标的，转入分包或专业市场按规定程序发包。招标人、中标人还应向进驻有形建筑市场的有关部门办理合同备案、质量监督、安全监督等手续，并且，招标人或招标代理机构应将全部交易资料原件或复印件在有形建筑市场备案一份。最后，招标人向进驻有形建筑市场的建设行政主管部门办理施工许可证。

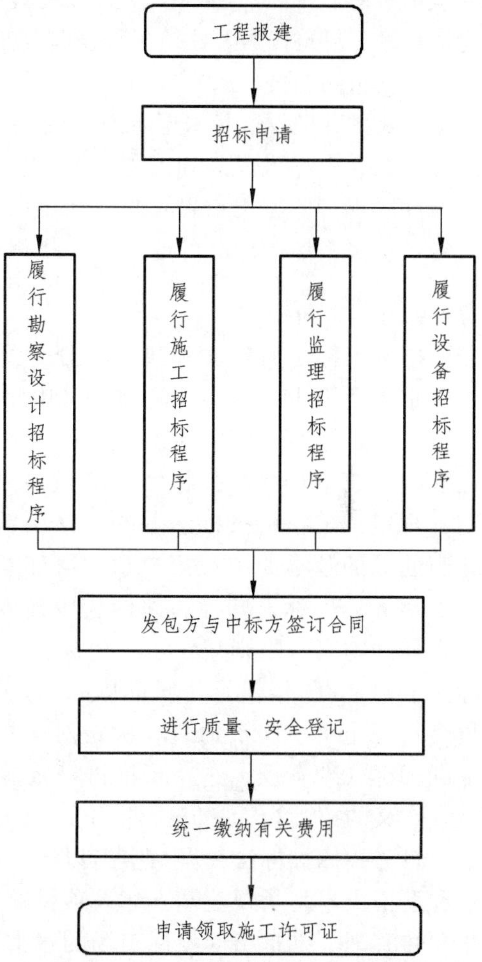

图 1-1 建设工程交易中心运行程序

1.1.4 工程招投标及合同管理的相关法律法规

1．民　法

《中华人民共和国民法总则》第二条从民法的对象和任务的角度，给我国民法下了一个定义：民法调整平等主体的自然人、法人和非法人组织之间的人身关系和财产关系。这一定义科学地揭示了我国民法调整的社会关系的范围和任务，从而对民法与其他法律部门的关系的界限做了明确的划分。

2．建筑法

建筑法是指调整建筑活动的法律规范的总称。建筑活动是指各类房屋及其附属设施的建造和与其配套的线路，管道、设备的安装活动。建筑法有狭义和广义之分。

狭义的建筑法是指 1997 年 11 月 1 日由第八届全国人民代表大会常务委员会第二十八次会

议通过的，于 1998 年 3 月 1 日起施行的《中华人民共和国建筑法》，该法是调整我国建筑活动的基本法律，共 8 章 85 条。它以规范建筑市场行为为出发点，以建筑工程质量和安全为主线，包括总则、建筑许可，建筑工程发包与承包、建筑工程监理、建筑安全生产管理、建筑工程质量管理、法律责任，附则等内容，并确定了建筑活动中的一些基本法律制度。

广义的建筑法，除《建筑法》之外，还包括所有调整建筑活动的法律规范，这些法律规范分布在《中华人民共和国宪法》(以下简称《宪法》)和其他法律、行政法规、部门规章、地方性法规、地方规章以及国际惯例中。这些不同法律层次的调整建筑活动的法律规范即广义的建筑法。更为广义的建筑法是指调整建设工程活动的法律规范的总称。

3. 招标投标法

招标投标法有广义和狭义之分。狭义的招标投标法是指 1999 年 8 月 30 日第九届全国人大常委会第十一次会议通过的《中华人民共和国招标投标法》(中华人民共和国主席令第 21 号，以下简称《招标投标法》)。《招标投标法》是我国招标投标法律体系的基本法律，是规范建筑市场招标投标活动的重要法律之一，整部法律共六章，六十八条，第一章为总则，规定了《招标投标法》的立法宗旨、适用范围、强制招标的范围以及招标投标活动中应当通循的基本原则：第二章到第四章是关于招标投标活动具体程序的法律规定，具体规定了招标、投标、开标、评标和中标等各阶段活动的行为规则：第五章和第六章分别是法律责任和附则，附则规定了《招标投标法》的例外适用情形以及本法的生效日期，《招标投标法》自 2001 年 1 月 1 日起施行。2017 年 12 月 27 日第十二届全国人民代表大会常务委员会第三十一次会议通过，决定对《招标投标法》做出修改，取消了代理机构专家库的要求和招标代理资质，进一步推进简政放权改革。

广义的招标投标法是指调整在招标投标活动中产生的各种关系的法律规范的总称。

自《招标投标法》颁布实施以来，我国建筑市场快速发展，建筑市场中不断出现的新问题和新情况，为了规范基本建设项目的招标投标活动、保护招标投标当事人的合法权益、强化项目管理、维护招标投标市场的正常秩序、提高投资效益，国家先后出台了多个规范招标投标活动的法律、法规、规章和办法。

4. 合同法

合同法是调整平等主体的自然人，法人，其他组织之间设立、变更，终止民事权利义务关系的法律规范的总称。第九届人大三次全体会议于 1990 年 3 月 15 日通过了《中华人民共和国合同法》(1999 年 10 月 1 日起施行，以下简称《合同法》)。《合同法》是规范我国社会主义市场交易的基本法律，是民商法的重要组成部分。

任务练习

一、填空题

1. 建筑市场的主体是指参与建筑生产交易过程的各方，主要有______________、______________、______________等。

2. 建筑市场的客体，一般称作建筑产品，是建筑市场的交易对象，既包括____________，也包括__________________。

3.《建筑业企业资质等级标准》对企业资质等级划分为：工程施工总承包企业资质等级分为__________、__________、__________、__________；施工专业承包企业资质等级基本上都是分为__________、__________、__________。

4. 建设工程从投资性质上可分为两大类：一类是____________项目，另一类是____________项目。

二、选择题（单选或多项）

1. 业主是指（　　）。

A. 有一定生产能力、技术装备、流动资金，能够承包工程建设任务的建筑业企业

B. 能对工程建设提供估算测量、管理咨询、建设监理等智能型服务的机构

C. 对某项工程建设有需求，又具有该工程建设资金和准建证件，在建设工程市场中发包工程项目的法人、组织和自然人

D. 不用遵守市场规律的客体

2. 在市场经济条件下，承包商需要通过市场竞争（招标）取得施工项目，需要依靠自身的实力去赢得市场，承包商的实力主要包括（　　）。

A. 技术实力　B. 经济实力　C. 管理能力　D. 信誉能力　E. 运营能力

3. 建筑产品的特点有哪些（　　）。

A. 单一性　B. 不可逆性　C. 独立性　D. 社会功能性　E. 专业性

4. 狭义的建筑市场（　　）。

A. 一般指有形建筑市场

B. 一般指无形建筑市场

C. 它是以工程承发包交易活动为主要内容

D. 它是指承载与建筑业生产经营活动相关的一切交易活动的总称

E. 它是指建筑商品供需求关系的总和

5. 我国建设工程交易中心的功能有（　　）。

A. 信息服务　B. 场所服务　C. 集中办公　D. 监督管理　E. 依法管理

6. 为了保证建设工程交易中心能够有良好的运行秩序和市场功能的充分发挥，必须坚持市场运行的一些基本原则，下列（　　）属于交易中心运行原则。

A. 信息公开　B. 依法管理　C. 公平竞争　D. 属地进入　E. 集中办公

7. 广义的建筑法，除《建筑法》之外，还包括（　　）

A. 行政法规　B. 部门规章　C. 地方性法规　D. 地方规章　E. 国际惯例

任务 1.2　建设工程发承包方式与招投投标概述

任务导入

在建设工程中，工程的承包与发包是很常见的现象。承包人和发包人会相互订立书面协议，来确认双方各自的责任。承包人要负责建设整个工程，工程建设完毕之后，发包人会向承包人支付剩下的尾款。

1.2.1　工程发承包的含义

发承包是一种经营方式，是指交易的一方负责为交易的另一方完成某项工作或供应一批货物，并按一定的价格取得相应报酬的一种交易行为，工程发承包是指根据协议，作为交易一方的建筑施工企业，负责为交易另一方的建设单位完成某现工程的全幅或其中的一部分工作，并按一定的价格取得相应的根酬。委托任务并负责支付报酬的一方称为发包人（建设单位、业主），接受任务负责按时保质保量完成并且取得根酬的一方称为承包人（建筑施工企业、承包商）。发包人与承包人通过依法订立书面合同明确双方的权利和义务。

发包是建设单位的行为，建设单位通过某种方式将工程承包给施工单位施工、设计单位设计、建立单位建立，或材料供应商供货等。

承包是施工单位、监理单位、设计单位、审计单位等单位的行为，即从建设单位处承揽部分工作并获取收益。

1.2.2　建设工程发包的方式

建设工程的发包方式主要有两种：招标发包和直接发包。《建筑法》第 19 条规定："建筑工程依法实行招标发包，对不适用于招标发包的可以直接发包。"

目前，国内外常见的建设项目实施方式有以下三类：建设单位直接招标发包方式；委托项目管理公司代建；BOT 类特许方式。

1.2.3　建设工程项目承包模式

在工程项目实施过程中。往往不止一家承包单位。由于承包单位之间以及承包单位与建设单位之间的关系不同，因面形成了不同的工程项目发承包模式。

1．总分包模式

建设单位将工程项目全过程或其中某个阶段（如设计或施工）的全部工作发包给一家符合要求的总承包单位。由该总承包单位再将若干专业性较强的部分任务发包给不同的专业分包单位去完成，并统一协调和监督各专业分包单位的工作。这样，建设单位只与总承包单位签订合同，与各专业分包单位不存在合同关系，如图 1-2 所示。

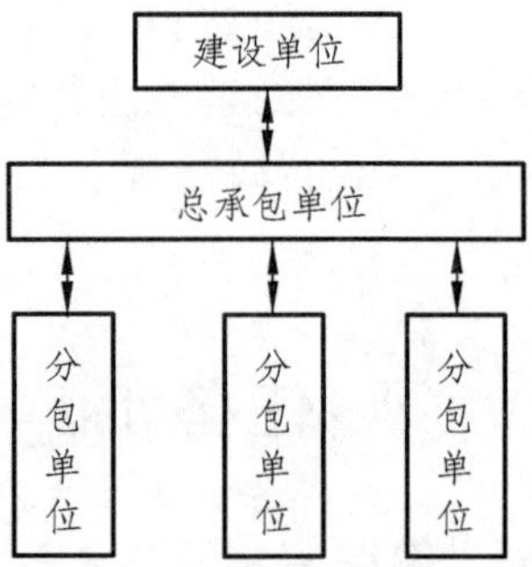

图 1-2　总分包模式示意

总分包模式包括工程总承包、施工总承包等多种模式。其中，国际上有代表性的工程总承包模式有：设计-采购-施工（EPC，Engineering-Procurement-Construction）、设计-建造（DB，Design-Build）、设计-建造-运营（DBO，Design-Build-Operation）以及交钥匙（Turn-Key）等。

总分包模式中还有一种特殊的项目组织模式——工程项目总承包管理模式，即建设单位将工程项目设计与施工的主要部分发包给专门从事设计与施工组织管理的工程项目管理公司。该公司自己既没有设计力量，也没有施工队伍，而是将其所承接的设计和施工任务全部分包给其他设计单位和施工单位，工程项目管理公司则专心致力于工程项目管理工作。

采用总分包模式的特点如下：

（1）有利于工程项目的组织管理。由于建设单位只与总承包单位签订合同，合同结构简单。同时，由于合同数量少，使得建设单位的组织管理和协调工作量小，可发挥总承包单位多层次协调的积极性

（2）有利于控制工程造价。由于总包合同价格可以较早确定，建设单位可承担较少风险。

（3）有利于控制工程质量。由于总承包单位与分包单位之间通过分包合同建立了责、权、利关系，在承包单位内部，工程质量既有分包单位的自控，又有总承包单位的监督管理，从而增加了工程质量监控环节。

（4）有利于缩短建设工期。总承包单位具有控制的积极性，分包单位之间也有相互制约的作用。此外，在工程设计与施工总承包的情况下，由于工程设计与施工由一个单位统筹安排，使两个阶段能够有机地融合，一般均能做到工程设计阶段与施工阶段的相互搭接。

（5）对建设单位而言，选择总承包单位的范围小，一般合同金额较高。

（6）对总承包单位而言，责任重、风险大，重要具有较高的管理水平和丰富的实践经验。当然，获得高额利润的潜力也比较大。

2．平行承包模式

建设单位将工程项目的设计、施工及设备和材料采购的任务分别发包给多个设计单位、施工单位和设备材料供应厂商，并分别与各承包单位签订合同。这时，各承包单位之间的关系是平行的，如图 1-3 所示。

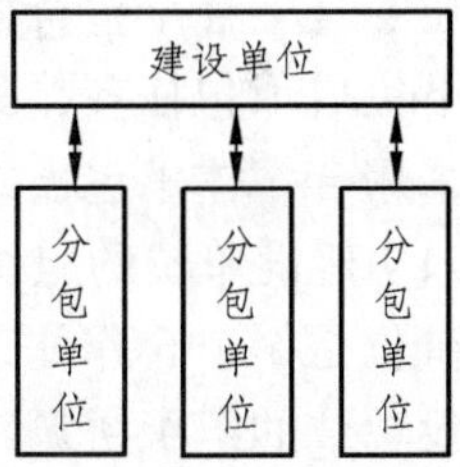

图 1-3　平行承包模式示意

采用平行承包模式的特点如下：

（1）有利于建设单位择优选择承包单位。由于合同内容比较单一、合同价值小、风险小。对不具备总承包管理能力的中小承包单位较为有利，使他们有可能参与竞争。建设单位可以在更大范围内选择承包单位。

（2）有利于控制工程质量。整个工程经过分解分别发包给各承包单位，合同约束与机相互制约使每一部分能够较好地实现质量要求。如主体工程与装修工程分别由两个施工单位承包，当主体工程不合格时，装修单位不会同意在不合格的主体工程上进行装修，这相当于有了他人控制，比自己控制更有约束力。

（3）有利于缩短建设工期。由于设计和施工任务经过分解分别发包，工程设计与施工阶段有可能形成搭接关系，从面缩短整个工程项目的建设工期。

（4）组织管理和协调工作量大。由于合同数量多，使工程项目系统内结合部位数量增加，要求建设单位具有较强的组织协调能力。

（5）工程造价控制难度大，一是由于总合同价不易短期确定，从而影响工程造价控制的实施；二是由于工程招标任务量大，需控制多项合同价格，从而增加工程造价控制的难度。

（6）相对于总分包模式而言，平行承包模式不利于发挥那些技术水平高、综合管理能力强的承包单位的综合优势。

3．联合体承包模式

当工程项目规模巨大或技术复杂。以及承包市场竞争激烈，由一家公司总承包有困难时，可以由几家公司联合起来成立联合体（JV，Joint Venture）去竞争承揽工程建设任务，以发挥各公司的特长和优势。联合体通常由一家或几家公司发起，经过协商确定各自投入联合体的资金份额、机械设备等固定安产及人员数量等，签署联合体协议，建立联合体组织机构，产生联合体代表，以联合体的名义与建设单位签订工程承包合同。如图 1-4 所示。

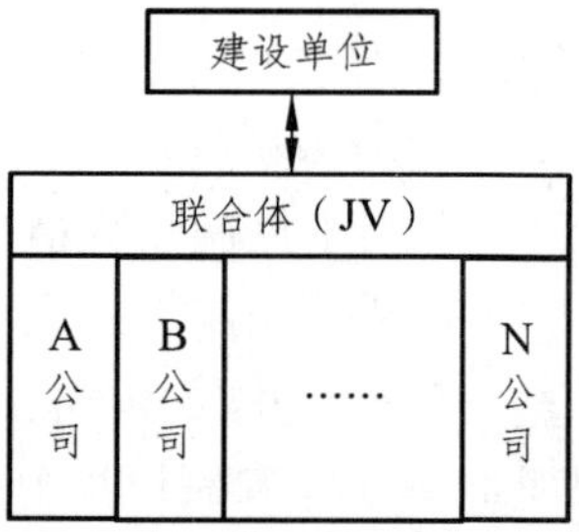

图 1-4 联合体承包模式示意

采用联合体承包模式的特点。

（1）对建设单位而言，与总分包模式相同，合同结构简单，组织协调工作量小，而且有利于工程造价和建设工期的控制。

（2）对联合体而言，可以集中各成员单位在资金、技术和管理等方面的优势，克服单一公司力不能及的困难，不仅可增强竞争能力，而且也可增强抗风险能力。

4．合作体承包模式

当工程项目包含工程类型多、数量大，或专业配套需要时，一家公司无力实行总承包，而建设单位又希望承包方有一个统一的协调组织时，就可能产生几家公司自愿结成合作伙伴，成立一个合作体，以合作体的名义与建设单位签订工程承包意向合同（也称基本合同）。达成协议后，各公司分别与建设单位签订工程承包合同，并在合作体的统一计划、指挥和协调下完成承包任务，如图 1-5 所示。

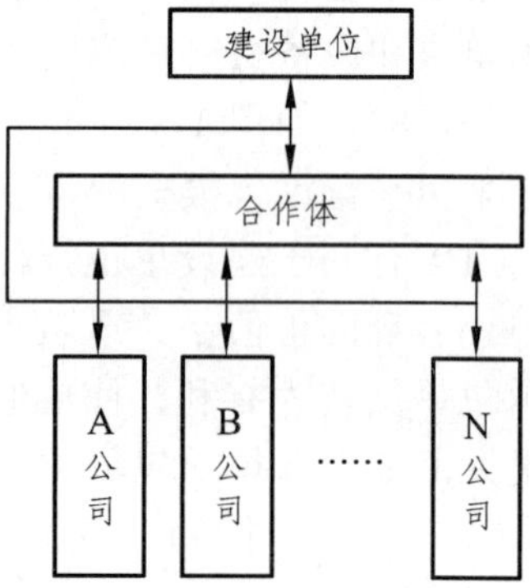

图 1-5 合作体承包模式示意

采用合作体承包模式的特点如下：

（1）建设单位的组织协调工作量小，但风险较大。由于承包单位是一个合作体，各公司之间能相互协调，从而减少了建设单位的组织协调工作量。但当合作体中某一家公司倒闭破产时，其他成员单位及合作体机构不承担项目合同的经济责任，这一风险将由建设单位承担。

（2）各承包单位之间既有合作的愿望，又不愿意组成联合体。参加合作体的各成员单位都没有与建设任务相适应的力量，都想利用合作体增强总体实力。他们之间既有合作的愿望。但又出于自主性的要求，或彼此之间信任度不够，不采取联合体的捆绑式经营方式。

5．CM 承包模式

CM（Construction Management） 承包模式是指由建设单位委托一家 CM 单位承担项目管理工作，该 CM 单位以承包单位的身份进行施工管理。并在一定程度上影响工程设计活动，组织快速路径（Fast-Track）的生产方式，使工程项目实现有条件的“设计、边施”。

（1）CM 承包模式的特点。

① 采用快速路径法施工。即在工程设计尚未结束之前，当工程某些部分的施工图设计已

经完成时，就开始进行该部分工程的施工招标，从而使这部分工程的施工提前到工程项目的设计阶段。

② CM 单位有代理型（Ageney）和非代理型（Non-Agency）两种。代理型的 CM 单位不负责工程分包的发位，与分包单位的合同由建设单位直接签订。而非代理型的 CM 单位直接与分包单位签订分包合同。

③ CM 合同采用成本加酬金方式。代理型和非代理型的 CM 合同是有区别的。由于代理型合同是建设单位与分包单位直接签订，因此，采用简单的成本加酬金合同形式，而非代理应合同则采用保证最大工程费用（GMP）加酬金的合同形式，这是因为 CM 合同总价是在 CM 合同签订之后，随着 CM 单位与各分包单位签约而逐步形成的。只有采用保证最大工程费用，建设单位才能控制工程总费用。

（2）CM 承包模式特别适用于那些实施周期长，工期要求紧迫的大型复杂工程。在工程造价控制方面的价值体现在以下几个方面：

① 与施工总承包模式相比，采用 CM 承包模式时的合同价更具合理性。采用 CM 承包模式时，施工任务要进行多次分包，施工合同总价不是一次确定，面是有一部分完整施工图纸，就分包一部分，将施工合同总价化整为零。且每次分包都通过招标展开竞争，每个分包合同价格都通过谈到进行详细讨论，从而使各个分包合同价格汇总后形成的合同总价更具合理性。

② CM 单位不赚取总包与分包之间的差价。与总分包模式相比，CM 单位与分包单位或供货单位之间的合同价是公开的，建设单位可以参与所有分包工程或设备材料采购招标及分包合同或供货合同的谈判。CM 单位不赚取总包与分包之间的差价。但在进行分包谈判时，会努力降低分包合同价。经谈判而降低合同价的节约部分全部归建设单位所有，CM 单位可获得部分奖励，这样，有利于降低工程费用。

③ 应用价值工程方法挖掘节约投资的潜力。CM 承包模式不同于普通承包模式的“按图施工”，CM 单位早在工程设计阶段就可凭借其在施工成本控制方面的实践经验，应用价值工程方法对工程设计提出合理化建议，以进一步挖掘节省工程投资的可能性。此外，由于工程设计与施工的早期结合，使得设计变更在很大程度上得到减少，从而减少了分包单位因设计变更面提出的索赔。

④ GMP 可大大减少建设单位在工程造价控制方面的风险。当采用非代理型 CM 承包模式时，CM 单位将对工程费用的控制承担更直接的经济责任，也必须承担 GMP 的风险。如果实际工程费用超过 GMP，超出部分将由 CM 单位承担。由此可见，建设单位在工程造价控制方面的风险将大大减少。

6．合伙（Partnering）模式

Partnering 模式于 20 世纪 80 年代中期首先在美国出现，到 20 世纪 90 年代中后期，其应用范围逐步扩大到英国、澳大利亚、新加坡等国家和中国香港地区，近年来日益受到工程管理界的重视。Partnering 一词看似简单，但要准确地译成中文却比较困难，有的学者将其译为伙伴关系，有的学者将其译为伙伴管理。

Partnering 模式的主要特征如下：

（1）出于自愿。Partnering 协议并不仅仅是建设单位与承包单位之间的协议，而需要工程建设参与各方共同签署，包括建设单位、总承包单位、主要的分包单位、设计单位、咨询单位、主要的材料设备供应单位等。参与 Partnering 模式的有关各方必须是完全自愿，而非出于任何原因的强迫。

（2）高层管理的参与。由于 Partnering 模式需要参与各方共同组成工作小组，要分担风险、共享资源，因此，高层管理者的认同、支持和决策是关键因素。

（3）Partnering 协议不是法律意义上的合同。Partnering 协议与工程合同是两个完全不同的文件。在工程合同签订后，工程建设参与各方经过讨论协商后才会签署 Partnering 协议。该协议并不改变参与各方在有关合同中规定的权利和义务，主要用来确定参与各方在工程建设过程中的共同目标、任务分工和行为规范。

（4）信息的开放性。Partnering 模式强调资源共享，信息作为一种重要的资源，对于参与各方必须公开。同时，参与各方要保持及时、经常和开诚布公的沟通，在相互信任的基础上，要保证工程造价、进度、质量等方面的信息能为参与各方及时、便利地获取。

值得指出的是，Partnering 模式不是一种独立存在的模式，它通常需要与工程项目其他组织模式中的某一种结合使用，如：总分包模式、平行承包模式、CM 承包模式等。

1.2.4　工程招投标概述

1.2.4.1　建设工程招标投标的概念

1．招标投标

招标投标是指招标人对工程建设、货物买卖、中介服务等交易业务，事先公布采购条件和要求，吸引愿意承接任务的众多投标人参加竞争，招标人按照规定的程序和办法择优选定中标人的活动。招标投标是在市场经济条件下进行工程建设、货物买卖、中介服务等经济活动的一种竞争方式和交易方式，其特征是引入竞争机制以求达成交易协议或订立合同。

整个招标投标过程，包含招标、投标和定标（决标）三个主要阶段。招标是招标人为签订合同而进行的准备，在性质上属要约邀请（要约引诱）。投标是投标人获悉招标人提出的条件和要求后，以订立合同为目的向招标人作出愿意参加有关任务的承接竞争，在性质上属要约。定标是招标人完全接受众多投标人中提出最优条件的投标人，在性质上属承诺。承诺即意味着合同成立，定标是招标投标活动中的核心环节。招标投标的过程，是当事人就合同条款提出要约邀请、要约、新要约、再新要约……直至承诺的过程。

2．建设工程招标投标

建设工程招标投标，是指建设单位或个人（即业主或项目法人）通过招标的方式，将工程建设项目的勘察、设计、施工、材料设施供应、监理等业务，一次或分步发包，由具有相应资质的承包单位通过投标竞争的方式承接。建设工程招标投标最突出的优点是将竞争机制引入工程建设领域，将工程项目的发包方、承包方和中介方统一纳入市场，实行交易公开，给市场主体的交易行为赋予了极大的透明度；鼓励竞争，防止和反对垄断，通过平等竞争，优胜劣汰，最大限度地实现投资效益的最优化；通过严格、规范、科学合理的运作程序和监管机制，有力地保证了竞争过程的公正和交易安全。

1.2.4.2　建设工程招标投标的分类

建设工程招标投标按照不同的标准可以进行不同的分类，如图 1-6 所示。

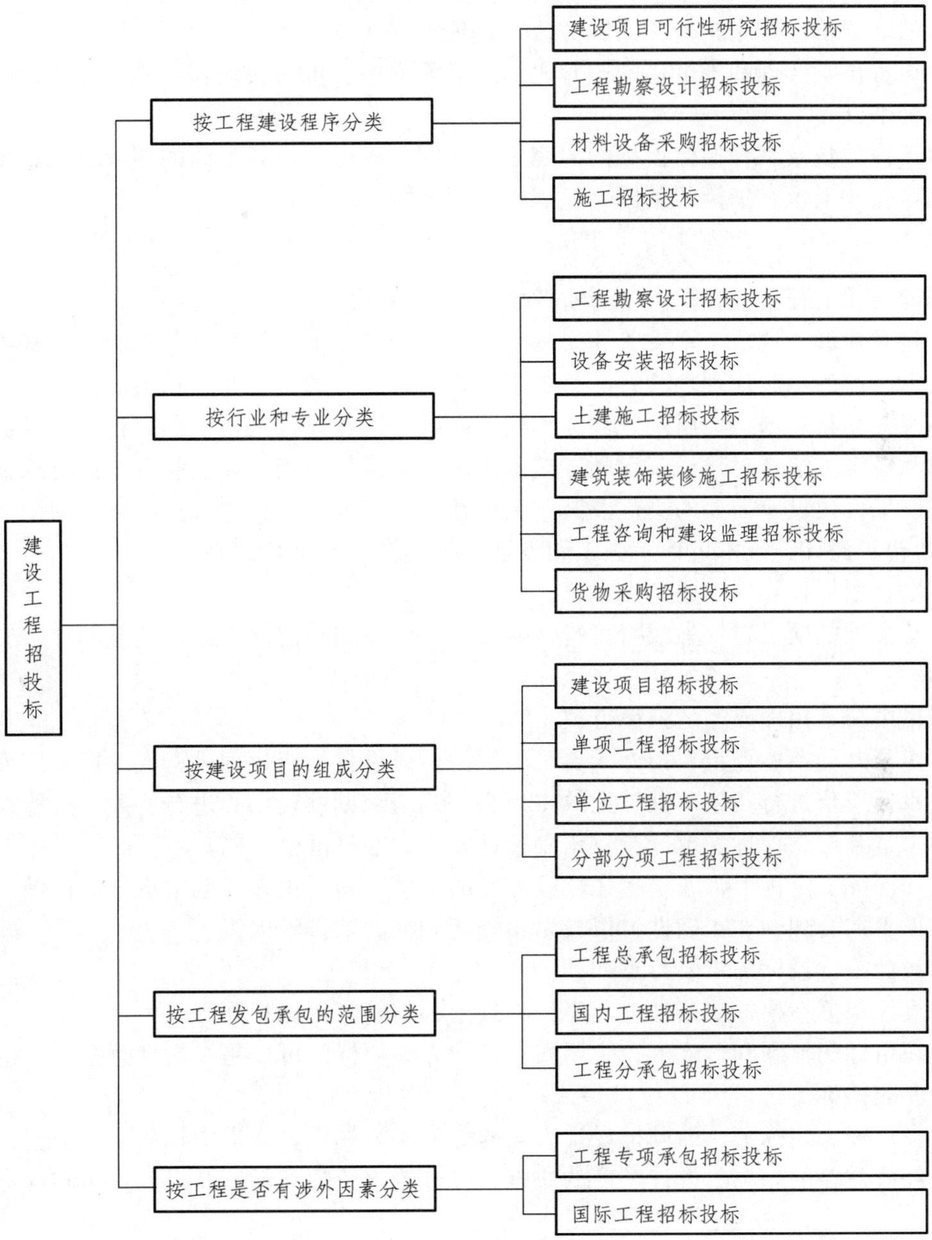

图 1-6　建设工程招标投标分类

应当强调的是，为了防止任意肢解工程发包，我国一般不允许分部工程招标投标、分项工程招标投标，但允许特殊专业及劳务工程招标投标。

1.2.4.3　各类建设工程招标投标的特点

建设工程招标投标的目的是在工程建设中引入竞争机制，择优选定承包单位，以缩短工期、提高工程质量和节约建设资金。

工程招标投标总的特点如下：

（1）通过竞争机制，实行交易公开。

（2）鼓励竞争、防止垄断、优胜劣汰，实现投资效益。

（3）通过科学合理和规范化的监管机制与运作程序，可有效地杜绝不正之风，保证交易的公正和公平。

但由于各类建设工程招标投标的内容不尽相同，因而它们有不同的招标投标意图或侧重点，在具体操作上也有细微的差别，呈现出不同的特点。

1．工程勘察设计招标投标的特点

工程勘察和工程设计，是两个有密切联系但又不同的工作。工程勘察是指依据工程建设目标，通过对地形、地质、水文等要素进行测绘、勘探、测试及综合分析测定，查明建设场地和有关范围内的地质地理环境特征，提供工程建设所需的资料及其相关的活动。工程勘察具体包括工程测量、水文地质勘查和工程地质勘查。工程设计是指依据工程建设目标，运用工程技术和经济方法，对建设工程的工艺、土木、建筑、公用、环境等系统进行综合策划、论证，编制工程建设所需要的文件及其相关的活动。工程设计具体包括总体规划设计（或总体设计）、初步设计、技术设计、施工图设计和设计概（预）算编制。

工程勘察招标投标的主要特点如下。

（1）有批准的项目建议书或者可行性研究报告、规划部门同意的用地范围许可文件和要求的地形图。

（2）采用公开招标或邀请招标方式。

（3）申请办理招标登记，招标人自己组织招标或委托招标代理机构代理招标，编制招标文件，对投标单位进行资格审查，发放招标文件，组织勘察现场和进行答疑，投标人编制和递交投标书，开标、评标、定标，发出中标通知书，签订勘察合同。

（4）在评标、定标上，着重考虑勘察方案的优劣，同时也考虑勘察进度的快慢，勘察收费依据与取费的合理性、正确性，以及勘察资历和社会信誉等因素。

工程设计招标投标的主要特点如下。

（1）设计招标在招标的条件、程序、方式上，与勘察招标相同。

（2）在招标的范围和形式上，主要实行设计方案招标，可以是一次性总招标，也可以分单项、分专业招标。

（3）在评标、定标上，强调把设计方案的优劣作为择优、确定中标的主要依据，同时也考虑设计经济效益的好坏、设计进度的快慢、设计费报价的高低以及设计资历和社会信誉等因素。

（4）中标人应承担初步设计和施工图设计，经招标人同意也可以向其他具有相应资格的设计单位进行一次性委托分包。

2．施工招标投标的特点

建设工程施工是指把设计图纸变成预期的建筑产品的活动。施工招标投标是目前我国建设工程招标投标中开展得比较早、比较多、比较好的一类，其程序和相关制度具有代表性、典型性，甚至可以说，建设工程其他类型的招标投标制度，都是承袭施工招标投标制度而来的。

就施工招标投标本身而言，其特点主要有以下内容。

（1）在招标文件上，比较强调建设资金的充分到位。

（2）在招标方式上，强调公开招标、邀请招标，议标方式受到严格限制甚至被禁止。

（3）在投标和评标定标中，要综合考虑价格、工期、技术、质量、安全、信誉等因素，价格因素所占分量比较突出，可以说是关键一环，常常起决定性作用。

3．工程建设监理招标投标的特点

工程建设监理是指具有相应资质的监理单位和监理工程师，受建设单位或个人的委托，独立对工程建设过程进行组织、协调、监督、控制和服务的专业化活动。

工程建设监理招标投标的主要特点如下。

（1）在性质上属工程咨询招标投标的范畴。

（2）在招标的范围上，可以包括工程建设过程中的全部工作，如项目建设前期的可行性研究、项目评估等，项目实施阶段的勘察、设计、施工等，也可以只包括工程建设过程中的部分工作，通常主要是施工监理工作。

（3）在评标定标上，综合考虑监理策划（或监理大纲）、人员素质、监理业绩、监理取费、检测手段等因素，但其中最主要的考虑因素是人员素质，分值所占比重较大。

4．材料设备采购招标投标的特点

建设工程材料设备是指用于建设工程的各种建筑材料和设备。材料设备采购招标投标的主要特点如下。

（1）在招标形式上，一般应优先考虑在国内招标。

（2）在招标范围上，一般为大宗的而不是零星的建设工程材料设备采购，如锅炉、电梯、空调等的采购。

（3）在招标内容上，可以就整个工程建设项目所需的全部材料设备进行总招标，也可以就单项工程所需材料设备进行分项招标或者就单件（台）材料设备进行招标，还可以进行从项目的设计，材料设备生产、制造、供应和安装调试到试车投产的工程技术材料设备成套招标。

（4）在招标中，一般要求做标底，标底在评标定标中具有重要意义。

（5）允许具有相应资质的投标人就部分或全部招标内容进行投标，也可以联合投标，但应在投标文件中明确一个总牵头单位承担全部责任。

5．工程总承包招标投标的特点

工程总承包，简单地讲，是指对工程全过程的承包。按其具体范围，可分为三种情况：一是对工程建设项目从可行性研究、勘察、设计、材料设备采购、施工、安装，直到竣工验收、交付使用、质量保修等的全过程实行总承包，由一个承包商对建设单位或个人总负责，建设单位或个人一般只负责提供项目投资、使用要求及竣工、交付使用期限，这也就是所谓交钥匙工程。二是对工程建设项目实施阶段从勘察、设计、材料设备采购、施工、安装，直到交付使用等的全过程实行一次性总承包。三是对整个工程建设项目的某一阶段（如施工）或某几个阶段（如设计、施工、材料设备采购等）实行一次性总承包。

工程总承包招标投标的主要特点如下。

（1）它是一种带有综合性的全过程的一次性招标投标。

（2）投标人在中标后应当自行完成中标工程的主要部分（如主体结构等），对中标工程范围内的其他部分，经发包人同意，有权作为招标人组织分包招标投标或依法委托具有相应资质的招标代理机构组织分包招标投标，并与中标的分包投标人签订工程分包合同。

（3）分承包招标投标的运作一般按照有关总承包招标投标的规定执行。

1.2.4.4 建设工程招标投标活动的基本原则

我国建设工程招标投标活动应当遵循的基本原则主要有以下几个。

1．合法原则

合法原则是指建设工程招标投标主体的一切活动，必须符合法律、法规、规章和有关政策的规定。合法原则包括以下四方面内容。

（1）主体资格要合法。招标人必须具备一定的条件才能自行组织招标，否则只能委托具有相应资格的招标代理机构组织招标；投标人必须具有与其投标的工程相应的资格等级，并经招标人资格审查，报建设工程招标投标管理机构进行资格复查。

（2）活动依据要合法。招标投标活动应按照相关的法律、法规、规章和政策性文件开展。

（3）活动程序要合法。建设工程招标投标活动的程序，必须严格按照有关法规规定的要求进行。当事人不能随意增加或减少招标投标过程中某些法定步骤或环节，更不能颠倒次序、超过时限、任意变更。

（4）对招标投标活动的管理和监督要合法。建设工程招标投标管理机构必须依法监管、依法办事，不能越权干预招（投）标人的正常行为或对招（投）标人的行为进行包办代替，也不能懈怠职责、玩忽职守。

2．统一、开放原则

统一原则包括以下三方面内容。

（1）市场必须统一。任何分割市场的做法都是不符合市场经济规律要求的，也是无法形成公平竞争的市场机制的。

（2）管理必须统一。要建立和实行由建设行政主管部门（建设工程招标投标管理机构）统一归口管理的行政管理体制。一个地区只能有一个主管部门履行政府统一管理的职责。

（3）规范必须统一。如市场准入规则的统一，招标文件文本的统一，合同条件的统一，工作程序、办事规则的统一等。只有这样，才能真正发挥市场机制的作用，全面实现建设工程招标投标制度的宗旨。

开放原则，要求根据统一的市场准入规则，打破地区、部门和所有制等方面的限制和束缚，向全社会开放建设工程招标投标市场，破除地区和部门保护主义，反对一切人为的对外封闭市场的行为。

3．公开、公正、公平原则

（1）公开原则是指招标项目的需求、投标人资格条件、评标标准和办法，以及开标信息、中标候选人、中标结果等招标投标程序和时间安排等信息应当按规定公开透明。公开原则包含以下四方面内容。

① 建设工程招标投标的信息公开。通过建立和完善建设工程项目报建登记制度，及时向

社会发布建设工程招标投标信息，让有资格的投标者都能得到同等的信息。

② 建设工程招标投标的条件公开。什么情况下可以组织招标，什么机构有资格组织招标，什么样的单位有资格参加投标等，必须向社会公开，便于社会监督。

③ 建设工程招标投标的程序公开。在建设工程招标投标的全过程中，招标单位的主要招标活动程序、投标单位的主要投标活动程序和招标投标管理机构的主要监管程序，必须公开。

④ 建设工程招标投标的结果公开。哪些单位参加了投标，最后哪个单位中了标，应当予以公开。

（2）公正原则，是指在建设工程招标投标活动中，按照同一标准实事求是地对待所有的投标人，不偏袒任何一方。

（3）公平原则，是指所有投标人在建设工程招标投标活动中，享有均等的机会，具有同等的权利，履行相应的义务，任何一方都不受歧视。

4．诚实信用原则

诚实信用原则，是指在建设工程招标投标活动中，招（投）标人应当以诚相待，讲求信义，实事求是，做到言行一致，遵守诺言，履行成约，不得见利忘义、投机取巧、弄虚作假、隐瞒欺诈，不得损害国家、集体和其他人的合法权益。诚实信用原则是建设工程招标投标活动中的重要道德规范，是市场经济的基本前提。在社会主义条件下一切民事权利的行使和民事义务的履行，均应遵守诚实守信的原则。

5．求效、择优原则

求效、择优原则，是建设工程招标投标的终极原则。实行建设工程招标投标的目的，就是要追求最佳的投资效益，在众多的竞争者中选出最优秀、最理想的投标人作为中标人。讲求效益和择优定标，是建设工程招标投标活动的主要目标。在建设工程招标投标活动中，除了要坚持合法、公开、公正等前提性、基础性原则外，还必须贯彻求效、择优等目的性原则。贯彻求效、择优原则，最重要的是要有一套科学合理的招标投标程序和评标定标方法。

6．招标投标权益不受侵犯原则

招标投标权益是当事人和中介机构进行招标投标活动的前提和基础。因此，保护合法的招标投标权益是维护建设工程招标投标秩序、促进建筑市场健康发展的必要条件。建设工程招标投标活动当事人和中介机构依法享有的招标投标权益，受国家法律的保护和约束。任何单位和个人不得非法干预招标投标活动的正常进行，不得非法限制或剥夺当事人和中介机构享有的合法权益。

1.2.5　招标投标的监督管理和行业自律

1.2.5.1　招标投标的监督管理

《招标投标法》第7条规定："招标投标活动及其当事人应当接受依法实施的监督。有关行政监督部门依法对招标投标活动实施监督，依法查处招标投标活动中的违法行为。对招标投标活动的行政监督及有关部门的具体职权划分，由国务院规定"。由此可见，国务院有关部门和各地方人民政府按照职责分工，依据《招标投标法》及相关法律法规对招标投标活动实施监督管理，以维护和规范招标投标市场秩序，保护招标投标当事人的合法权益。

根据《中华人民共和国招标投标法实施条例》第四条规定："国务院发展改革部门指导和协调全国招标投标工作，对国家重大建设项目的工程招标投标活动实施监督检查。国务院工业和信息化、住房和城乡建设、交通运输、铁道、水利、商务等部门，按照规定的职责分工对有关招标投标活动实施监督。县级以上地方人民政府发展改革部门指导和协调本行政区域的招标投标工作。县级以上地方人民政府有关部门按照规定的职责分工，对招标投标活动实施监督，依法查处招标投标活动中的违法行为。县级以上地方人民政府对其所属部门有关招标投标活动的监督职责分工另有规定的，从其规定。财政部门依法对实行招标投标的政府采购工程建设项目的预算执行情况和政府采购政策执行情况实施监督。监察机关依法对与招标投标活动有关的监察对象实施监察。"

（1）行政监督执法的主体和对象。《招标投标法实施条例》和《国务院办公厅印发国务院有关部门实施招标投标活动行政监督的职责分工意见的通知》（国办发〔2000〕34 号）对国务院有关招标投标监督主体及其监督执法范围作出了原则规定，各地对招标投标监督也作出了相应规定。根据规定，国家发展和改革委员会、工业和信息化部、住房和城乡建设部、交通运输部、水利部、商务部等，分别属于招标投标行政指导协调和监督执法的主体，招标人、投标人、招标代理机构及有关责任人员、评标委员会成员等主体的招标投标行为均属于行政监督的对象。

财政部门依法对实行招标投标的政府采购工程建设项目的预算执行情况和政府采购政策执行情况实施监督。监察机关依法对与招标投标活动有关的行政监察对象实施监察。

（2）行政监督的内容。行政监督的内容包括：核准招标内容；接受自行招标备案；认定招标代理机构资格并依法实施管理；对招标投标从业人员进行管理；指定发布依法必须进行招标项目招标公告的媒体；组建和管理评标专家库；对评标专家确定方式、抽取和评标活动进行监督；接受依法必须招标项目招标投标情况报告；受理投诉。此外，行政执法监督还包括处罚违法行为，指导和监督招标采购职业资格制度建设、电子招标投标平台建设、招标投标信用体系建设等。

（3）行政监督的方式和职能分工。主要通过以下行政执法方式实现行政监督，包括行政审批、核准、备案、受理投诉、举报、行政复议、行政稽查、督查、调查统计、行政处罚、行政处分或移送司法审查等。招标投标当事人对于行政主体违法侵权的具体行政行为，可根据有关法律，采用申请行政复议、提起行政诉讼等方式获得救济。

① 行政监督。国家行政机关依照法定的权限、程序和方式对公民、法人或者组织及有关事项就其是否严格执行和遵守国家政策、法律、法规、规章、行政机关的决定和命令，所实行的作为行政管理必经步骤，并具有法律效力的监督行为。

② 审计监督。国家审计机关依照《中华人民共和国审计法》对国务院各部门和地方各级人民政府及其各部门的财政收支、国有的金融机构和企业事业组织的财务收支，以及其他依照本法规定应当接受审计的财政收支、财务收支审计监督。

招投标管理机构负责各级政府招投标市场的综合监督管理，会同各级政府有关部门组织招投标执法专项检查，查处招投标过程中违纪违法行为；负责各级政府招投标业务的综合分析和统计，对招投标工作中重大问题进行调研，向各级政府招标投标工作管理委员会报告工作情况并提出政策性建议；负责规划、指导并推动各级政府建立统一的招投标操作平台，制定综合招投标中心的运行规范和管理制度并监督实施；负责对进入各级政府综合招投标中心运作的招投标活动实施全过程监督，并对招投标活动是否进入各级政府综合招投标中心规范运作出具书面证明；负责建立和管理各级政府综合性评标专家总库，指导各级政府、各行业建立专家子库。

③ 工程质量检测机构。建设工程质量检测是依据国家有关法律、法规、工程建设强制性标准和设计文件，对建设工程的材料、构配件、设备，以及工程实体质量、使用功能等进行测试确定其质量特性的活动。

建设工程质量检测机构根据综合技术资源、检测能力和工作业绩，分为建筑工程综合类和专业类二类检测机构。其中综合类检测机构设甲乙两个等级，专业类检测机构设1～3三个等级。

④ 工程质量安全监督管理机构。工程质量安全监督管理机构负责建筑安全生产监督工作，实施建设工程质量监督管理和工程竣工验收备案管理工作。

⑤ 建筑市场管理机构。建筑市场管理，是指各级人民政府建设行政主管部门、工商行政管理机关等有关部门，按照各自的职权，对从事各种房屋建筑、土木工程、设备安装、管线敷设等勘察设计、施工、建设监理，以及建筑构配件、非标准设备加工生产等发包和承包活动的监督、管理。各级人民政府建设行政主管部门、工商行政管理机关等，依法对建筑市场进行管理，保护合法交易和平等竞争。

（4）改革完善行政监督体制。目前招标投标的行政监督还存在职责范围交叉、分散，监督管理不分，缺乏综合监督执法，监督规则、范围和方式不尽统一等问题。随着政府职能的转变，电子招标投标信息公共服务平台建设，招标投标的行政监督体制也将进一步改革完善，招标投标监督的范围、内容、主体、环节、时间及方式等都有待进一步统一规范。招投标监督管理体系的组成如图1-7所示。

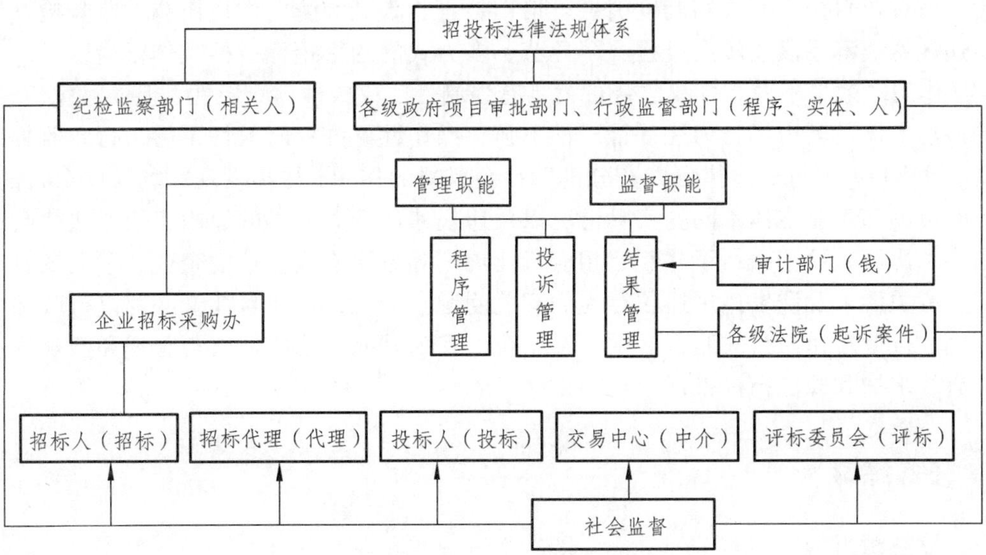

图1-7　招标投标监督管理体系

1.2.5.2 招标投标的行业自律

随着政府职能的不断转变，市场经济和招标投标运用的深入发展，招标投标主体形式复杂多样，其自我约束机制各不相同，招标项目种类繁多。单一的行政监督管理体制已难以满足有效维护复杂多变的招标投标市场秩序的需要，招标投标行业自律机制在维护和规范招标投标市场秩序中的作用就显得日益重要。

招标投标行业自律组织应结合行业实际情况宣传贯彻国家法律政策，制定和实施行业自律规则、行为规范；组织开展企业和个人从业资格管理及素质培训教育；建立行业信用评价体系和信息系统，指导、评选和监督检查企业和个人的市场自律行为，激励诚信守法，惩处违规失信，从而倡导、培育全行业诚信守法、公正科学的职业文化；增强企业、个人主动、积极维护社会公共利益和行业全局、长远发展利益的自觉意识及凝聚力；构建形成全行业遵守招标投标市场秩序的内部有效制衡机制及其企业、个人的自我约束力。

行业自律是建立健全现代市场机制不可缺少的主要组成部分，具有行政监督不可替代的重要作用。行业自律与行政监督对于维护和规范招标投标秩序的不同作用主要体现在四个方面：

（1）作用的机理不同。行政监督是政府以法律政策为依据，采用行政规则、指令、检查、处罚等对招标投标主体行为实施的外部强制性约束。行业自律是招标投标主体及其从业人员在自律组织构建的内部制衡机制中产生的自我行为约束。

（2）作用的层面不同。随着政府职能的转变，行政监督着重宏观、整体层面，主要对市场主体共性和突出的行为实施约束。而行业自律是将政府宏观监督层面落实到企业、个人微观监督层面，针对所有企业及其从业人员的具体职业行为产生监督约束。同时，行业自律组织可以为政府决策提供咨询服务，并协助政府加强行业统筹协调，依法维护行业整体和长远利益。

（3）作用的形式不同。行政监督主要采用立法、执法、违法惩戒的方式制约招标投标主体行为。而行业自律主要采用制度引导、培训教育、告诫预防、沟通协调、监督检查、纠正控制、违规惩戒等手段实施全过程、多环节、多方式的约束招标投标主体行为。

（4）作用的效果不同。行政监督行为具有强制性、权威性、威慑性，但面对宽泛、复杂、动态的市场主体及其市场行为往往针对性不强、操作性不强、时效性不够，行政监督执法的成本高、效率低。而行业自律可以充分借助社会监督的作用，尽早发现市场秩序存在的问题，同时针对市场和企业主体不同的实际情况以及违规违法行为产生的原因，依据法律政策及时采取指导、协调、检查，纠正并制定相应行业规则等自律措施，帮助企业、个人及时反映和有效解决有关诉求及诱发违规违法行为的相关问题。但是，行业自律又必须以行政和司法监督为支撑。行业自律与行政监督必须相互结合，互为补充，才能使宏观管理和微观管理相得益彰，有效维护和规范招标投标市场的秩序。

任务练习

一、填空题

1. 建设工程的发包方式主要有两种：______________和______________。

2. 建设单位直接招标发包方式是指建设单位直接通过____________将任务发包给承包单位。

3. 按发包的内容和招标的对象划分，建设单位直接招标发包有__________、__________、__________、__________等方式。

4. 劳务分包企业资质等级基本上是分为__________、__________。

5. 劳务分包企业资质不分专业，可以承接__________或__________的劳务作业。

6. 联合体承包是相对于______承包而言的承包方式，即由______以上承包单位联合起来承包一项工程任务，由参加联合的各单位推荐代表统一与建设单位签订合同、共同对建设单位负责、协调它们之间的关系。

7. 招标投标是在市场经济条件下进行工程建设、货物买卖、中介服务等经济活动的一种________方式和__________方式，其特征是引入________机制以求达成交易协议或订立合同。

二、选择题（多选）

1. 工程监理企业资质分为（　　）。

A. 综合资质　　B. 专业资质　　C. 事务所资质　　D. 劳务资质

2. 总分包模式的特点有（　　）。

A. 有利于工程项目的组织管理　　B. 有利于控制工程造价

C. 有利于控制工程质量　　D. 有利于缩短建设工期

E. 总承包单位责任重、风险大

3. 平行承包模式的特点包括（　　）。

A. 有利于建设单位择优选择承包单位

B. 有利于控制工程质量

C. 有利于缩短建设工期

D. 组织管理和协调工作量大

E. 工程造价控制难度大

4. 建设工程招标投标的目的是在工程建设中（　　）。

A. 择优选定承包单位　　B. 缩短工期

C. 提高工程质量　　D. 节约建设资金

E. 引入竞争机制

5. 招投标合法原则是指建设工程招标投标主体的一切活动，必须符合法律、法规、规章和有关政策的规定。合法原则包括（　　）

A. 主体资格合法　　B. 活动依据合法

C. 活动程序合法　　D. 管理和监督合法

E. 内容合法

6. 招投标活动要遵守的统一原则包括的内容有（　　）

A. 市场必须统一　　B. 管理必须统一

C. 规范必须统一　　D. 过程要统一

项目小结

建筑市场是建设工程市场的简称，是进行建筑商品和相关要素交换的市场，主要以建设工程承发包交易活动为主要内容。建筑市场的主体是指参与建筑生产交易过程的各方，主要有业主（建设单位或发包人）、承包商、工程咨询服务机构等。建筑市场的客体是建筑市场的交易对象，既包括有形建筑产品，也包括无形产品。为保证建设工程的质量和安全，对从事建设活动的单位和专业技术人员必须实行从业资格管理，即资质管理制度。建设工程交易中心把所有代表国家或国有企事业投资的业主请进建设工程交易中心进行招标，设置专门的监督机构,这是我国解决国有建设项目交易透明度的问题和加强建筑市场管理的一种独特方式。

建设工程的主要发包方式是招标发包和直接发包。按不同的划分标准，承包方式可划分为多种不同的类型。招标投标是在市场经济条件下进行工程建设、货物买卖、中介服务等经济活动的一种竞争方式和交易方式，其特征是引入竞争机制以求达成交易协议或订立合同。建筑工程招标投标的目的是在工程建设中引入竞争机制，择优选定承包单位，以保证缩短工期、提高工程质量和节约建设资金。我国建设工程招标投标活动应当遵循合法、统一、开放、三公、诚实信用、求效、择优、招标投标权益不受侵犯等基本原则。招投标活动在严格的监督管理之下进行。

项目练习

一、选择题（单选或多项）

1. 承包建筑工程的单位应当持有依法取得的资质证书，并在其资质（　　）许可的业务范围内承揽工程。

A. 规定　　B. 等级　　C. 行业　　D. 专业

2. 工程勘察资质分为（　　）

A. 综合资质　　B. 专业资质　　C. 劳务资质　　D. 监理资质

3. 工程设计资质分为（　　）

A. 工程设计综合资质　　B. 工程设计行业资质

C. 工程设计专项资质　　D. 工程设计劳务资质

4. 国际上有代表性的工程总承包模式有（　　）

A. 设计-采购-施工 EPC　　B. 设计-建造 DB

C. 设计-建造-运营 DBO　　D. 交钥匙（Turn-Key）

E. PPP 模式

5. CM 承包模式在工程造价控制方面的价值体现在（　　）

A. 相对于施工总承包模式，合同价更具合理性

B. CM 单位不赚取总包与分包之间的差价

C. 应用价值工程方法挖掘节约投资的潜力

D. 最大工程费用（GMP）可大大减少建设单位在工程造价控制方面的风险

E. 合同结构简单，组织协调工作量

6. Partnering 承包模式的主要特征包括（　　）

A. 出于自愿

B. 高层管理的参与

C. Partnering 协议不是法律意义上的合同

D. 信息的开放性

E. 工程建设参与各方不需要签署协议

7. 承包商的实力主要包括（　　）

A. 技术方面的实力　　B. 经济方面的实力

C. 管理方面的能力　　D. 信誉方面的能力

E. 公司规模的实力

8. 承包商从事建筑生产需要具备的条件有（　　）

A. 拥有符合国家规定的注册资本

B. 拥有与其资质等级相适应且具有注册执业资格的专业技术和管理人员

C. 拥有从事相应建筑活动所应有的技术装备

D. 经资格审查合格，已取得资质证书和营业执照

E. 有工程施工经验

9. 公开原则是指招标投标程序和时间安排等信息应当按规定公开透明，公开原则包含的内容有（　　）

A. 建设工程招标投标的信息公开

B. 建设工程招标投标的条件公开

C. 建设工程招标投标的程序公开

D. 建设工程招标投标的结果公开

E. 建设工程招标投标的评标过程公开

二、思考题

1. 建筑市场的客体是什么？
2. 建设工程交易中心的性质与作用是什么？
3. 建设工程交易中心运作的一般程序是什么？
4. 鲁布革工程的项目管理经验主要有哪些？
5. 建设工程发包的方式有哪几种？
6. 建设工程承包的方式有哪些？
7. 简述建设工程招标投标的概念。
8. 简述建设工程招标投标的特点。
9. 我国建设工程招标投标活动应当遵循的基本原则有哪些？

三、实训题

采访建设工程交易中心

实训目的：对建设工程交易中心有感性认识，熟悉建设工程交易中心的主要职责，了解我国的建筑市场情况。

准备工作：

① 采访本；

② 录音笔；

③ 交通车辆；

④ 联系当地建设工程交易中心负责人；

⑤ 设计采访参观的过程以及要提问的问题等。

实训步骤：描述实训目标→划分小组→走访任务安排→走访建设工程交易中心→进行资料整理→撰写走访报告。

实训结果：

① 熟悉建设工程交易中心的活动氛围；

② 掌握建设工程交易中心的主要职责；

③ 编制走访报告。

注意事项：

① 学生角色扮演真实；

② 走访程序设计合理；

③ 充分发挥学生的积极性、主动性和创造性；

④ 走访前做好准备工作，对建设工程交易中心有初步的认识。

项目二　建设工程项目招标

项目目标

工程招标是招标单位就拟建设的工程项目发出要约邀请，对应邀参与竞争的承包商进行审查、评选，并择优作出承诺，从而确定工程项目建设承包人的活动。它是招标单位订立建设工程合同的准备活动，也是承发包双方合同管理工程项目的第一个重要环节。通过本项目的学习，掌握招标的基本知识，掌握招投的过程，能够进行招标文件的编制。

教学要求

能力目标	知识要点
了解建设工程招标的基本原则	（1）工程施工招标的相关概念 （2）招标的范围和项目 （3）建设工程招标的基本条件 （4）建设工程的招标方式
掌握招标程序	（1）建设工程招标程序 （2）资格预审
熟悉招标文件的内容与招标文件的编制	（1）施工招标文件的组成 （2）编制原则

案例导入

【背景】

某房地产公司计划在××市×××开发 60 000 m^2 的住宅项目，可行性研究报告已经通过国家发改委批准，资金筹集方式为自筹，且尚未完全到位，仅有初步设计图纸，因急于开工，组织销售，决定采用邀请招标的方式，随后向 7 家施工单位发出了投标邀请书。

【问题】

1. 建设工程施工招标的必备条件有哪些？
2. 本项目在上述条件下是否可以进行工程施工招标？
3. 通常情况下，哪些工程项目适宜采用邀请招标的方式进行招标？

任务 2.1 建设工程施工招标概述

任务导入

招标投标最早起源于英国，自二战以来，招标投标影响力不断扩大，先是西方发达国家，接着世界银行在货物采购、工程承包中大量推行招标投标方式，近几十年来，发展中国家也日益重视和采用招标投标方式进行货物采购和工程建设。招标投标作为一种成熟的交易方式，其重要性和优越性在国内、国际经济活动中日益被各国和各种国际经济组织广泛认可，进而在相当多的国家和国际组织中得到立法推行。

2.1.1 工程招标的相关概念

1．工程招标定义

建设工程招标是指建设单位对拟建的工程发布公告，通过法定的程序和方式吸引建设项目的承包单位竞争并从中选择条件优越者来完成工程建设任务的法律行为。

2．工程招标人

《招标投标法》规定，“招标人是依照本法规定提出招标项目、进行招标的法人或其他组织。”法人，是指具有独立的民事权利能力和民事行为能力，依法享有民事权利和承担民事义务的组织，包括企业法人、机关法人、事业单位法人和社会团体法人。其他组织，是指合法成立，有一定组织机构和财产，但又不具备法人资格的组织。

3．招标代理

（1）工程招标代理。是指工程招标代理机构接受招标人的委托，从事工程的勘察、设计、施工、监理以及与工程建设有关的重要设备（进口机电设备除外）、材料采购招标的代理业务。此时，代替招标人进行建筑工程招标活动的中介服务机构称为代理人，委托他人代替自己进行建筑工程招标活动的招标人称为被代理人，与代理人进行建筑工程招标活动的人称为第三人。

（2）工程招标代理机构。按照《招标投标法》的规定，招标代理机构是依法设立、从事招标代理业务并提供相关服务的社会中介组织。

（3）工程招标代理机构的职责。

① 拟定招标方案。

② 编制和出售资格预审文件、招标文件。

③ 组织审查投标人资格。

④ 编制标底、工程量清单和最高投标限价。

⑤ 组织投标人踏勘现场。

⑥ 接受投标，组织开标、评标，协助招标人定标。

⑦ 草拟合同。

⑧ 招标人委托的其他事项。

2.1.2　招标的范围和项目

1．建设工程招标的范围

最新《招标投标法》第三条规定：在中华人民共和国境内进行下列工程建设项目包括项目的勘察、设计、施工、监理以及与工程建设有关的重要设备、材料等的采购，必须进行招标：

（1）大型基础设施、公用事业等关系社会公共利益、公众安全的项目；

（2）全部或者部分使用国有资金投资或者国家融资的项目；

（3）使用国际组织或者外国政府贷款、援助资金的项目。

前款所列项目的具体范围和规模标准，由国务院发展计划部门会同国务院有关部门制订，报国务院批准。法律或者国务院对必须进行招标的其他项目的范围有规定的，依照其规定。

2．必须招标的工程项目

《必须招标的工程项目规定》（国家发展改革委令第 16 号）规定了必须进行招标的项目。

（1）全部或者部分使用国有资金投资或者国家融资的项目包括：

① 使用预算资金 200 万元人民币以上，并且该资金占投资额 10% 以上的项目；

② 使用国有企业事业单位资金，并且该资金占控股或者主导地位的项目。

（2）使用国际组织或者外国政府贷款、援助资金的项目包括：

① 使用世界银行、亚洲开发银行等国际组织贷款、援助资金的项目；

② 使用外国政府及其机构贷款、援助资金的项目。

（3）不属于（1）（2）规定情形的大型基础设施、公用事业等关系社会公共利益、公众安全的项目，必须招标的具体范围由国务院发展改革部门会同国务院有关部门按照确有必要、严格限定的原则制订，报国务院批准。

（4）本规定（1）（2）（3）规定范围内的项目，其勘察、设计、施工、监理以及与工程建设有关的重要设备、材料等的采购达到下列标准之一的，必须招标：

① 施工单项合同估算价在 400 万元人民币以上；

② 重要设备、材料等货物的采购，单项合同估算价在 200 万元人民币以上；

③ 勘察、设计、监理等服务的采购，单项合同估算价在 100 万元人民币以上。

同一项目中可以合并进行的勘察、设计、施工、监理以及与工程建设有关的重要设备、材料等的采购，合同估算价合计达到前款规定标准的，必须招标。

3．可以不进行招标的项目

（1）《招标投标法》第六十六条规定，涉及国家安全、国家秘密、抢险救灾或者属于利用扶贫资金实行以工代赈、需要使用农民工等特殊情况，不适宜进行招标的项目，按照国家有关规定可以不进行招标。

（2）《招标投标法实施条例》规定，除招标投标法第六十六条规定的可以不进行招标的特殊情况外，有下列情形之一的，可以不进行招标：

① 需要采用不可替代的专利或者专有技术；

② 采购人依法能够自行建设、生产或者提供；

③ 已通过招标方式选定的特许经营项目投资人依法能够自行建设、生产或者提供；

④ 需要向原中标人采购工程、货物或者服务，否则将影响施工或者功能配套要求；

⑤ 国家规定的其他特殊情形。

（3）《工程建设项目施工招标投标办法》规定，依法必须进行施工招标的工程建设项目有下列情形之一的，可以不进行施工招标：

① 涉及国家安全、国家秘密、抢险救灾或者属于利用扶贫资金实行以工代赈需要使用农民工等特殊情况，不适宜进行招标；

② 施工主要技术采用不可替代的专利或者专有技术；

③ 已通过招标方式选定的特许经营项目投资人依法能够自行建设；

④ 采购人依法能够自行建设；

⑤ 在建工程追加的附属小型工程或者主体加层工程，原中标人仍具备承包能力，并且其他人承担将影响施工或者功能配套要求；

⑥ 国家规定的其他情形。

2.1.3 建设工程招标的基本条件

1. 招标单位的基本条件

（1）依法提出招标项目。

（2）依法进行招标。招标单位自行组织招标，必须符合下列条件，并设立专门的招标机构，经招投标行政管理机构审查合格后发给招标组织资格证书。

① 招标单位是法人或依法成立的其他组织。

② 有与招标工程相适应的经济、技术、管理和法律咨询人员。

③ 有组织编制招标文件的能力。

④ 有审查投标单位资质的能力。

⑤ 有组织开标、评标、定标的能力。

若招标单位不具备上述某些条件，可以委托具有相应资质的招标代理机构组织招标。

2. 招标工程应满足的基本条件

按照《工程建设项目施工招标投标办法》的规定，依法必须招标的工程建设项目，应当具备下列条件才能进行施工招标：

（1）招标人已经依法成立；

（2）初步设计及概算应当履行审批手续的，已经批准；

（3）招标范围、招标方式和招标组织形式等应当履行核准手续的，已经核准；

（4）有相应资金或资金来源已经落实；

（5）有招标所需的设计图纸及技术资料。

2.1.4 建设工程招标投标的基本原则

招标投标应当遵循公开、公平、公正和诚实信用等基本原则。详见任务 1.2。

2.1.5 建设工程的招标方式

按照竞争开放程度，招标方式分为公开招标和邀请招标两种方式。招标项目应依据法律规定条件，项目的规模、技术、管理特点要求以及投标人的选择空间等因素选择合适的招标方式。国有资金控股或者占主导地位的依法必须进行招标的项目一般应采用公开招标，如符合条件，确实需要采用邀请招标方式的，须经有关部门核准、备案或认定。

1．公开招标

公开招标属于非限制性竞争招标，是招标人以招标公告的方式邀请不特定的法人或其他组织参加投标，按照法律程序和招标文件公开的评标标准和办法选择中标人的一种招标方式。这是一种充分体现招标信息公开性、招标程序规范性、投标竞争公平性，可以降低串标、抬标和其他不正当交易的可能性，最符合招标投标优胜劣汰和“三公”特征的招标方式，也是主要的采购方式。依法必须进行招标的项目采用公开招标应当按照《招标公告发布暂行办法》（国家发展计划委员会〔2000〕第4号令）及其他有关规定指定的媒体发布资格预审公告或招标公告。

2．邀请招标

邀请招标属于有限竞争性招标，也称选择性招标。招标人是以投标邀请书的方式邀请特定的法人或者其他组织投标，按照法律程序和招标文件规定的评标标准方法选择中标人的招标方式。邀请招标不必发布招标公告或资格预审公告，但必要时可以组织资格预审，且投标人不应少于3个。由于邀请招标选择投标人的范围和投标人的竞争程度受到一定限制，可能达不到预期的竞争效果及其中标价格。邀请招标适用于因涉及国家安全、国家秘密、商业机密、技术复杂、有客观特殊要求，或受自然环境限制等只有少量几个潜在投标人可供选择的项目，或者招标项目较小，采用公开招标方式的费用占项目合同金额的比例过大的项目。

公开招标和邀请招标方式特点对比见表2-1。

表2-1　公开招标和邀请招标方式特点对比

招标方式 对比项目	公开招标	邀请招标
适用条件	适用范围较广，大多数项目均可以采用公开招标方式。规模较大、建设周期较长的项目尤为适用	通常适用于技术复杂、有特殊要求或者受自然环境限制，只有少数潜在投标人可供选择的项目，或者拟采用公开招标的费用占合同金额比例过大的项目。 国家和省级重点项目、国有资金控股或占主导地位的依法必须进行招标的项目，采用邀请招标应当经批准或认定
竞争程度	属非限制性竞争招标方式，投标人之间相互竞争比较充分	属有限竞争性招标方式，投标人之间的竞争受到一定限制
招标成本	招标成本和社会资源耗费相对较大	招标成本和社会资源耗费相对较少
信息发布	招标人以公告的方式向不特定的对象发出投标邀请。依法必须进行招标的项目应当在指定媒体发布招标公告或资格预审公告	招标人以投标邀请书的方式向特定的对象发出投标邀请
优点	信息公开、程序规范、竞争充分，不容易被串标、抬标；投标人较多，招标人挑选余地较大，有利于从中选择合适的中标人	招标工作量相对较小，招标花费较省，投标人比较重视，招标人选择的目标相对集中
缺点	素质能力良莠不齐，招标工作量大、时间较长	投标人数量较少，竞争性较差，招标人在选择邀请对象前所掌握的信息存在局限性，有可能得不到最合适的承包商和获得最佳竞争效益

任务练习

一、选择题（单选或多选）

1. 根据《招标投标法》的规定，下列关于招标人的说法中，正确的是（　　）。

A. 招标人必须是法人　　B. 招标人可以指定中标人

C. 招标人可以为其他组织　　D. 招标人提出招标项目的资金必须落实

2. 招标代理机构的性质为（　　）。

A. 从事招标代理业务并提供相关服务的社会中介组织

B. 负责监督管理招标代理业务的咨询机构

C. 负责招标代理业务的机关法人

D. 招标代理行业自律的民间组织

3. 根据《工程建设项目招标范围和规模标准规定》的规定，重要设备、材料等货物的采购，单项合同估算在（　　）万元人民币以上的，必须进行招标。

A. 50　B. 100　C. 120　D. 200

4. 招标投标行政监督部门中的指导协调部门是（　　）。

A. 国务院发展改革部门　　B. 国务院建设部门

C. 国务院财政部门　　D. 国务院监督部门

5. 采用邀请招标的项目，邀请的承包商至少为（　　）。

A. 3 家　B. 5 家　C. 7 家　D. 10 家

6. 招标投标活动的公开原则首先要求（　　）要公开。

A. 招标活动信息　　B. 评标委员会成员名单

C. 工程设计文件　　D. 评标标准

7. 政府投资大、中型和限额以下的工程项目，必须采用（　　）招标方式。

A. 邀请招标　　B. 公开招标

C. 直接确定　　D. 以上方式均可

8. 受招标人的委托，代为从事招标活动的中介组织是（　　）。

A. 建设单位　B. 施工单位　C. 招标代理　D. 设计单位

9. 一般情况下，公开招标的项目资格审查大多采用（　　）。

A. 资格预审　　B. 资格后审

C. 在购买招标文件时审查　　D. 在签订合同时审查

10. 招标投标应当遵循的原则有（　　）。

A. 公开　B. 公平　C. 公正　D. 诚实信用　E. 自愿

11. 根据《工程建设项目招标范围和规模标准规定》的规定，工程建设国家融资项目必须招标的范围是（　　）。

A. 使用国家发行债券所筹资金的项目

B. 使用国家对外借款或者担保所筹资金的项目

C. 使用国家政策性贷款的项目

D. 国家特许的融资项目

E. 使用各级财政预算资金的项目

12. 依法必须进行招标的工程建设项目，可以申请邀请招标的情形有（　　）。

A. 资格条件符合要求的潜在投标人少于三家，不能形成有效竞争的

B. 受自然地域环境限制的

C. 涉及国家安全、国际秘密而不宜公开招标的

D. 拟公开招标的费用与项目的价值比不值得的

E. 涉及国家秘密不宜招标的

13. 下列（　　）等特殊情况，不适宜进行招标的项目，按照国家规定可以不进行招标。

A. 涉及国家秘密

B. 使用国际组织或者外国援助资金的项目

C. 国家特许的融资项目

D. 利用扶贫资金实行以工代赈需要使用农民工的

E. 停建或缓建后恢复建设的单位工程，且承包方未发生变更的

14. 采用公开招标方式，（　　）等都应当公开。

A. 评标的程序　　B. 评标人的名单

C. 开标的程序　　D. 评标的标准

E. 中标的结果

15. 必须进行招标的项目包括（　　）。

A. 私人投资的高级别墅

B. 外国老板投资的基础设施的项目

C. 大型基础设施、公用事业等关系到社会公共利益、公众安全的项目

D. 全部或部分使用国有资金投资或者国家融资的项目

E. 使用国际组织或者外国政府贷款、援助资金的项目

16. 下列各项中，（　　）不属于工程建设施工招标应具备的前提条件。

A. 建设用地征用完毕，施工图纸完成

B. 概算已经批准，建设项目已正式列入计划

C. 招标文件已经编制好

D. 建设资金、建材、设备来源已经落实

任务 2.2　建设工程施工招标程序

任务导入

招标是《政府采购法》规定的政府采购方式之一，也是一种最具有竞争、公开透明程度最高的一种方式。一般来说，招标投标活动需经过招标、投标、开标、评标与定标等程序。建设工程施工招标投标程序是什么？这是非常重要的，只有知道程序才能更好地处理细节，规范细节。

2.2.1 建设工程施工招标程序

建设工程施工招标程序，是指建设工程招标活动按照一定的时间和空间应遵循的先后顺序，以招标单位和其代理人为主进行的有关招标的活动程序。它分为招标准备阶段、招标投标阶段和定标签约阶段，见表 2-2。

表 2-2 建设工程招标投标工作流程比较

阶段	公开招标流程	邀请招标流程	招标投标管理机构监管内容
招标准备阶段	1. 报建	1. 报建	备案登记
	2. 审查招标单位资质	2. 审查招标单位资质	审批发证
	3. 招标申请	3. 招标申请	审批
	4. 资格预审文件、招标文件的编审	4. 招标文件的编审	审查
	5. 标底编制	5. 标底编制	
招标投标阶段	6. 发布资格预审通告、招标公告	6. 发出投标邀请书	
	7. 资格预审		复核
	8. 发放招标文件	7. 发放招标文件	
	9. 现场踏勘	8. 现场踏勘	
	10. 投标预备会	9. 投标预备会	现场监督
	11. 投标文件的编制、递交	10. 投标文件的编制、递交	
定标签约阶段	12. 标底的报审	11. 标底的报审	审定
	13. 开标	12. 开标（资格后审）	现场监督
	14. 评标	13. 评标	现场监督
	15. 定标	14. 定标	核准
	16. 合同签订	15. 合同签订	协调、审查

2.2.2 招标准备阶段

在招标准备阶段，招标单位或其招标代理人应当办理工程报建手续及资金落实、选择招标方式、编制招标有关文件和标底、办理招标备案手续等。

1. 落实招标项目应当具备的条件

（1）履行项目审批手续。招标项目按照国家有关规定需要履行项目审批手续的，应当履行审批手续，并取得批准。

建设工程项目获得立项批准文件或者列入国家投资计划后，应按规定到工程所在地的建设行政主管部门办理工程报建手续。报建时应当交验的资料主要有：立项批准文件（概算批准文件、年度投资计划）、固定资产投资许可证、建设工程规划许可证、资金证明文件等。

（2）资金落实。招标单位应当有进行招标项目的相应资金或者资金来源已经落实，并在招标文件中写明。

2．选择招标方式

（1）确定自行招标或是委托代理招标。审查招标人资格，看招标人是否具备自行招标条件，不具备自行招标条件的招标人必须委托具有相应资质的招标代理机构代理招标。自行办理招标事宜的要依法办理备案手续；委托招标代理的在签订委托代理合同后的法定时间内到建设行政主管部门备案。

（2）确定发包范围、招标次数及每次的招标内容。发包范围根据工程特点和招标单位的管理能力确定。对于场地集中，工程量不大，技术不太复杂的工程宜实行一次性招标，反之可采用分阶段招标。实行分段招标的工程，要求招标单位有较强的管理能力。现场上各承包商所需的生活基地、材料堆场、交通运输等需要进行安排和协调，要做好工程进度的各项衔接工作。

（3）选择合同计价方式。招标单位应在招标文件中明确规定合同的计价方式。计价方式主要有固定总价合同、单价合同和成本加酬金合同三种，同时规定合同价的调整范围和调整方法。

（4）确定招标方式。招标单位应当依法选定公开招标或邀请招标方式。

3．编制招标有关文件和标底

（1）编制招标有关文件。招标有关文件包括资格审查文件、招标公告、招标文件、合同协议条款、评标办法等，这些文件都应采用工程所在地通用的格式文件编制。随着建筑信息模型（BIM）技术的发展，招标文件中应明确BIM技术运用的内容和要求。

（2）编制标底。标底的编制一般由招标单位委托由建设行政主管部门批准具有与建设工程相应造价资质的中介机构代理编制，标底应客观、公正的反映建设工程的预期价格，也是招标单位掌握工程造价的重要依据，使标底在招标过程中显示出其重要的作用。一个招标项目只能编制一个标底，它是进行评标和定标工作的主要参考依据之一。目前标底的计算多以现行计价定额为计算基础，按建设工程工程量清单计价的方法计算。标底在开标前要严格保密，如有泄漏，对责任人要给予经济、法律制裁。

目前，在实际招标过程中采用标底的比较少，大多数采用的是投标截止时间前三天公布最高限价，如果最后的投标价超过最高限价直接作为废标处理。

4．办理招标备案手续

按照法律法规的规定，招标单位在工程招标准备工作基本完毕后，应向建设行政主管部门报送招标申请文件，并由主管部门对招标单位进行招标条件审查，招标单位必须等待审查批准后才能进行招标，并接受建设行政主管部门依法实施的监督。建设行政主管部门在审查招标单位的资格、招标工程的条件和招标文件等的过程中，发现有违反法律法规内容的，应当责令招标单位改正。

2.2.3　招标投标阶段

在招标投标阶段，招投标双方应当做好下列工作。

1．招标单位发布招标公告或发出投标邀请书

实行公开招标的工程项目，招标单位要在报纸、杂志、广播、电视等大众媒体或工程交易中心公告栏上发布招标公告，邀请一切愿意参加工程投标的不特定的承包商申请投标资格审查或申请投标。实行邀请招标的工程项目应向 3 家以上符合资质条件的、资信良好的承包商发出投标邀请书，邀请它们参加投标。

招标公告或投标邀请书应写明招标单位的名称和地址，招标工程的性质、规模、地点以及获取招标文件的办法等事项。

2．投标资格审查

招标单位或招标代理机构可以对潜在的投标单位进行资格审查。资格审查即对潜在投标人的承包能力、业绩、资格和资质、注册建造师、纳税、财务状况和信誉等进行审查，并确定合格的投标单位名单。资格审查分为资格预审和资格后审两种。在发放招标文件前的资格审查称为资格预审；在评标时进行的资格审查称为资格后审。通常公开招标采用资格预审，邀请招标采用资格后审。

资格预审评审标准见表 2-3、表 2-4。表中反映投标申请单位的合同工程营业收入、净资产和在建工程未完成部分合同金额等，投标申请单位必须满足必要的合格条件标准才能通过资格预审。

表 2-3　资格预审必要的合格条件标准

序号	项目内容	合格条件	投标申请人具备的条件或说明
1	有效营业执照	有	
2	资质等级证书	工程施工______承包______级以上或同等资质等级	
3	财务状况	开户银行资信证明和符合要求的财务表，______级资信评估证书	
4	流动资金	有合同总价______% 以上的流动资金可投入本工程	
5	固定资产	不少于（币种，金额，单位）	
6	净资产值	不小于在建工程未完合同额与本工程合同总价之和的____%	
7	履约情况	有无因投标申请人违约或不恰当履约引起的合同中止、纠纷、争议、仲裁和诉讼记录	
8	分包情况	符合《中华人民共和国建筑法》和《中华人民共和国招标投标法》的规定	
9			
10			

表 2-4　资格预审附加合格标准

序号	附加合格条件项目	附加合格条件内容	投标申请人具备的条件或说明

按照《标准施工招标资格预审文件》的规定，资格预审文件包括资格预审公告、资格预审申请人须知、资格预审申请书及附表，以及资格预审合格通知书四部分。

（1）资格预审申请人须知。资格预审申请人须知包括工程概况、资金来源、投标资格和合格条件要求，对联合体的要求、分包的规定、资格预审文件投递的时间和地点等，以及要求申请人提供的企业资质、业绩、技术装备、财务状况和拟派出的项目经理及主要技术人员的简历、业绩等证明材料。

（2）资格预审申请书及附表。资格预审申请书应当采用工程所在地招标投标管理部门编制的格式文本，参照范本 2-1。附表包括投标申请人的一般情况、近三年工程营业额数据表、近三年已完工程及目前在建工程一览表、财务状况表、联合体情况、类似工程经验等。

范本 2-1　资格预审申请书

致：招标人名称

1. 经授权作为代表，并以（投标申请人名称）（以下称“申请人”）的名义，基于对招标公告、资格预审文件做了检查和充分的理解，本申请书签字人在此以（招标工程项目名称）中下列标段的申请人身份，向你方提出资格预审申请：

标段项目名称	标段号

注：投标申请人应注明他申请资格预审的标段或标段组合。

2. 你方授权代表可调查、审核我方递交的与此申请相关的声明、文件和资料，并通过我方的开户银行和客户澄清申请书中有关财务和技术方面的问题。该申请书还将授权给提供与申请有关的证明资料的任何个人或机构及其授权代表，按你方的要求，提供必要的相关资料，以核实本申请中提交的或与申请人的资金来源、经验和能力有关的声明和资料。

3. 我方授权本公司在职员工________为本投标项目委托代理人（详见法人委托书和社保证明复印件），负责本项目投标过程中的质询及相关事宜。

授权委托人联系电话：

传真：

（3）资格预审合格通知书。对于通过资格预审的承包商会发放资格预审合格通知书，参照范本 2-2。

范本 2-2　投标申请人资格预审合格通知书

致：预审合格的投标申请人名称

鉴于你方参加了我方组织的编号为________的（招标工程项目名称）工程（施工、设计、监理、材料、设备）投标资格预审，并经我方审定，资格预审合格，现通知你方作为资格预审合格的投标人就上述工程施工进行密封投标。并将其他有关事宜告知如下：

1. 凭本通知书于________年________月________日至________年________月________日，每天上午________时______分至______时______分，下午______时______分至______时______分（公休日、节假日除外）到______（地址）______购买招标文件，每份招标文件的购买费用为人民币______元，无论是否中标，该费用不予退还。另需交纳图纸押金______元人民币，当投标人退回图纸时，该押金将同时退还给投标人（缺损另计，不计利息）。上述资料如需邮寄，可以书面形式通知招标人，并加邮费每份______元人民币，招标人将立即以航空挂号方式向投档人寄送上述资料，但在任何情况下，如寄送的文件迟到或丢失，招标人均不对此负责。

2. 投标人应按照招标文件规定截止时间前提交______元人民币的投标保证金。投标保证金汇入的户名：__________，开户银行：________________，账号：__________________

3. 投标文件递交的截止时间为_______年_______月_______日_______时_______分，提交地点为________________，逾期送达的或不符合规定的投标恕不接受。

4. 本招标工程项目的开标会将于上述的投标截止时间的同一时间在____________________公开进行，投标人的法定代表人或其委托代理人应准时参加开标会议。

5. 有关本项目投标的其他事宜，请与招标人或招标代理机构联系。

6. 收到此通知后请以书面形式予以确认。如果你方不准备参加该投标，请尽快通知我方，谢谢合作。

招标人：（盖章）　　招标代理机构：（盖章）
办公地址：　　办公地址：
邮政编码：　　邮政编码：
联系电话：　　联系电话：
传　　真：　　传　　真：
联系人：　　联系人：

日期：________年________月________日

3．发放招标文件

招标单位或招标代理机构按照资格预审确定的合格投标单位名单或者投标邀请书发放招标文件。招标文件的内容必须正确，如果对招标文件的内容有修改或补充的，须报招标投标主管部门备案，并在投标截止前 15 天以书面的形式通知每一个投标单位。

招标单位发放招标文件可以收取工本费，对其中的设计文件可以收取押金，宣布中标人后收回设计文件并退还押金。

4．现场踏勘

现场踏勘主要是让投标人了解工程场地和周围环境情况，收集有关信息，更有利于投标人结合现场提出合理的报价。现场踏勘一般在投标预备会之前进行。现场踏勘由招标人组织，投标单位在现场踏勘中所产生的费用自行承担。

现场踏勘中招标单位应介绍以下情况：

（1）现场是否已经达到招标文件规定的条件。

（2）现场的自然条件。包括地形地貌、水文地质、土质、地下水位及气温、风、雨、雪等气候条件。

（3）工程建设条件。工程性质和标段、可提供的施工临时用地和临时设施、料场开采、污水排放、通信、交通、电力、水源等条件。

（4）现场的生活条件和工地附近的治安情况等。

5．标前会议

标前会议主要用来澄清招标文件中的疑问，解答投标单位提出的有关招标文件及现场踏勘的问题。

（1）投标单位有关招标文件及现场踏勘的疑问，应在标前会议前以书面形式提出。

（2）对于投标单位有关招标文件及现场踏勘的疑问，招标单位只能采取公开答复，不得私下单独解释。

（3）标前会议应形成书面的会议纪要，并送达到每个投标单位，它与招标文件具有同等的效力。

6．投标文件的编制、递交

投标人根据招标文件的要求，编制投标文件并进行密封，在投标截止时间前递送到规定的地点交给招标人。招标人接收投标文件后将其密封直至开标。

2.2.4　定标签约阶段

定标签约阶段是整个招标过程的结果性阶段，开标、评标、定标和签约四项工作，详见本书项目四。

任务练习

一、填空题

1. 资格审查可以分为____________和____________两种。
2. 招标单位对招标文件的补充和修改应在__________以书面形式通知每一个投标单位。
3. ____________是承包商投标过程中的第一关。
4. 当招标单位不具备自行招标能力时，应选择____________。
5. 按照《标准施工招标资格预审文件》的规定，资格预审文件包括____________、____________、____________，以及____________四部分。
6. 在发放招标文件前的资格审查称为____________。

二、选择题（单选或多选）

1. 下列属于招标投标阶段的是（　　）

A. 编制标底　　B. 资格预审　　C. 现场踏勘　　D. 招标申请

2. 整个招标投标过程，经过（　　）、（　　）和（　　）三个阶段。

A. 招标　　B. 投标　　C. 开标　　D. 定标　　E. 评标

3. 下列属于投标资格审查的内容的是（　　）。

A. 资质等级　B. 财务状况　　C. 履约情况　　D. 企业信誉　　E. 企业文化

4. 投标单位有关招标文件及现场踏勘的疑问，应在标前会议前以书面形式提出，下列哪些（　　）形式属于书面形式。

A. 信件　　B. 电话　　C. 电报　　D. 电子邮件　　E. 传真

5. 现场踏勘中招标单位应介绍的情况包括（　　）

A. 现场是否已经达到招标文件规定的条件　　B. 现场的自然条件

C. 工程建设条件　　D. 现场的生活条件

E. 工地附近的治安情况。

6. 定标签约阶段是整个招标过程的结果性阶段，包括（　　）工作。

A. 投标　　B. 开标　　C. 评标　　D. 定标　　E. 签约

任务 2.3　建设工程招标文件的组成与编制

任务导入

建设工程招标文件是由招标人或其委托相关的咨询机构编制并发布的，它既是投标人编制投标文件的依据，也是招标人与投标人签订工程承包合同的基础，招标文件中提出的各项要求，对整个招标工作乃至承发包双方均有约束力。凡不满足招标文件要求的投标书，将被招标单位拒绝。

2.3.1　招标文件的组成、编制原则和意义

1．招标文件的组成

一般来说，施工招标文件在形式上的构成，主要包括正式文本，对正式文本的解释和对正式文本的修改三部分。

施工招标文件正式文本的格式分为卷、章、节，见表 2-5。

表 2-5　施工招标文件正式文本格式

卷	章	节
第一卷	第一章　招标方式（招标公告或投标邀请书）	1. 招标条件；2. 项目概况与招标范围；3. 投标人资格要求；4. 招标文件获取……
	第二章　投标人须知	投标人须知前附表 1. 总则；2. 招标文件；3. 投标文件……
	第三章　评标办法	评标办法前附表 1. 评标方法；2. 评审标准……
	第四章　合同条款和格式	1. 通用合同条款；2. 专用合同条款……
	第五章　工程量清单	1. 工程量清单说明；2. 投标报价说明……
第二卷	第六章　图纸	
第三卷	第七章　技术标准和要求	
第四卷	第八章　投标文件格式	1. 投标函及投标函附录；2. 法定代表人身份证明；3. 授权委托书……

2．招标文件的编制原则

招标文件的编制必须系统、完整、准确、明了，一般应遵循以下原则。

（1）招标单位、招标代理机构及建设项目应具备的招标条件。招投标相关的法律法规对建设单位、招标代理机构及建设项目的招标条件做了明确规定，其目的在于规范招标单位的行为，确保招标工作有条不紊地进行，稳定招投标市场秩序。

（2）必须遵守国家的法律、法规及贷款组织的要求。招标文件是中标人签订合同的基础，也是进行施工进度控制、质量控制、成本控制及合同管理等的基本依据。按《合同法》规定，凡违反法律、法规和国家有关规定的合同属无效合同。因此，招标文件必须遵守《合同法》《招标投标法》等有关法律法规。如果建设项目是贷款项目，必须按该组织的各种规定和审批程序来编制招标文件。

（3）公平、公正处理招标单位和承包商的关系，保护双方的利益。在招标文件中过多地将招标单位风险转移给投标单位一方，势必使投标单位风险费加大，提高投标报价，最终使招标单位反而增加支出。

（4）招标文件的内容要力求统一，避免文件之间的矛盾。招标文件涉及投标单位须知、合同条件、技术规范、工程量清单等多项内容。当项目规模大、技术构成复杂、合同段较多时，编制招标文件应重视内容的统一性。如果各部分之间矛盾多，就会增加投标工作和履行合同过程中的争议，影响工程施工，造成经济损失。

（5）详尽地反映项目的客观和真实情况。只有客观、真实的招标文件才能使投标单位的投标建立在可靠的基础上，减少签约和履约过程中的争议。

（6）招标文件的用词应准确、简洁、明了。招标文件是投标文件的编制依据，投标文件是工程承包合同的组成部分，客观上要求在编写中必须使用规范用语、本专业术语，做到用词准确、简洁和明了，避免歧义。

（7）尽量采用行业招标范本格式或其他贷款组织要求的范本格式编制招标文件。

3．招标文件的意义

建设工程招标文件的意义主要体现在以下三个方面。

（1）建设工程招标文件是投标的主要依据和信息源。招标文件是提供给投标单位的投标依据，是投标单位获取招标单位意图和工程招标各方面信息的主要途径。投标单位只有认真研读招标文件，领会其精神实质，掌握其各项具体要求和界限，才能保证投标文件对招标文件的实质性响应，顺利通过对投标文件的符合性鉴定。

（2）建设工程招标文件是合同签订的基础。招标文件是一种要约邀请，其目的在于引出潜在投标单位的要约（即投标文件），并据以对要约进行比较、评价（即评标），作出承诺（即定标）。因而，招标文件是工程招标中要约和承诺的基础。在招标投标过程中，无论是招标单位还是投标单位，都可能对招标文件提出这样那样的修改和补充的意见或建议，但不管怎样修改和补充，其基本的内容和要求通常是不会变的，也是不能变的，所以，招标文件的绝大部分内容，事实上都将会变成合同的内容。招标文件是招标单位和中标人签订合同的基础。

（3）建设工程招标文件是政府监督的对象。招标文件既是招标投标管理机构的审查对象，同时也是招标投标管理机构对招标投标活动进行监督的一个重要依据。即招标投标管理机构对招标投标活动的监督，在很大程度上就是监督招标投标活动是否符合经审定的招标文件的规定。

2.3.2 招标文件的主要内容

施工招标文件一般包括下列几个方面的内容，即招标方式（招标公告或投标邀请书）、投标人须知、评标办法、合同条款和格式、工程量清单、施工图纸、技术标准和要求和投标文件格式等。下面分别进行介绍。

1．招标方式（招标公告或投标邀请书）

根据招标方式分为公开招标和邀请招标。对于投标人的要约邀请，公开招标采用在报纸、杂志上发布招标公告的形式；邀请招标选用向特定的法人或其他组织发出投标邀请书的形式。其主要包括如下内容：

（1）招标条件；
（2）项目概况与招标范围；
（3）投标人资格要求；
（4）招标文件的获取；
（5）投标文件的投递；
（6）发布公告的媒介（邀请招标为确认）；
（7）联系方式。

2．投标人须知

投标人须知包括投标人须知前附表和投标须知。投标人须知前附表见表 2-6。

表 2-6　投标人须知前附表

条款号	条款名称	编　列　内　容
1.1.2	招标人	名称： 地址： 联系人： 电话：
1.1.3	招标代理机构	名称： 地址： 联系人： 电话：
1.1.4	项目名称	
1.1.5	建设地点	
1.2.1	资金来源	
1.2.2	出资比例	
1.2.3	资金落实情况	
1.3.1	招标范围	
1.3.2	计划工期	计划工期：________日历天 计划开工日期：______年____月____日 计划竣工日期：______年____月____日
1.3.3	质量要求	
……	……	……

投标须知主要由总则、招标文件、投标文件、投标报价、开标、评标、合同授予、重新招标和不再招标、纪律和监管以及其他内容组成。

（1）总则。

① 项目概况（见投标人须知前附表）。

② 资金来源和落实情况（见投标人须知前附表）。

③ 招标范围、计划工期和质量要求（见投标人须知前附表）。

④ 投标人资格要求（见投标人须知前附表）。

⑤ 费用承担。投标人准备和参加投标活动发生的费用自理。

⑥ 保密。参与招标投标活动的各方应对招标文件和投标文件中的商业和技术等秘密保密，违者应对由此造成的后果承担法律责任。

⑦ 语言文字。除专用术语外，与招标投标有关的语言均使用中文。必要时专用术语应附有中文注释。

⑧ 计量单位。所有计量均采用中华人民共和国法定计量单位。

⑨ 踏勘现场。

a. 投标人须知前附表规定组织踏勘现场的，招标人按投标人须知前附表规定的时间、地点组织投标人踏勘项目现场。

b. 投标人踏勘现场发生的费用自理。

c. 除招标人的原因外，投标人自行负责在踏勘现场中所发生的人员伤亡和财产损失。

d. 招标人在踏勘现场中介绍的工程场地和相关的周边环境情况，供投标人在编制投标文件时参考，招标人不对投标人据此做出的判断和决策负责。

⑩ 投标预备会。

a. 投标人须知前附表规定召开投标预备会的，招标人按投标人须知前附表规定的时间和地点召开投标预备会，澄清投标人提出的问题。

b. 投标人应在投标人须知前附表规定的时间前，以书面形式将提出的问题送达招标人，以便招标人在会议期间澄清。

c. 投标预备会后，招标人在投标人须知前附表规定的时间内，将对投标人所提问题的澄清，以书面方式通知所有购买招标文件的投标人。该澄清内容为招标文件的组成部分。

⑪ 分包。投标人拟在中标后将中标项目的部分非主体、非关键性工作进行分包的，应符合投标人须知前附表规定的分包内容、分包金额和接受分包的第三人资质要求等限制性条件。

⑫ 偏离。投标人须知前附表允许投标文件偏离招标文件某些要求的，偏离应当符合招标文件规定的偏离范围和幅度。

（2）招标文件。

① 招标文件的组成。标准施工招标文件应由招标公告（或投标邀请书）、投标人须知、评标办法、合同条款及格式、工程量清单、图纸、技术标准和要求、投标文件格式、投标人须知前附表规定的其他材料等内容组成。根据规定对招标文件所作的澄清和修改，也是招标文件的组成部分。

② 招标文件的澄清。

a. 投标人应仔细阅读和检查招标文件的全部内容。如发现缺页或附件不全，应及时向招标人提出，以便补齐。如有疑问，应在规定的时间前以书面形式（包括信函、电报、传真等），要求招标人对招标文件予以澄清。

b. 招标文件的澄清，招标人应在规定的投标截止时间 15 天前以书面形式发给所有购买招标文件的投标人，如果澄清发出的时间距投标截止时间不足 15 天，相应延长投标截止时间。

c. 投标人在收到澄清后，应在规定的时间内以书面形式通知招标人，确认已收到该澄清。

③ 招标文件的修改。

a. 在投标截止时间 15 天前，招标人可以书面形式修改招标文件，并通知所有已购买招标文件的投标人。如果修改招标文件的时间距投标截止时间不足 15 天，相应延长投标截止时间。

b. 投标人收到修改内容后，应在规定的时间内以书面形式通知招标人，确认已收到该修改。

（3）投标文件。

① 投标文件的组成。投标文件是由投标函及投标函附录、法定代表人身份证明或法人的授权委托书、联合体协议书、投标保证金、已标价工程量清单、施工组织设计、项目管理机构、拟分包项目情况表、资格审查资料和投标人须知前附表规定的其他材料等内容组成。

② 投标报价。投标人应按“工程量清单”的要求填写相应报价表格。

③ 投标有效期

a. 在规定投标有效期内，投标人不得要求撤销或修改其投标文件。

b. 需要延长投标有效期的，招标人应以书面形式通知所有投标人。投标人同意延长的，应相应延长其投标保证金的有效期，但不得要求或被允许修改或撤销其投标文件；投标人拒绝延长的，其投标失效，但投标人有权收回其投标保证金。

④ 投标保证金

a. 投标人在递交投标文件的同时，应按规定的金额、担保形式和投标保证金的保函格式递交投标保证金，并作为其投标文件的组成部分。联合体投标的，其投标保证金由牵头人递交。

b. 投标人不按要求提交投标保证金的，其投标文件作废标处理。

c. 招标人与中标人签订合同后 5 个工作日内，向未中标的投标人和中标人退还投标保证金。

d. 有下列情形之一的，投标保证金将不予退还：

• 投标人在规定的投标有效期内撤销或修改其投标文件；

• 中标人在收到中标通知书后，无正当理由拒签合同协议书或未按招标文件规定提交履约担保。

⑤ 资格审查资料。投标人在编制投标文件时，应按申请资格预审时提供的资料，以证实其各项资格条件仍能继续满足资格预审文件的要求，具备承担本标段施工的资质条件、能力和信誉。

⑥ 备选投标方案。除另有规定外，投标人不得递交备选投标方案。只有中标人所递交的备选投标方案方可予以考虑。评标委员会认为中标人的备选投标方案优于所有投标方案的，招标人可以接受该备选投标方案。

⑦ 投标文件的编制。

a. 投标文件应按“投标文件格式”进行编写。其中，投标函附录在满足招标文件实质性要求的基础上，可以提出更有利于招标人的承诺。

b. 投标文件应当对招标文件有关工期、投标有效期、质量要求、技术标准和要求、招标范围等实质性内容做出响应。

c. 投标文件应用不褪色的材料书写或打印，并由投标人的法定代表人或其委托代理人签字、盖单位公章。委托代理人签字的，投标文件应附法定代表人签署的授权委托书。投标文件若有改动，在改动之处应加盖单位公章或由投标人的法定代表人或其授权的代理人签字确认。

d. 投标文件正本一份，副本若干份。并在封面上清楚地标记“正本”或“副本”的字样。当副本和正本不一致时，以正本为准。

e. 投标文件的正本与副本应分别装订成册，并编制目录。

（4）投标。

① 投标文件的密封和标记。

a. 投标文件的正本和副本应分开包装，加贴封条，并在封套的封口处加盖投标人单位章。

b. 投标文件的封套上应清楚地标记“正本”或“副本”字样，封套上应写明的其他内容见投标人须知前附表。

c. 未按规定与要求密封和加写标记的投标文件，招标人不予受理。

② 投标文件的递交。

a. 投标人应在规定的投标截止时间前递交投标文件。

b. 投标人递交投标文件的地点，见投标人须知前附表。

c. 除另有规定外，投标人所递交的投标文件不予退还。

d. 招标人收到投标文件后，向投标人出具签收凭证。

e. 逾期送达的或者未送达指定地点的投标文件，招标人不予受理。

③ 投标文件的修改与撤回。

a. 在规定的投标截止时间前，投标人可以修改或撤回已递交的投标文件，但应以书面形式通知招标人。

b. 投标人修改或撤回已递交投标文件的书面通知，应按规定的要求签字或盖章。招标人收到书面通知后，向投标人出具签收凭证。

c. 修改的内容为投标文件的组成部分。修改的投标文件应按规定进行编制、密封、标记和递交，并标明“修改”字样。

（5）开标。

① 开标时间和地点。招标人在规定的投标截止时间（开标时间）和规定的地点公开开标，并邀请所有投标人的法定代表人或其委托代理人准时参加。

② 开标程序。

参会人员签名报到；主持人宣布会议开始；投标人或其推选的代表检查投标文件密封情况；招标人代表宣布评标定标办法；核查标书及相关资料后开标；唱标；宣布标底；核对开标会议记录，签字确认开标结果。

（6）评标。

① 评标委员会。评标由招标人依法组建的评标委员会负责。评标委员会由招标人或其委托的招标代理机构熟悉相关业务的代表，以及有关技术、经济等方面的专家组成。

② 评标原则。评标活动遵循公平、公正、科学和择优的原则。

③ 评标。

评标委员会应当按照招标文件确定的评标标准和方法，对投标文件进行评审和比较；设有标底的，应当参考标底。评标委员会完成评标后，应当向招标人提出书面评标报告，并推荐合格的中标候选人。招标人根据评标委员会提出的书面评标报告和推荐的中标候选人确定中标人。招标人也可以授权评标委员会直接确定中标人。

（7）合同授予。

① 定标方式。招标人依据评标委员会推荐的中标候选人确定中标人，除评标委员会直接确定中标人外，评标委员会推荐的中标候选人一般为 1～3 人。

② 中标通知。在规定的投标有效期内，招标人以书面形式向中标人发出中标通知书，同时将中标结果通知未中标的投标人。

③ 履约担保。

a. 在签订合同前，中标人应按投标人须知前附表规定的金额、担保形式和招标文件规定的履约担保格式向招标人提交履约担保。联合体中标的，其履约担保由牵头人递交。

b. 中标人不能按要求提交履约担保的，视为放弃中标，其投标保证金不予退还，给招标人造成的损失超过投标保证金数额的，中标人还应当对超过部分予以赔偿。

④ 签订合同。

a. 招标人和中标人应当自中标通知书发出之日起 30 天内，根据招标文件和中标人的投标文件订立书面合同。中标人无正当理由拒签合同的，招标人取消其中标资格，其投标保证金不予退还；给招标人造成的损失超过投标保证金数额的，中标人还应当对超过部分予以赔偿。

b. 发出中标通知书后，招标人无正当理由拒签合同的，招标人向中标人退还投标保证金；给中标人造成损失的，还应当赔偿损失。

（8）重新招标和不再招标。

① 重新招标。有下列情形之一的，招标人将重新招标：

a. 至投标截止时间止，投标人少于 3 个的；

b. 经评标委员会评审后否决所有投标的。

② 不再招标。重新招标后投标人仍少于 3 个或者所有投标被否决的，属于必须审批或核准的工程建设项目，经原审批或核准部门批准后不再进行招标。

（9）纪律与监督。

3. 评标办法

（1）评标方法。

（2）评审标准。

（3）评标程序。

① 初步评审。

② 详细评审。

③ 投标文件的澄清和补正。

④ 评标结果。

4．合同条款及格式

（1）合同条款。《建设工程施工合同文本》由“通用合同条款”“专用合同条款”“合同协议书”3部分组成。

（2）合同格式。合同格式包括合同协议书，承包方银行履约保函或承包方履约担保书，承包方履约保证金，承包方预付款银行保函，发包方支付担保银行保函或发包方支付担保书，房屋建设工程质量保修书。

5．工程量清单

工程量清单是指建设工程的分部分项工程项目、措施项目、其他项目、规费项目和税金项目的名称及相应数量等的明细清单。

（1）工程量清单的内容组成。

① 工程量清单说明。工程量清单说明包括一般说明、投标报价说明和其他说明。

a. 工程量清单一般说明。

• 工程量清单是根据招标文件中包括的、有合同约束力的图纸以及有关工程量清单的国家标准等计量规则编制。规范计算规则中没有的子目，其工程量按照有合同约束力的图纸所标示尺寸的理论净量计算。计量采用中华人民共和国法定计量单位。

• 工程量清单应与招标文件中的投标人须知、通用合同条款、专用合同条款、技术标准和要求及图纸等一起阅读和理解。

• 工程量清单仅为投标报价的共同基础，实际工程计量和工程价款的支付应遵循合同条款的约定和“7. 技术标准和要求”的有关规定。

b. 投标报价说明。

• 工程量清单中的每一子目都应填报单价或总价，且只允许有一个报价。

• 标价的工程量清单中的单价和总价均应包括承包人为实施和完成合同工程所需的人工费、施工机械使用费、材料费、企业管理费、利润等费用，以及合同文件中明示或暗示的应由承包人承担的所有责任、义务和一般风险。

• 工程量清单中投标人没有填入单价或价格的子目，其费用视为已分摊在工程量清单中其他相关子目的单价或价格中。

• 暂列金额的数量及拟用子目的说明。

• 暂估价的数量及拟用子目的说明。

c. 其他说明。

② 分部分项工程项目清单。分部分项工程项目清单包括项目编码、项目名称、项目特征、计量单位和工程量。

③ 措施项目清单。措施项目清单应根据拟建工程的实际情况列项，通用措施一般有安全文明施工、夜间施工、二次搬运、冬雨期施工、大型机械设备进出场及安拆等。

④ 其他项目清单。其他项目清单可以按下列内容进行列项，如：暂列金额、暂估价（包括材料暂估价、专业工程暂估价）、计日工、总承包服务费等，也可以根据工程实际情况补充。

⑤ 规费项目清单。规费项目清单可以按下列内容进行列项，如：工程排污费、工程定额测定费、社会保障费（包括养老保险费、失业保险费、医疗保险费）、住房公积金、危险作业意外伤害保险费等，还应根据省级政府或有关权力机关的规定列项。

⑥ 税金项目清单。税金项目清单可以按下列内容进行列项，如：营业税、城市维护建设税、教育费附加等，还应根据财务部门的规定列项。

（2）工程量清单（表）的填报要求与说明。工程量清单（表）应按以下要求进行填报。

① 工程量清单（表）应与投标须知、合同条件、技术规范和图纸一起使用。

② 工程量清单（表）所列工程量系招标人估算，以作为投标人共同报价的基础，工程付款以实际完成的工程量，即由承包单位计量，监理工程师核准的实际完成工程量为依据。

③ 工程量清单与计价表中所填入的单价如果是综合单价，应说明包括人工费、材料费、机械费、其他直接费、间接费，有关文件规定的调价、利润、税金，现行取费中的有关费用、材料差价及采用固定价格的工程所测算的风险金等全部费用。如果是工料单价应说明按照现行预算定额的工料机消耗及预算价格确定，作为直接费的基础。其他直接费、间接费，有关文件规定的调价、利润、税金、材料差价、设备价、现场因素费用、施工组织措施费用，以及采用固定价格的工程所测算的风险金等，按现行计算方法计取，计入其他相应的报价表中。

④ 工程量清单与计价表不再重复或概括工程及材料的一般说明，在编制和填写工程量清单报价表的每一项单价和合价时，应考虑投标须知和合同文件的有关条款。

⑤ 应根据建设单位选定的工程测量标准和计量方法进行测量和计算，所有工程量应为完工后测量的净值。

⑥ 所有报价应用人民币表示。

6．施工图纸

图纸是投标人据以拟定施工方案，确定施工方法和核算工程量及报价的重要资料。图纸的详细程度取决于设计的深度和合同的类型。

7．技术标准和要求

技术标准和要求主要包括说明工程现场的自然条件、施工条件及本工程项目施工技术要求和采用的技术规范。

（1）工程现场的自然条件。应说明工程所处的位置、现场环境、地形、地貌、地质与水文条件、地震烈度、气温、雨雪量、风向、风力等。

（2）施工条件。应说明建设用地面积、建筑物占地面积、场地拆迁及平整情况，施工用水、用电、通信情况，现场地下埋设物及其有关勘探资料等。

（3）施工技术要求。主要说明施工的工期、材料供应、技术质量标准，以及工程量管理中对分包、各类工程报告（开工报告、测量报告、实验报告、材料检验报告等）、测量、试验、施工机械、工程记录、工程检验、施工安装、竣工验收数据的要求等。

（4）技术规范。一般可采用国际国内公认的标准及施工图中规定采用的施工技术规范。

8．投标文件格式

投标文件由投标函部分、商务部分、技术部分和资格审查资料四部分组成。

（1）投标函部分。

① 投标函。

② 投标函附录。

③ 法定代表人身份证明及授权委托书。

④ 投标保证金。

⑤ 联合体协议书。

（2）商务部分。即已标价工程量清单。

（3）技术部分。即施工组织设计，还包括下列附表：拟投入本标段的主要施工设备表，拟配备本标段的试验和检测仪器设备表，劳动力计划表，计划开、竣工日期和施工进度网络图，施工总平面图，临时用地表等。

（4）资格审查资料。主要包括法定代表人身份证明及授权委托书、联合体协议书、投标人基本情况表、项目管理机构、近年财务状况表、近年完成的类似项目情况表、正在施工的和新承接的项目情况表、拟分包项目情况表、近年发生的诉讼和仲裁情况、其他资料等。

在评标前，必须首先按资格审查表的要求对投标人进行资格审查，只有资格审查通过者才有资格进入评标。

2.3.3　招标文件实例

第一章　施工招标公告

1. 招标条件

本招标项目×××小学建设工程已由重庆市××区发展和改革委员会以荣发改审〔2017〕×××号文批准建设，建设资金来自争取上级补助及自筹，招标人为重庆市××投资建设有限公司。项目已具备招标条件，现对该项目的施工进行公开招标。

2. 项目概况与招标范围

2.1　建设地点：××区××新区。

2.2　工程规模：新建校舍2.3万平方米及相关附属设施等。

2.3　工程投资：工程总投资约11 000万元，建安工程费8 670.85万元。

2.4　计划工期：230日历天。

2.5　招标范围：土建、安装、室内装修、环境绿化等本工程施工图及图说范围内所示内容，具体以招标人给出的工程量清单为准。

3. 投标人资格要求

3.1　本次招标要求投标人须具备建筑工程施工总承包叁级及以上资质，并在人员、设备、资金等方面具有相应的施工能力。

3.2　本次招标不接受联合体投标。

4. 招标文件的获取

4.1　招标文件及招标文件答疑书、招标文件补充通知获取方式：2018年11月27日起，各投标人可在《重庆市工程建设招标投标交易信息网》直接下载招标文件、图纸、工程量清单、答疑、补遗、限价等开标前的有关资料。从招标公告发布之日起，各投标人应当随时关注《重庆市工程建设招标投标交易信息网》发布的与该工程招标有关的各项资料，各投标人不管下载与否都将被视为全部知晓该工程招标的所有过程和全部事宜。

4.2　报名：投标文件递交时间内递交投标文件并按投标人须知前附表3.4规定缴纳投标

保证金视为获得投标资格。

5. 投标截止和开标时间及地点

5.1　投标文件递交的截止时间（投标截止时间，下同）、地点详见招标文件。

5.2　逾期送达的或者未送达指定地点的投标文件，招标人不予受理。

6. 发布公告的媒介

本次招标公告同时在重庆市招标投标综合网、重庆市工程建设招标投标交易信息网发布。

7. 联系方式

招标人：××市××投资建设有限公司

地　址：××区兴荣大厦8楼

联系人：李老师

电　话：023-××××××

传　真：023-××××××

招标代理机构：重庆××工程技术咨询有限公司

地址：重庆市渝北区×××××

联系人：张老师

电　话：023-××××××转××××××

传　真：023-××××××

第二章　投标人须知

投标人须知前附表

条款号	条款名称	编　列　内　容
1.1.2	招标人	名称：重庆市××投资建设有限公司 地址：××区兴荣大厦8楼 联系人：李老师 电话：023-×××××× 传真：023-××××××
1.1.3	招标代理机构	招标代理机构：重庆××工程技术咨询有限公司 地址：重庆市渝北区××××× 联系人：张老师 电　话：023-××××××转×××××× 传　真：023-××××××
1.1.4	项目名称	××小学建设工程
1.1.5	建设地点	××区××新区
1.1.6	建设规模	新建校舍2.3万平方米及相关附属设施等
1.2.1	资金来源	争取上级补助及自筹
1.2.2	出资比例	100%
1.2.3	资金落实情况	已落实
1.3.1	招标范围	土建、安装、室内装修、环境绿化等本工程施工图及图说范围内所示内容，具体以招标人给出的工程量清单为准

续表

条款号	条款名称	编　列　内　容
1.3.2	计划工期	230 日历天
1.3.3	质量要求	达到国家现行有关施工质量验收规范要求，并达到合格标准
1.4.1	投标人资质条件、能力和信誉	1. 资质条件、营业执照及安全生产条件 （1）具备建设行政主管部门颁发的有效的建筑工程施工总承包叁级及以上资质。 （须提供有效的资质证书副本复印件） （2）具备有效的营业执照。 （须提供有效的营业执照复印件） （3）具备建设行政主管部门颁发的有效的安全生产许可证，企业法定代表人、拟担任该项目项目经理和专职安全生产管理人员（即“三类人员”）具备相应的由建设行政主管部门颁发的安全生产考核合格证书。 （须提供有效的安全生产许可证及“三类人员”安全生产考核合格证书复印件） 2. 财务要求 2017 年度财务状况不亏损。 注：提交经会计师事务所或审计机构审计的财务会计报表，包括：审计报告、资产负债表、利润表（或损益表）、现金流量表以及财务情况说明书[或财务（会计）报表附注]的复印件。 3. 信誉要求 （1）未受到在荣昌区范围内本行业禁止投标的行政处罚或受到行政处罚中明确规定禁止投标的且不在其行政处罚期内（包括重庆市城乡建委禁止投标的处罚通报）。 按照《关于在招标投标活动中对失信被执行人实施联合惩戒的通知》（法〔2016〕285 号）的规定，投标人未被人民法院确定为“失信被执行人”。 （2）注：须登录《信用中国》网站（www.creditchina.gov.cn）提供未被确定为“失信被执行人”的网页截图资料的复印件。 （3）投标人及法定代表人近两年无行贿行为。 [投标人自行承诺并加盖投标人鲜章，格式自拟] 注：提供承诺书原件，格式自拟。 4. 项目经理资格要求 （1）项目经理必须已在投标人单位注册并应具有建筑工程专业壹级注册建造师执业资格、并且不能在在建工程担任项目经理。 注：项目经理应附建造师注册证、投标单位为其缴纳的 2018 年 6 月至 2018 年 11 月的社保证明复印件。 （2）项目经理市内在建项目情况应在开标现场完成查询，并以开标现场查询的情况为准，查询情况打印后报评标委员会认定，市外在建项目由投标人自行承诺无在建项目（格式自拟）。 5. 业绩要求 2015 年 1 月 1 日至 2018 年 6 月 30 日前竣工验收合格的合同金额不小于本工程发布的最高限价金额的房屋建筑工程业绩 1 个及以上。（需提供中标通知书、合同协议书、竣工验收证明材料的复印件，必须在全国建筑市场监管公共服务平台上面打印，并将在开标现场核查）。招标人必须对业绩的真实性进行核实，若所提供虚假业绩，招标人将对投标人的投标文件作废标处理，且其投标保证金不予退还。

续表

条款号	条款名称	编列内容
1.4.1	投标人资质条件、能力和信誉	6. 其他要求 （1）技术负责人： ① 应具有建筑工程类高级及以上职称，且为本单位人员。 （技术负责人应附职称证，投标单位为其缴纳的2018年6月至2018年11月的社保证明复印件。） （2）主要管理人员： 持有有效证件的土建质量员不少于3人，土建安全员不少于3人，材料员不少于1人，预算员或造价员或造价工程师不少于1人，土建施工员不少于2人，测量员不少于2人，机械员不少于2人，试验员不少于1人，劳务员不少于1人，标准员不少于1人，档案员或资料员不少于1人。（其中：材料员、机械员、档案员或资料员、劳务员、标准员可以相互兼任。） [主要管理人员应附执业证或上岗证书，以上人员应提供投标单位为其缴纳的2018年6月至2018年11月的社保证明复印件] （3）授权委托人必须为本单位人员。 （提供投标单位为其缴纳的2018年6月至2018年11月的社保证明复印件） （4）重庆市外施工企业投标：按照《重庆市市外建筑施工企业入渝信息报送管理办法》渝建发〔2016〕22号文规定，2016年5月1日起，重庆市市外建筑施工企业在投标前必须纳入市城乡建委“市外建筑施工企业入渝信息库”。该项目所配备的项目经理、技术负责人、主要管理人员应当是已纳入“市外建筑施工企业入渝信息库”的人员。上述“主要管理人员”拟担任的岗位必须与登记备案时的岗位相一致。市外建筑施工企业原分支机构入渝登记备案证在有效期内的，法定代表人或授权委托人在开标时出示分支机构入渝登记备案证原件。市外建筑施工企业原分支机构入渝登记备案证失效的和新入渝的市外建筑施工企业须纳入市城乡建委“市外建筑施工企业入渝信息库”并在有效期之内，法定代表人或授权委托人提供外地入渝施工企业“企业基本信息”及“经济技术管理人员基本信息”截图加盖投标单位鲜章。 7. 社保证明材料必须一人一表，并将在开标现场核查。 8. 以上有关证明材料和证件的复印件必须加盖投标人单位公章。在开标时各投标单位必须提供以上有关证明材料和证件的原件（营业执照、资质证书、企业安全生产许可证、身份证除外），以备查验。 9. 本项目要求投标人拟派本项目的项目经理、技术负责人要到现场参与投标，如到场参与投标的人员未符合上述要求，当场退还其投标资料。
1.4.2	是否接受联合体投标	不接受
1.9.1	踏勘现场	不组织
1.10.1	投标预备会	不召开
1.10.2	投标人对招标文件提出异议的截止时间	时间：2018年12月3日10:00（北京时间）前。 形式：投标人在《重庆市工程建设招标投标交易信息网》上指定位置匿名提出
1.10.3	招标人对招标文件答疑的截止时间	2018年12月5日17:00（北京时间）前将澄清内容公布在《重庆市工程建设招标投标交易信息网》上，澄清内容一经挂网，则视为所有投标人已知悉，招标人和招标代理对此不负任何责任

续表

条款号	条款名称	编　列　内　容
1.11	分包	本工程主体和关键性工程不允许分包
2.1	构成招标文件的其他材料	招标人发出的答疑及补遗书
2.2.2	投标截止时间	投标文件递交时间：2018 年 11 月 20 日 13 时 30 分至 14 时 30 分（北京时间）。 投标截止时间：2018 年 11 月 20 日 14 时 30 分（北京时间）
2.2.3	招标人对招标文件进行补遗的时间	投标人在收到招标文件后，应仔细检查招标文件的所有内容，如有残缺或文字表述不清，图纸尺寸标注不明以及存在错、碰、漏、缺、概念模糊和有可能出现歧义或理解上的偏差的内容，清单漏项、少量问题等应在 2018 年 12 月 5 日 10：00 时（北京时间）前，投标人在《重庆市工程建设招标投标交易信息网》上指定位置匿名提出。
3.1.1	构成投标文件的其他材料	投标人的书面澄清、说明和补正（但不得改变投标文件的实质性内容）
3.2	投标报价	1. 投标人应按本须知和第五章“工程量清单”的要求填写相应清单表格。投标人的投标报价应是本章投标人须知前附表 1. 3. 1 项中所述的本工程招标范围内的全部工程的投标报价，并以招标人在工程量清单中给出的单价和总价为依据。 2. 投标人应认真填写工程量清单中所列的本工程子目的单价和总价。投标人没有填入单价或总价的工程子目，招标人将认为该子目的价款已包括在工程量清单其他子目的单价和总价中，投标人在工程量清单中多报的子目和单价或总价将不予接受。 3. 按照《建设工程工程量清单计价规范》（GB 50500—2013）、《重庆市建设工程工程量清单计价规则》（CQQDGZ-2013），参考 2018 年《重庆市房屋建筑与装饰工程计价定额》、2018 年《重庆市通用安装工程计价定额》、2018 年《重庆市市政工程计价定额》、2018 年《重庆市园林绿化工程计价定额》、2018 年《重庆市构筑物工程计价定额》、2018 年《重庆市绿色建筑工程计价定额》、2018 年《重庆市建设工程施工机械台班定额》、2018 年《重庆市建设工程施工仪器仪表台班定额》、2018 年《重庆市建设工程混凝土及砂浆配合比表》、《重庆市城乡建设委员会关于建筑业营业税改征增值税调整建设工程计价依据的通知》（渝建发〔2016〕35 号）、《重庆市城乡建设委员会关于适用增值税新税率调整建设工程计价依据的通知》（渝建〔2018〕195 号）及其配套、修改、调整文件进行编制，人工价格、材料价格各投标单位结合自身实力、市场行情自主合理报价。 4. 如发现工程量清单中的工程量与图纸中工程量不一致，应于本须知中规定的时间前书面通知招标人核查，除非招标人以补遗书的形式予以更正，否则，应以工程量清单中列出的工程量为准。 5. 安全文明施工费按现行建设工程安全文明施工管理的有关规定及 2018 年重庆市建设工程费用定额相应费用合格标准计算，在投标报价中为暂定金额，结算时按实计取。 6. 本项目质量检测按照渝建〔2015〕420 号文件执行，检测费由招标人支付。 7. 招标人在工程量清单中所列出的清单编码、项目名称、项目特征及主要工程内容、计量单位、工程量、暂列及暂定金额、暂估价、清单填报顺序等投标人不得修改。

续表

条款号	条款名称	编 列 内 容
3.2	投标报价	8. 本工程招标将对投标总报价及所有子目单项报价设置最高限价，并将在投标截止时间前15日公布。投标人填写的投标总报价及子目单项报价均不得超过招标人公布的最高限价。 9. 人不提供临时施工场地，施工进场道路和施工过程中所发生的临时道路、临时便道（包括取方、填方、弃方、运方）、施工用电、施工用水由施工方自行落实及其相关费用，以上内容包含在投标总价中，招标人不再单独支付。 10. 弃土/取土地点由招标人指定。如施工方要在招标人指定的弃土/取土地点外弃土/取土，需征得招标人同意。土石方的外运及取土运距按3 km运距包干使用（超出3 km运距或不足3 km运距均不做调整），相关费用（如密闭运输费用、渣场费等）已综合考虑，结算时不做调整。
3.3.1	投标有效期	90 日历天（从提交投标文件截止日起计算）
3.4	投标保证金	1. 投标保证金的交纳 （1）、投标保证金交款形式及要求：投标人从企业的基本账户（开户行）在投标截止前通过转账支票直接划付或以电汇方式直接划付至下面指定的投标保证金账户，否则，投标保证金无效。投标人自行考虑汇入时间风险，如同城汇入、异地汇入、跨行汇入的时间要求。 （2）投标保证金的金额：170 万元（人民币） （3）投标保证金账户及账号（任选其一）： 详见重庆市工程建设招标投标交易信息网（www.cpcb.com.cn）上本项目招标公告页面。 （4）投标人必须在付款凭证备注栏中注明是“黄金坡小学建设工程”（可简写）。 （5）投标保证金有效期为90天。 （6）投标人在开标前必须到重庆市工程建设招标投标交易中心网办理基本账户登记（现已调整为网上市场主体信息登记，详见重庆公共资源交易网http://www.cqggzy.com）。 2. 投标保证金的退还 招标人应当在法定时间内确定中标人，向中标人发出中标通知书，并抄送市交易中心，同时书面通知市交易中心向除中标候选人以外的其他投标人退还投标保证金。市交易中心应于5日内退还。 招标人应在法定时间内和中标人签订合同，并同时书面通知市交易中心向中标人和其他中标候选人退还投标保证金。市交易中心应于签订合同后5日内退还。
3.5.2	近年财务状况的年份要求	2017年度
3.6	是否允许递交备选投标方案	不允许
3.7.3	签字盖章要求	投标文件应按招标文件规定格式和要求由投标人的法定代表人或其授权委托人签字（或盖章）、盖单位公章。授权委托人签字（或盖章）的，投标文件应附法定代表人签署的授权委托书。投标文件应尽量避免涂改、行间插字或删除。如果出现上述情况，改动之处应加盖单位公章或由投标人的法定代表人或其授权的代理人签字（或盖章）确认。

续表

条款号	条款名称	编　列　内　容
3.7.4	投标文件的份数	投标函部分一式二份（其中：正本一份、副本一份）； 商务部分一式二份（其中：正本一份、副本一份）； 技术部分一式二份，不区分正、副本； 资格审查资料一式二份（其中：正本一份、副本一份）。 注：（1）投标人应在商务部分正本中提供已标价工程量清单中的综合单价分析表，副本无需提供综合单价分析表。 （2）投标文件应清楚标记正副本字样，当副本和正本不一致时，以正本为准。
3.7.5	装订要求	1. 本工程技术部分《施工组织设计》采用暗标评审，应将投标函部分、商务部分、技术部分、资格审查资料各自分别装订成册。 2. 装订 （1）投标函部分的装订要求。 应按照第八章规定格式装订成册，并应编制目录。 （2）商务部分的装订要求。 应按照第八章规定格式装订成册，并应编制目录。 （3）技术部分的装订要求。 《施工组织设计》面页使用 A4 厚型纸面页，用初号仿宋字体横向居中标明确“施工组织设计”；在页面右下角加盖投标人公章后折叠成腰为 8cm 左右的等腰直角三角形密封，封底用 A4 白页；面页及整个《施工组织设计》均不得显示与投标人企业有关的任何信息；违反上述任何一项，其技术部分按 0 分处理。 《施工组织设计》文字部分纸张采用 A4 白纸，四号仿宋字体；图表采用 A4 白纸，图表内的字号大小不限；文字、图表不得使用彩色和不得编制页码。违反上述任意一项，其技术部分按 0 分处理。 应按照第八章规定格式装订成册。 （4）资格审查资料的装订要求。 应按照第八章规定格式装订成册，并应编制目录。
4.1.1	投标文件的密封	1. 投标文件袋使用“投标函部分”袋、“商务部分”袋 、“技术部分”袋、“资格审查资料”袋以及“投标文件”大袋。 2. 投标函部分[含：电子光盘，盘身须贴有加盖投标人单位公章（鲜章）的标记]装入“投标函部分”袋中，密封并在密封处加盖投标人单位公章。 3. 商务部分装入“商务部分”袋中，密封并在密封处加盖投标人单位公章。 4. 技术部分装入“技术部分”袋中，密封不加盖任何印章。 5.“投标函部分”“商务部分”“技术部分”等小袋装入“投标文件大袋”中，密封并在大袋上加盖投标人单位公章，同时“投标文件”大袋应按本表第 4.1.2 项的规定写明相应内容。 6. “资格审查资料”单独封装，密封并在密封处加盖投标人单位公章，同时应按本表第 4.1.2 项的规定写明相应内容。 7. 如果“投标文件”大袋和“资格审查资料”袋未按上述规定封装，招标人或招标代理机构应当拒绝接收。 如因投标资料较多，无法装入一袋的，可以装成两袋或更多，但必须满足招标文件规定的相应资料袋的要求。

续表

条款号	条款名称	编列内容
4.1.2	封套上写明	应在“投标文件”大袋和“资格审查资料”封套上写明如下内容： 招标人名称： 投标人名称： __________（项目名称）投标文件（或资格审查资料） 在____年____月____日____时____分前不得开启
4.2.2	递交投标文件地点	重庆市公共资源交易中心工程建设招标投标交易分中心（原重庆市工程建设招标投标交易中心）（重庆市渝中区长江一路 58 号，具体请登录《重庆市工程建设招标投标交易信息网》“交易日程安排”区查询或递交投标文件当日见交易中心大厅 1 楼、2 楼电子显示屏）。
4.2.3	是否退还投标文件	否
5.1	开标时间和地点	开标时间：同投标截止时间 开标地点：重庆市公共资源交易中心工程建设招标投标交易分中心（原重庆市工程建设招标投标交易中心）（重庆市渝中区长江一路 58 号，具体请登录《重庆市工程建设招标投标交易信息网》“交易日程安排”区查询或递交投标文件当日见交易中心大厅 1 楼、2 楼电子显示屏）。
5.2	开标程序	1. 宣布开标纪律，并宣布开标人、唱标人、记录人、监标人等有关人员姓名。 2. 公布在投标截止时间前递交投标文件的投标人名称，并点名确认投标人是否派人到场。投标人不参加的，默认开标结果。 3. 核验参加开标会议的投标人项目经理、技术负责人的本人身份证（原件），核验被授权代理人的授权委托书（原件），以确认其身份合法有效。如到场参与投标的人员未符合上述要求，当场退还其投标资料。 另外市外建筑施工企业原分支机构入渝登记备案证在有效期内的，法定代表人或授权委托人在开标时出示分支机构入渝登记备案证原件。市外建筑施工企业原分支机构入渝登记备案证失效的和新入渝的市外建筑施工企业须纳入市城乡建委“市外建筑施工企业入渝信息库”并在有效期之内，法定代表人或授权委托人提供外地入渝施工企业“企业基本信息”及“经济技术管理人员基本信息”截图加盖投标单位鲜章。否则，招标人当众退还投标文件。如果投标人提供虚假的入渝相关信息，按提供虚假资料的相关规定处理。 4. 展示保证金缴纳情况，保证金未按规定缴纳的，当场退还其投标文件。 5. 按照投标人须知前附表规定检查投标文件大袋、资格审查资料袋的密封情况并记录在案。 6. 宣读最高限价。 7. 开标顺序：随机开启。 8. 开启资格审查资料袋、投标文件大袋、商务部分袋、投标函部分袋等；公布投标人名称、投标报价、质量目标、工期及其他内容。 9. 投标人代表、招标人代表、监标人、记录人等有关人员在开标记录上签字确认；查询项目经理在建项目情况并记录在案。 10. 开标结束。
6.1.1	评标委员会的组建	1. 评标委员会构成：_7_人，其中：招标人代表_2_人，评标专家_5_人。 2. 评标专家确定方式：在重庆市综合评标专家库中随机抽取

续表

条款号	条款名称	编　列　内　容
7.1	是否授权评标委员会确定中标人	否，推荐经评审得分由高到低排名前三名为中标候选人。
7.3.1	履约担保	1. 担保形式：支票、现金或银行保函。 2. 担保金额：合同总价的 10%。 3. 提交时间：签订合同前提交，否则，招标人将取消其中标资格。 4. 退还方式：整个工程完工并经验收合格后 10 个工作日内一次性无息予以退还。
8.1	重新招标	1. 按投标人须知第 8.1（1）执行； 2. 按投标人须知第 8.1（2）执行； 3. 按投标人须知第 8.1（3）执行； 4. 按投标人须知第 8.1（4）执行。
8.2	二次招标和不再招标	重新招标后投标人仍少于 3 个，按法定程序开标和评标，确定中标人。经评审无合格投标人，属于必须审批或核准的工程建设项目，经原审批或核准部门批准后不再进行招标。
10	需要补充的其他内容	
10.1	结算原则	结算总价=中标价±工程变更±工程量计算偏差调整±专业及材料暂估价据实调整±安全文明施工费据实调整±合同约定的其他因素。施工过程中的配合费用（如相邻工程施工场地的占用、外接水电、临时道路改变、材料借调等）均已包含在投标报价中。 1. 具体结算办法如下： （1）工程量清单报价中有相同子项的，按该子项的中标综合单价执行； （2）工程量清单报价中有类似子项的，参照投标报价中类似子项的中标综合单价执行（类似子项由招标人审定）； （3）工程量清单报价中无相同子项或类似子项的，参考 2018 年《重庆市房屋建筑与装饰工程计价定额》、2018 年《重庆市通用安装工程计价定额》、2018 年《重庆市市政工程计价定额》、2018 年《重庆市园林绿化工程计价定额》、2018 年《重庆市构筑物工程计价定额》、2018 年《重庆市绿色建筑工程计价定额》、2018 年《重庆市建设工程施工机械台班定额》、2018 年《重庆市建设工程施工仪器仪表台班定额》、2018 年《重庆市建设工程混凝土及砂浆配合比表》、《重庆市城乡建设委员会关于建筑业营业税改征增值税调整建设工程计价依据的通知》（渝建发〔2016〕35 号）、《重庆市城乡建设委员会关于适用增值税新税率调整建设工程计价依据的通知》（渝建〔2018〕195 号）及其配套文件执行，人工及材料价格在合同施工期间不做调整（钢筋和混凝土除外），未有的材料价格必须经招标人认质认价后办理结算，总价下浮 5%（认质认价的材料价格、安全文明施工费及销项税额除外）。 （4）因中标人原因引起的工程量增加，不予计量、计价。 （5）施工过程中钢材及商品混凝土价格施工建设期间《重庆工程造价信息》月平均值与财评中心评审限价当月公布的《重庆工程造价信息》相比涨跌幅度在±5%（含 5%）范围以内，结算时不予以调整；如涨跌幅度超过±5%（不含 5%），结算时按照施工期间《重庆工程造价信息》月平均值价格进行调增或调减。

续表

条款号	条款名称	编 列 内 容
10.1	结算原则	2. 工程量计算偏差包括工程量清单少量、多量、漏项、多项，其中少量、多量在±5%（含 5%）以内不予调整，超过±5%时只调整超出±5%（不含5%）部分工程量。 3. 专业工程暂估价和材料的暂定价格由招标人认质认价办理结算。 4. 工程竣工结算报送相关单位审计时，审减率在5%以内（不含5%），由招标人支付基本审计费及效益审核费，若审减率超过 5%（含 5%），超出部分的效益审核费由中标人支付。本工程结算最终以相关单位审定的金额为准。
10.2	工程款支付	发包人以银行转账方式将工程款支付到合同指定的账户，发包人按进度拨付承包人工程款。即： 1. 预付款 300 万元，签订合同后 10 个工作日内支付。进场施工后第一个月扣除 100 万元，第二个月扣除 100 万元，第三个月扣除 100 万元，不足部分在以后月份的进度款中补扣。 2. 支付款按月进度支付，每月按完成工程量的 70% 付款，完工后支付至合同金额 80%，审计后支付至合同 97%。 3. 工程开工前支付的 50% 安全文明施工费在第一个月进度支付款中扣除，不足部分在以后月份的进度款中补扣。 4. 余下审定金额的 3% 作为该工程的质保金，质保期为两年，质保期满后30日内无息结清。
10.3	民工工资支付	按××府办〔2017〕28 号文执行民工工作专户制度。在支付工程款时，招标人必须按照分账制，按工程进度支付工程款，将民工工资（工程进度款的30%）按工程进度直接转入施工单位设立的民工工资专户。
10.4	招标代理服务费	本项目招标代理服务费由中标单位支付；以中标金额为基数，100 万元（含100 万元）以下部分按《招标代理服务收费管理暂行办法》规定标准收取招标代理费；100 万元以上部分按《招标代理服务收费暂行管理办法》规定标准的 50% 收取招标代理费，按照差额定率累进法计算，5 000 万元以上部分不再计费。 在中标通知书发出时，由中标人一次性向招标代理机构支付招标代理服务费，招标人不再支付招标代理费。此费用不单列，综合考虑到投标报价中。
10.5	综合交易服务费	按照重庆市公共资源交易中心交易服务费试行收费标准的通知（渝价〔2016〕232 号）文要求执行 缴纳时间：中标通知书发出后 3 个工作日内。 缴纳地点：重庆市公共资源交易中心工程建设招标投标交易分中心（原重庆市工程建设招标投标交易中心）。 缴纳方式：按重庆市公共资源交易中心工程建设招标投标交易分中心（原重庆市工程建设招标投标交易中心）要求办理，中标人的综合交易服务费已包含在投标报价中，招标人不再另行支付。

续表

条款号	条款名称	编 列 内 容
10.6	真实性要求	投标人须按招标文件要求提交与资格审查有关的资料，且提交的资格审查资料应真实、可靠。招标人必须对第一中标候选人投标资料反映的真实性进行复核，如发现第一中标候选人的投标资料与核查结果不符的，取消其中标资格，不予退还投标保证金，由有关行政监督部门按规定处理。给招标人造成经济损失的，依法承担赔偿责任，并对该投标人依法做出相应惩处。
10.7	低价风险保证金	（1）中标候选人的中标价格低于招标最高限价85%的，招标人在发出中标通知书前，中标候选人须缴纳低价风险保证金，低价风险保证金为招标项目最高限价与中标价格之差，形式为支票或现金。 （2）中标公示结束后三个工作日内，第一中标候选人未提交低价风险保证金，其投标保证金不予退还，并取消中标候选人资格，纳入重庆市建委黑名单（第二、第三中标候选人以此类推）。 （3）低价风险保证金使用：影响项目工程进度和质量的，招标人可以动用低价风险保证金开展项目建设。 （4）低价风险保证金的退还：工程取得建设主管部门颁发的竣工验收备案证后，招标人在30日内一次性无息退还（如出现第3条的相应情形，则只退还剩余部分）。
10.8	监督单位	重庆市荣昌区城乡建设委员会 重庆市荣昌区发展和改革委员会
10.9	投诉处理	投标人或者其他利害关系人就资格预审文件或招标文件、依法必须进行招标的项目的评标结果等事项投诉的，应当先向招标人提出异议，招标人应当在规定的时间内答复；招标人答复不满意或未答复的，可向行政监督部门投诉。行政监督部门依照《招标投标法》、《招标投标法实施条例》、《重庆市招标投标条例》、《工程建设项目招标投标活动投诉处理办法》（七部委令第11号（根据九部门2013年第23号令修正））、《重庆市招标投标活动投诉处理实施细则》（与发改标〔2014〕1168号）等法律法规文件处理投诉。3. 投诉人捏造事实、伪造材料或者以非法手段取得证明材料进行投诉的，行政监督部门应当予以驳回；给他人造成损失的，依法承担赔偿责任。
10.10	其他说明	1. 拟中标人须在收到中标通知书5个工作日内交纳履约保证金。 2. 拟中标人须在收到中标通知书后5个工作日内由法定代表人到招标人处签订施工合同。 3. 中标公示期结束后，中标人必须在3个工作日内领取中标通知书，否则认定其为自行放弃中标。

任务练习

一、填空题

1. 施工招标文件在形式上主要包括正式文本、____________和____________。

2. 招标人和中标人应当自中标通知书发出之日__________内签订合同。

3. 投标人在投标截止时少于__________应当重新招标。

5. 在签订合同前，中标人应按投标人须知前附表规定的金额、担保形式和招标文件规定的担保格式向招标人提交__________。

6. 招标人与中标人签订合同后_______内，向未中标的投标人和中标人退还投标保证金。

7. 投标人踏勘现场发生的费用__________。

8. 最高限价在__________公布。

二、选择题（单选或多选）

1. 根据我国《招标投标法》规定，招标人需要对发出的招标文件进行澄清或修改时，应当在招标文件要求提交投标文件的截止时间至少（　　）天前，以书面形式通知所有招标文件收受人。

A. 10　　B. 15　　C. 20　　D. 30

2. 有下列情形之一的，投标保证金将不予退还（　　）。

A. 中标人在收到中标通知书后，无正当理由拒签合同协议书或未按招标文件规定提交履约担保

B. 中标通知书发出后 30 日之内双方签约

C. 投标人在投标截止前撤销其投标文件

D. 投标人在规定的投标有效期内撤销或修改其投标文件

3. 招标人对任何一位投标人所提问题的回答，应（　　）。

A. 发送给提出问题的投标人

B. 发送给每一位投标人，并注明提出问题的投标人名称

C. 发送给每一位投标人，但不必说明问题的来源

D. 作为提出问题的投标人中标后的洽谈内容

4. 施工招标文件的内容一般不包括（　　）。

A. 工程量清单

B. 资格预审条件

C. 合同条件

D. 投标须知

5. 招标公告的内容包括（　　）。

A. 招标条件

B. 项目概况与招标范围

C. 投标人资格要求

D. 招标文件的获取

E. 图纸

任务 2.4 建设工程施工招标案例

【背景】

某国家重点大学新校区位于某市开发区大学产业园区内，建设项目由若干个单体教学楼、办公楼、学生宿舍、综合楼等构成，现拟对第五综合教学楼实施公开招标。该教学楼建筑面积 16 000 m^2，计划投资额 4 800 万元，30% 财政拨款（落实），30% 银行贷款（已经上报建设银行），40% 自筹（正在积极筹措之中）。

根据开发区管委会的文件要求，项目招标由该校新校区建设指挥部委托某招标代理公司实施——该代理公司隶属于开发区建设局，其主要成员由建设局离退休领导或专家构成。项目招标公告在当地相关媒体上公布，并指出“仅接受获得过梅花奖的建设施工企业投标”（梅花奖为本市市政府每年颁发的，用于奖励获得市优工程的建设施工企业的政府奖），且必须具有施工总承包一级以上资质，并同时声明，不论哪一家企业中标，均必须使用本市第一水泥厂的水泥。

本地施工企业 A、B、C、D、E、F、G 分别前来购买了招标文件，并同时按照招标方的要求以现金的方式提交了投标保证金。在购买招标文件的同时，由学校随机指派工程技术或管理人员陪同进行现场踏勘，并口头回答了有关问题。

在投标人须知中明确指出，由于工期比较紧张，相关资料准备不很完备，尤其是需要由投标人根据图纸自行核算工程量并根据该量实施报价，并采用成本加固定酬金合同。

【问题】

1. 根据我国相关法律规定，该项目是否需要招标？是否需要实施公开招标？为什么？

2. 该项目的招标实施过程有哪些不妥之处？应该如何改正？

【答案】

1. 该项目需要招标，且需要公开招标。

因为该项目是国家重点大学新校区建设的组成部分，其投资方属于国家事业单位，其资金来源属于“全部或者部分使用国有资金投资或者国家融资的项目”。同时其投资额度已经超过了必须实施公开招标项目的相关标准。

另外，该项目不具备邀请招标以及不需要招标项目的必要条件，因此必须实施公开招标。

2. 该项目招标实施过程有以下不妥，并应作相应的改正：

（1）建设项目资金尚未落实，除财政拨款外，其他资金并未落实。应该在资金来源落实后再实施招标；

（2）根据开发区管委会的文件要求，招标代理机构由该校新校区建设指挥部委托的招标代理公司实施，且该公司与相关行政机关存在隶属与利益关系——应该根据情况自行实施或委托与行政机构无相关关系的招标代理机构进行招标，任何人、组织不得以任何方式指定招标代理机构；

（3）仅接受获得过梅花奖的建设施工企业投标，是以不合理的条件排斥潜在投标人——应该将该限制条件剔除；

（4）必须使用本市第一水泥厂的水泥，违反了“不得要求或者标明特定的生产供应者以及含有倾向或者排斥潜在投标人的其他内容。”——应该不做相关限制；

（5）在购买招标文件的同时提交投标保证金，此时购买标书者并不意味着一定会投标，仅是潜在的投标人，不需要投标保证金对其是否投标进行担保——此时不应提交，应该在正式投标时提交；

（6）现场踏勘随时随机组织并口头回答相关的问题——招标人不得单独或者分别组织任何一个投标人进行现场踏勘，并且相关问题均应以书面的形式送达所有的潜在投标人；

（7）要求投标人自行核算工程量，将导致投标竞争初始性的不公平——应该由招标人给出，以确保投标的公平性。

项目小结

建设工程招标方式分为公开招标和邀请招标。建设工程招标投标必须遵守三公一诚等基本原则，建设工程招标程序分为招标准备阶段、招标投标阶段、定标签约阶段三个阶段。工程项目施工招标文件，由投标须知、合同条件及合同格式、技术规范、投标文件格式及要求、图纸数据等内容组成。

项目练习

一、填空题

1. 资格后审是在____________对投标人的资格进行审查。

2. 招标文件发售的时间不少于____________。

3. 某项目招标，经评标委员会评审，认为所有投标都不符合招标文件的要求，这时应____________。

4. 在项目招标的评标结束后，中标人的投标保证金应当在____________退还。

二、选择题（单选或多选）

1.《招标投标法》规定，依法必须招标的项目自招标文件开始发出之日起至投标人提交投标文件截止之日止，最短不得少于（　　）。

A. 20 天　　B. 30 天　　C. 10 天　　D. 15 天

2. 建设行政主管部门及其工程招标投标监督管理机构依法实施（　　）。

A. 开标　　B. 评标　　C. 公证　　D. 监督

3. 下列属于招标准备阶段是（　　）

A. 编制标底　　B. 投标预备会　　C. 现场踏勘　　D. 标底报审

4. 我国《招标投标法》规定，建设工程招标方式有（　　）。

A. 公开招标　　B. 议标　　C. 国际招标　　D. 行业内招标　　E. 邀请招标

三、思考题

1. 对潜在的投标人进行资格预审由哪些内容构成？

2. 招标公告与投标邀请书应当载明哪些内容？

3. 工程施工招标文件由哪些内容组成？

四、实训题

某发包代理单位在接受委托后根据工程的情况，编写了招标文件，其中的招标日程安排如下：

序　号	工作内容	日　期
1	发布公开招标信息	2018.4.30
2	公开接受施工企业报名	2018.5.4 9:00—11:00
3	发放招标文件	2018.5.10 9:00
4	答疑会	2018.5.10 9:00—11:00
5	现场踏勘	2018.5.11 13:00
6	投标截止	2018.5.16
7	开标	2018.5.17
8	评标	2018.5.18—21
9	定标	2018.5.24 14:00
10	发中标通知书	2018.5.24 14:00
11	签订施工合同	2018.5.25 14:00
12	进场施工	2018.5.26 8:00
13	领取标书编制补偿费、保证金	2018.6.8

指出上述发包代理单位编制的招投标日程安排的不妥之处，并简述理由。

项目三　建设工程项目投标

项目目标

投标是与招标相对应的概念，它是指投标人应招标人的邀请或投标人满足招标人最低资质要求而主动申请，按照招标的要求和条件，在规定的时间内向招标人递价，争取中标的行为。通过本项目的学习，熟悉建设工程招投标程序及主要工作，能正确填写资格预审申请文件，掌握投标文件的编制，能熟练运用投标报价的策略和技巧，为后续知识的学习、实践打下基础。

教学要求

能力目标	知识要点
掌握投标过程	投标工作程序
熟悉资格预审	（1）资格预审申请文件的内容 （2）填写资格预审申请文件的注意事项
掌握投标文件编制	（1）投标文件的组成 （2）投标文件的编制 （3）投标文件编制的注意事项
了解投标报价的策略和技巧	（1）投标报价的策略 （2）开标前的投标技巧 （3）开标后的投标技巧

【背景】

某大型工程项目由政府投资建设，业主委托某招标代理公司代理施工招标。招标代理公司确定该项目采用公开招标方式招标，招标公告在当地政府规定的招标信息网上发布。招标文件中规定：投标担保可采用投标保证金或投标保函方式担保。评标方法采用经评审的最低投标价法。投标有效期为 60 天。

业主对招标代理公司提出以下要求：为了避免潜在的投标人过多，项目招标公告只在本市日报上发布，且采用邀请招标方式招标。

项目施工招标信息发布以后，共有 12 家潜在的投标人报名参加投标。业主认为报名参加投标的人数太多，为减少评标工作量，要求招标 代理公司仅对报名的潜在投标人的资质条件、业绩进行资格审查。

开标后发现：

（1）A 投标人的投标报价为 8 000 万元，为最低投标价，经评审后推荐其为中标候选人；

（2）B 投标人在开标后又提交了一份补充说明，提出可以降价 5%；

（3）C 投标人提交的银行投标保函有效期为 70 天；

（4）D 投标人投标文件的投标函盖有企业及企业法定代表人的印章，但没有加盖项目负责人的印章；

（5）E 投标人与其他投标人组成了联合体投标，附有各方资质证书，但没有联合体共同投标协议书；

（6）F 投标人投标报价最高，故 F 投标人在开标后第二天撤回了其投标文件。

经过标书评审，A 投标人被确定为中标候选人。发出中标通知书后，招标人和 A 投标人进行合同谈判，希望 A 投标人能再压缩工期、降低费用。经谈判后双方达成一致：不压缩工期，降价 3%。

【问题】

1. 业主对招标代理公司提出的要求是否正确？说明理由。
2. 分析 A、B、C、D、E 投标人的投标文件是否有效？说明理由。
3. F 投标人的投标文件是否有效？对其撤回投标文件的行为应如何处理？

任务 3.1　投标程序及主要工作

任务导入

投标的基本程序是投标人首先取得招标文件，认真分析研究后（在现场实地考察），编制投标书。投标书实质上是一项有效期至规定开标日期为止的发盘或初步施组编写，内容必须十分明确，中标后与招标人签订合同所要包含的重要内容应全部列入，并在有效期内不得撤回标书、变更标书报价或对标书内容作实质性修改。为防止投标人在投标后撤标或在中标后拒不签订合同，招标人通常都要求投标人提供一定比例或金额的投标保证金。招标人决定中标人后，未中标的投标人已缴纳的保证金即予退还。

3.1.1　投标的前期工作

1．投标人应具备的条件

投标人是响应招标、参加投标竞争的法人或者其他组织。投标人应具备下列条件：

（1）投标人应具备承担招标项目的能力；国家有关规定或者招标文件对投标人资格条件有规定的，投标人应当具备规定的资格条件。

（2）投标人应当按照招标文件的要求编制投标文件。投标文件应当对招标文件提出的要求和条件作出实质性响应，投标文件的内容应当包括拟派出的项目负责人与主要技术人员的简历、业绩和拟用于完成招标项目的机械设备等。

（3）投标人应当在招标文件所要求提交投标文件的截止日期前，将投标文件送达投标地点。招标人收到投标文件后，应当签收保存，不得开启。招标人对截止日期后收到的投标文件，应当原样退还，不得开启。

（4）投标人在投标文件的截止日期前，可以补充、修改或者撤回已提交的投标文件，并书面通知招标人。补充、修改的内容为投标文件的组成部分。

（5）投标人根据招标文件载明的项目实际情况，拟在中标后将中标项目的部分非主体、非关键性工作交由他人完成的，应当在投标文件中载明。

（6）两个以上法人或者其他组织可以组成一个联合体，以一个投标人的身份共同投标。

（7）投标人不得相互串通投标报价，不得排挤其他投标人的公平竞争，损害招标人或者他人的合法权益。

（8）投标人不得以低于合理预算成本的报价竞标，也不得以他人名义投标或者以其他方式弄虚作假，骗取中标。所谓合理预算成本，即按照国家有关成本核算的规定计算的成本。

联合体各方均应当具备承担招标项目的相应能力。国家有关规定或者招标文件对投标人资格条件有规定的，联合体各方均应当具备规定的相应资格条件。由同一专业的单位组成的联合体，按照资质等级较低的单位确定资质等级。联合体各方应当签订共同投标协议，明确约定各方拟承担的工作和相应的责任，并将共同投标协议连同投标文件一并提交招标人。联合体中标的联合体各方应当共同与招标人签订合同，就中标项目向招标人承担连带责任，但是共同投标协议另有约定的除外。

招标人不得强制投标人组成联合体共同投标，不得限制投标人之间的竞争。

2．投标工作程序

已经具备投标资格并愿意投标的投标人，一般是按照图 3-1 所示投标工作程序所列步骤进行投标工作的。

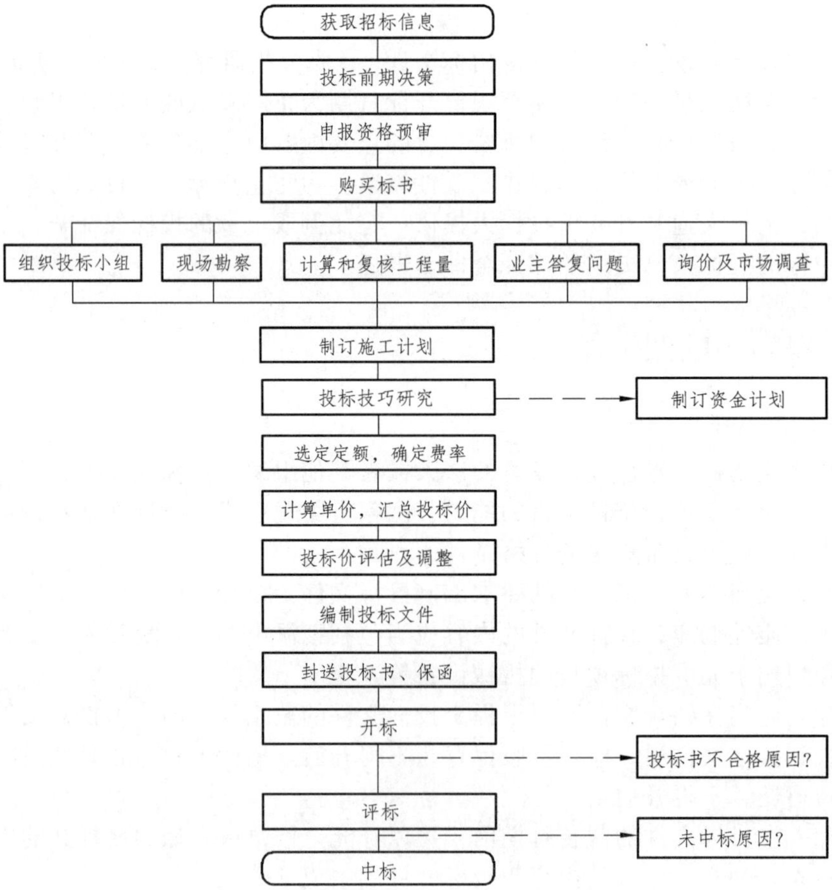

图 3-1　投标工作程序

3．获取招投标信息

招投标信息是招标公告、招标预告、中标公示、招标变更等公开招投标行为的总称。招标信息主要指招标人或招标代理机构发布在报纸、电台、电视广播和网络媒体的项目公开招投标信息，主要是为了说明招标的工程、货物、服务的范围、标段划分、数量、投标人的资格要求等；邀请特定或不特定的投标人在规定的时间、地点按照一定的程序进行投标的行为。各省市的建设工程信息网、政府采购网、招标投标监管网均发布有大量的招投标信息。

4．调查研究

面对竞争激烈、风险性大、复杂多变的工程建设市场，投标人能否准确地选择工程项目并争取中标，是企业获得施工任务、站稳市场、谋取发展的关键。

目前，国内建设工程项目虽然要求建设单位通过招投标方式进行发包，与国际招投标做法接轨，但不可否认，现阶段国内与国际工程招投标的做法还有一定的差距，特别是在信息的真实性、公平竞争的透明度、工程款支付及合同条款的履行程度等方面都存在不少问题。因此，打算参加工程投标的潜在投标人，在获取招投标信息后，必须充分做好投标前的调查研究工作。

（1）信息查证工作。信息查证是投标的前提，在现实工程招标投标过程中，出现了一些恶劣的道德败坏的行为和坑蒙拐骗、敲诈勒索现象，特别是贩卖假信息、搞假发包的现象更是令人防不胜防。作为投标企业，在决定投标之前，必须有冷静的头脑，认真分析所获得的信息的真实性。弄清信息的真实性并不困难，只要投标企业与工程发包单位直接见面，证实发包项目确有立项批准书和资金落实证明材料即可。切记不能听任中间人的摆布，更不能有以先付一些资金为代价查阅有关资料的做法。凡政府工程的发包项目，都必须先获得立项批准并落实了资金后方可获准招标。

（2）对建设单位做必要的调查。对建设单位的调查了解，是工程资金能否回收的前提。许多建设单位凭借工程发包的权利，蛮不讲理，长期拖欠工程款，致使承包企业不但不能获取利润，甚至连成本都无法回收。还有些建设单位的工程负责人向承包企业索要回扣，致使承包企业苦不堪言。一些人借管理工程的权力之便，随心所欲，贪得无厌，拿原则做交易。

作为工程承包企业，不能只满足于获取项目，必须对实施项目的利弊进行认真评估，因为获取项目只能说是获得可能盈利的机会，但不可否认，这种机会同样极有可能成为使承包商蒙受损失的陷阱，因为利润从来就是与风险并存。

5．投标决策

投标人通过投标取得项目，是市场经济条件下的必然。但是，作为投标人，并不是每标必投。投标人要想在投标中获胜，并从承包工程中盈利，必须进行投标决策。

投标决策的内容主要有：针对项目招标，是投标或是不投标；如果去投标，是投什么性质的标；投标中如何采用以长补短、以优取胜的策略和技巧。

投标决策的正确与否，关系到能否中标和中标后的效益，关系到施工企业的发展前景和职工的经济利益。因此，企业的决策班子必须充分认识到投标决策的重要意义，把这一工作摆在企业的重要议事日程上认真细致地分析、全面细致地思考和做出决策。

6. 成立投标工作机构

进行工程投标，需要有专门的机构和人员对投标的全部活动过程加以组织和管理。实践证明，建立一个强有力的、内行的投标工作小组是投标获得成功的根本保证。在工程招标投标竞争中，对于业主来说，招标就是择优。由于工程的性质和业主的评价标准的不同，择优可能有不同的侧重面，但更注重价格、技术、质量和工期等四个方面。业主一般是综合考虑上述四个因素，对众多的投标者进行评选，最后从中确定中标者。

对于投标人来说，参加投标就等于面临一场竞争。不仅比报价，还要比技术、经验、实力和信誉。一方面是技术上的挑战，要求投标人具有先进的科学技术，能够完成高、新、尖、难工程；另一方面是管理上的挑战，要求投标人具有现代先进的组织管理水平，同时要有一定的经济实力。

为迎接技术和管理等方面的挑战，在竞争中取胜，投标人的投标工作小组应该由如下三种类型的人才组成，一是经营管理类人才；二是技术专业类人才；三是商务金融类人才。

（1）经营管理类人才。指专门从事工程承包经营管理、制定和贯彻经营方针与规划，负责工作的全面筹划和安排，具有决策水平的人才。这类人才应具备以下基本条件。

① 知识渊博、视野广阔。经营管理类人员必须在经营管理领域有一定的造诣，对其他相关学科也有相应的知识水平。只有这样，才能全面地、系统地观察和分析问题。

② 具备较强的法律知识和实际工作经验。该类人员应了解我国，乃至国际上有关的法律和国际惯例，并熟悉开展投标业务所应遵循的各项规章制度。同时，丰富的阅历和实际工作经验，可以使投标人员具有较强的风险预测能力和应变能力，对可能出现的各种问题进行预测并采取相应的措施。

③ 必须勇于开拓，具有较强的思维能力和社会活动能力。渊博的知识和丰富的经验，只有和较强的思维能力结合，才能保证经营管理人员对各种问题进行认真的分析、归纳，并做出正确的判断和决策。此外，该类人员还应具备较强的社会活动能力，积极参加有关的社会活动，扩大人脉和信息交流，不断地吸收投标业务工作所必需的新知识、新内容和新情报。

④ 掌握一套科学的研究方法和手段，比如科学的调查、统计、分析、预测的方法。

（2）技术专业类人才。指工程施工中的各类技术人员，比如建筑师、建造师、造价工程师、监理工程师、电气工程师和机械工程师等各类专业技术人员。他们应拥有本学科最新的专业知识，具备熟练的实际操作能力，以便在投标时能从本公司的实际技术水平出发，考虑各项专业实施方案。

（3）商务金融类人才。指具有金融、贸易、税法、保险、采购、保函、索赔等专业知识的人才。财务人员要懂税收、保险、涉外财会、外汇管理和结算等方面的知识。

以上是对投标工作小组三类人员个体素质的基本要求。一个投标工作小组仅仅做到个体素质良好，往往是不够的，还需要各方的共同参与，协同作战，充分发挥团队协作的力量。

除上述关于投标工作小组的组成和要求外，一个公司还需注意保持投标工作小组成员的相对稳定，不断提高其素质和水平，这对于提高投标的竞争力至关重要；同时，逐步采用或开发有关投标报价的软件，使投标报价工作更加快速、准确。如果有国际工程（包含境内涉外工程）投标，则应配备懂得专业知识和合同管理的外语翻译人员。

3.1.2　参加资格预审

通常在公开招标项目中，业主都会对投标企业进行资格预审，从而掌握各投标人的基本情况，资格审查主要是考察该企业总体能力（包括资质条件、人员、设备、技术能力、工作经验、企业经验和企业经营业绩等）是否已具备完成招标项目工作所要求的条件；排除明显不符合要求的投标人，以减少评标的工作量。

1．获取资格预审文件

投标人在获取招标信息，有意向参加该工程的投标时，首先，要根据招标公告的要求，在规定的时间和地点，携带法人授权委托书及本人身份证、营业执照、组织机构代码证、资质等级证书、税务登记证等资质材料，向招标人报名申请参加资格预审，领取资格预审文件，并应在招标人提供的“资格预审文件领取签收表”上签字。

投标申请人领取资格预审文件后，应仔细检查资格预审文件的所有内容，如有残缺应在领到资格预审文件后及时且在递交资格预审申请文件截止日前 24 小时向招标人提出，否则，由此引起的损失自负；投标申请人同时应认真审阅资格预审文件中所有的事项、格式、条款要求等，如果投标申请人的资格预审申请文件没有按照资格预审文件要求提交全部资料或者资格预审申请文件没有对资格预审文件做出实质性响应，其风险应由投标申请人自行承担，且根据有关条款规定，其申请有可能被拒绝。

2．编写资格预审申请书

领取资格预审文件以后，投标申请人要认真阅读文件内容，严格按照文件要求认真如实编写资格预审申请书和提供的有关资料。用不褪色的水笔填写或用计算机打印，同时，要注意文字规范严谨，装帧精美，力争给招标人留下良好的印象。投标申请人须向招标人提供的资质证明材料主要有以下内容：

（1）资格预审申请书；

（2）企业营业执照；

（3）企业资质等级证书；

（4）项目经理资质等级证书；

（5）安全生产许可证；

（6）投标申请人概况一览表；

（7）拟投入的主要管理人员一览表；

（8）拟投入的主要施工机械设备一览表；

（9）企业财务状况；

（10）企业同类工程经历；

（11）项目经理简历表；

（12）项目经理近 3 年来所承建主要工程情况一览表；

（13）诉讼及不良行为记录情况；

（14）诚信投标承诺书；

（15）没有处于被责令停业，投标资格被取消，财产被接管、冻结，破产状态的承诺书；

（16）最近三年内没有骗取中标和严重违约及重大工程质量问题的承诺书等。

3.1.3　购买和分析招标文件

1．购买招标文件

招标文件是招标人向投标申请人发出的，意在向其提供编写投标文件所需的资料并向其通报招标投标的依据、规则和程序等项目内容的书面文件。其为招标投标过程中最重要的文件之一。通过资格审查的投标人在规定的时间（一般为5天）内到招标公告规定的地点购买招标文件。投标人获得招标文件、图纸和有关资料后，应认真核对无误后、以书面形式予以确认。

2．分析招标文件

招标文件是投标的主要依据，分析研究招标文件，重点应放在投标者须知、合同条件、设计图纸、工程范围、校核工程量表以及编制施工规划上，以下问题应重点弄清楚。

（1）分清承包商的责任和报价范围，不要发生任何遗漏。

（2）了解各项技术要求，以便制订先进合理的施工方案。

（3）及时调查了解工程所在地工、料、机等的市场价格，以免盲目估价。

（4）弄清开、竣工日期及总工期的要求及奖罚条件，以便制订合理的施工进度计划。

（5）工程款支付条件，有无工程预付款、结算方式、拖延付款的责任和利息支付等，以便做好资金使用计划。

（6）弄清有无特殊材料、设备及施工方法要求，以便采取相应对策措施。

（7）弄清工程量清单中各个工程项目组成的内在含义，防止漏项发生。

（8）弄清总包与分包的规定，以便当自身施工能力不足时便于分包及协作。

（9）弄清施工期限内的涨价补偿规定，以便报价决策时充分考虑利益风险等因素。

对含混不清的问题，均应及时提请招标单位予以澄清。

3.1.4　收集资料、准备投标

1．投标前的调查

投标前的调查是极其重要的准备工作。如果在前述的投标决策的前期阶段对拟去的地区进行了较为深入的调查研究，拿到招标文件后就只需进行有针对性的补充调查了。否则，应进行全面的调查研究。

如施工地点自然环境：地貌、地震、风、雨、气温等。投标报价前应根据工程所在地气候的历史情况分析风、雨季的起止时间、平均和最大降雨量、最大风速，以及洪水、气温对施工的影响。针对气候情况是否采取施工措施、赶工措施，如需采取应在报价中考虑措施费用及赶工费用。

2．现场踏勘

现场踏勘主要是指进行实地考察，招标单位一般在招标文件中要注明现场踏勘的时间和地点，在文件发出后就应安排投标者进行现场踏勘的准备工作。

施工现场踏勘是投标者必须经历的投标程序。按照国际惯例，投标者提出的报价单一般被认为是在现场考察的基础上编制的。一旦报价单提交之后，投标者就无权因为现场考察不周、情况了解不细或因素考虑不全面而提出修改投标、调整报价或提出补偿等要求。

现场踏勘既是投标人的权利又是其职责。因此，投标人在报价以前必须认真地进行施工现场考察，全面仔细地调查了解工地及其周围的政治、经济、地理等情况。

现场踏勘之前，应先仔细研究招标文件，特别是文件中的工作范围、专用条款及设计图纸和说明，然后拟定出调研提纲，确定重点要解决的问题，做到事先有准备，因有时业主只组织投标者进行一次工地现场考察。现场考察费用均由投标者自费进行。进行现场考察应从下述几方面调查了解。

（1）施工现场拆迁是否满足施工要求。

（2）施工现场是否达到招标文件规定的条件，现场“三通一平（水通、电通、路通和场地平整）”情况。

（3）施工现场工程的性质与其他工程之间的关系，投标人投标的那一部分工程与其他承包商或分包商之间的关系。

（4）施工现场的地貌、地质、气候、交通、电力、水源等情况，有无障碍物等。

（5）施工现场临时占地情况，施工平面布置考虑，考虑吊车、料场、生产、生活临时设施的位置，附近有无住宿条件，是否有现成的房屋可以利用，料场开采条件，其他加工条件，设备维修条件等。

（6）施工现场附近治安情况。

（7）业主情况和竞争对手情况等。

3．标前答疑

标前会议一般是现场踏勘后，为解答投标人疑问而召开的会议，也可单独召开，由招标人或代理公司主持。通过标前答疑会，能够确保技术参数和商务条款设定的科学、合理，消除歧视性和排他性因素，减少质疑、投诉案件，加大监督力度，充分体现竞争与公平，增加公正透明度。在具体的实践中应注意的事项有以下一些。

（1）召开的时间应在招标文件规定的供应商领取招标文件截止时间后（可提出疑问或咨询截止时间之后），招标文件澄清或修改截止时间前。

（2）招标采购单位可通知所有接受招标文件的供应商参加标前集体答疑活动，也可在招标文件注明集体答疑的时间。

（3）包含的人员应是所有不确定的潜在投标供应商，主要指已取得招标文件的供应商。

（4）负责答复的一方包括咨询专家、采购人代表和代理机构项目负责人。

（5）对于重大采购项目，招标采购单位可邀请监督人员和公证员参加答疑活动，由专人负责记录。

（6）会议沟通方式无论是供应商提出疑问，还是招标方答复问题，均应以书面形式。

（7）投标人在参加标前会议之前应把招标文件中存在的问题整理为书面文件，传真、邮寄或送到招标文件中指定的地址。

（8）招标人收到各个投标人的问题后，可随时予以解答，也可能在标前会上集中解答，但不应搞点对点式的答疑，对某一供应商某一问题的解答应让所有参加答疑的供应商都知晓。

（9）允许投标人在标前会现场口头提问，但招标人的解答一定要以书面内容为准，不能仅凭招标人的口头解答编制报价和方案。

（10）重大调整事项涉及需对招标文件做出澄清或修改的，招标采购单位应发布变更公告，并将调整事项以书面形式通知到已领取招标文件的供应商。

（11）负责答疑的专家不得参与评审工作，涉及其他供应商商业秘密的事项不予答复。

（12）答疑活动形成的材料和记录应整理成档案资料保管。

3.1.5　编制和提交投标文件

1．编制投标文件

投标文件是招标工作时当事人双方均要遵守的具有法律效力的文件，因此逻辑性要强，不能前后矛盾，模棱两可，用语要精炼、简短、明确。特别是对政策法规的准确理解与执行，有利于标书制作者剔除歧视性条款。

编制投标文件是整个招投标过程中最重要的一环。投标文件是工程中标、工程项目管理及工程结算的灵魂。投标文件必须表达出投标单位的全部意愿，不能有疏漏；投标文件必须对招标文件内容进行实质性的响应，否则被判定为无效标（按废标处理）。

（1）投标文件的分类。

① 按投标的范围分类。按投标的范围可分为国际投标书和国内投标书。

② 按招标的标的物分类。按招标的标的物划分，又可分为三大类：货物、工程、服务。

根据具体标的物的不同还可以进一步细分。如工程类可进一步分为施工工程、装饰工程、水利工程、道路工程、化学工程等。每一种具体工程的投标书内容差异较大。

（2）投标文件的组成。投标文件一般分为投标函部分、商务部分和技术部分三大部分。具体有投标函、投标书附录、投标保证金、法定代表人资格证明书、授权委托书、（有价格的）工程量清单与报价表、辅助资料表、资格审查表等资料。投标文件中的这些内容通常都在招标文件中提供统一的格式，投标单位须按招标文件的统一规定和要求认真进行填报。

全套投标文件应无涂改和行间插字，若有涂改或行间插字处，应由投标文件签字人签字并加盖印鉴。

2．提交投标文件

《招标投标法》第二十八条规定："投标人应当在招标文件要求提交投标文件的截止时间前，将投标文件送达投标地点。招标人收到投标文件后，应当签收保存，不得开启。投标人少于三个的，招标人应当依照本法重新招标。在招标文件要求提交投标文件的截止时间后送达的投标文件，招标人应当拒收。"因此，投标人在提交招标文件时，应牢记以下四点：

（1）在招标文件中通常包含有递交投标文件的时间和地点，投标人必须按照招标文件规定的地点，在规定的时间内送达投标文件。投递标书的方式最好是直接送达或委托代理人送达，以便获得招标机构已收到投标文件的回执。

（2）投标人不能将投标文件送交招标文件规定以外的地方，如果投标人因为递交投标文件的地点发生错误，而延误投标时间的，将被视为无效标而拒收。

（3）如果以邮寄方式送达的，投标人必须留出邮寄的时间，保证投标文件能够在截止日之前送达招标人指定的地点，而不是以"邮戳为准"。在截止时间后送达的投标文件，即已经过了招标有效期的，招标人应当原封退回，不得进入开标阶段。

（4）招标文件的签收保存。招标人收到投标文件以后应当签收，不得开启。为了保护投标人的合法权益，招标人必须履行完备的签收、登记和备案手续。签收人要记录投标文件递交的日期和地点以及密封情况，签收人签名后应将所有递交的投标文件放置在保密安全的地方，任何人不得开启投标文件。

为了保证引起充分竞争，对于投标人少于三个的，应当重新招标。这种情况在国外称为“流标”。按照国际惯例，至少有三家投标人提交投标文件才能带来有效竞争，因为两家参加投标，缺乏竞争，投标人可能提高采购价格，损害招标人利益。

3.1.6　参加开标会议

开标会应当由招标人（或招标代理机构的代表）主持，在招标文件规定的提交投标文件截止时间的同一时间在一封闭场所内公开进行。开标会按下列程序进行：

（1）招标人签收投标人递交的投标文件。招标人专人负责接收投标人递交的投标文件。在开标当日且在开标地点递交的投标文件,若在招标文件规定的截标时间前递交的投标文件，招标人应当填写投标文件报送签收一览表，提前递交的投标文件也应当办理签收手续，由招标人携带至开标现场。若在招标文件规定的截标时间后递交的投标文件不得接收，由招标人原封退还给有关投标人。

在截标时间前递交投标文件的投标人少于三家的，招标无效，开标会即告结束，招标人应当依法重新组织招标。

（2）投标人出席开标会的代表签到。投标人授权出席开标会的代表本人填写开标会签到表，招标人专人负责核对签到人身份，应与签到的内容一致。

（3）开标会主持人宣布开标会开始，主持人宣布开标人、唱标人、记录人、监督人员、公证人员。

（4）开标会主持人介绍主要与会人员。主要与会人员包括到会的招标人代表、招标代理机构代表、各投标人代表、公证机构公证人员、监督人员等。

（5）主持人宣布开标会程序、开标会纪律和当场废标的条件。

开标会纪律一般包括以下内容：

① 场内严禁吸烟；

② 凡与开标无关人员不得进入开标会场；

③ 参加会议的所有人员应关闭手机等通信工具，开标期间不得高声喧哗；

④ 投标人代表有疑问应举手发言，参加会议人员未经主持人同意不得在场内随意走动。

投标文件有下列情形之一的，应当场宣布为废标。

① 逾期送达的或未送达指定地点的；

② 未按招标文件要求密封的。

（6）核对投标人授权代表的身份证件、授权委托书及出席开标会人数。招标人代表出示法定代表人委托书和有效身份证件，同时招标人代表当众核查投标人的授权代表的授权委托书和有效身份证件，确认授权代表的有效性，并留存授权委托书和身份证件的复印件。法定代表人出席开标会的要出示其有效证件。主持人还应当核查各投标人出席开标会代表的人数，无关人员应当退场。

（7）主持人介绍招标文件、补充文件或答疑文件的组成和发放情况，投标人确认。主要介绍招标文件组成部分、发标时间、答疑时间、补充文件或答疑文件组成，发放和签收情况。可以同时强调主要条款和招标文件中的实质性要求。

（8）主持人宣布投标文件截止和实际送达时间。宣布招标文件规定的递交投标文件的截止时间和各投标单位实际送达时间。在截标时间后送达的投标文件应当场废标。

（9）招标人和投标人的代表（或公证机关）共同检查各投标书密封情况。密封不符合招标文件要求的投标文件应当场废标，不得进入评标。密封不符合招标文件要求的，招标人应当通知招标监管人员到场见证。

（10）主持人宣布开标和唱标次序。一般按投标书送达时间逆顺序开标、唱标。

（11）唱标人依唱标顺序依次开标并唱标。开标由指定的开标人在监督人员及公证人员的监督下当众拆封，拆封后应当检查投标文件组成情况并记入开标会记录，开标人应将投标书和投标书附件以及招标文件中可能规定需要唱标的其他文件交唱标人进行唱标。

唱标内容一般包括投标报价、工期和质量标准、质量奖项等方面的承诺、替代方案报价、投标保证金、主要人员等；在递交投标文件截止时间前收到的投标人对投标文件的补充、修改同时宣布；在递交投标文件截止时间前收到投标人撤回其投标的书面通知的投标文件不再唱标，但须在开标会上说明。

（12）开标会记录签字确认。开标会记录应当如实记录开标过程中的重要事项，包括开标时间、开标地点、出席开标会的各单位及人员、唱标记录、开标会程序、开标过程中出现的需要评标委员会评审的情况，有公证机构出席公证的还应记录公证结果，投标人的授权代表应当在开标会唱标记录表上签字确认，对记录内容有异议的可以注明，但必须对没有异议的部分签字确认。

（13）公布标底。招标人设有标底的，唱标人必须公布标底。

（14）投标文件、开标会记录等送封闭评标区封存。实行工程量清单招标的，招标文件约定在评标前先进行清标工作的，封存投标文件正本，副本可用于清标工作。

（15）主持人宣布开标会结束。

附件：

1. 投标文件报送签收一览表
2. 开标会签到表
3. 唱标记录表

3.1.7 接受中标通知书、签订合同

1. 中标通知书

中标通知书是招标人（或者招标代理机构）根据评委会评标意见确定中标人后，向中标人发出的书面通知。中标通知书的格式内容一般如范本 3-1 所示。

范本 3-1　中标通知书格式

<table>
<tr><td>

中标通知书

××建筑工程有限公司：

你方于××××年××月××日所递交的××市××路××购物中心工程施工投标文件已被我方接受，你方被确定为中标人。

中标价：16 599 900 元。

工　　期：270 日历天。

工程质量：合格工程

项目负责人：×××

请你接到本通知书后的 30 日内到××市城市建设发展总公司与我方签订施工承包合同。

特此通知

招标人：××市城市建设发展总公司
法定代表人：×××（签字）
2018 年 6 月 11 日

</td></tr>
</table>

2. 签订合同

收到中标通知书后，投标人应根据招标文件及投标文件中的合同条款要求，整理出合同，在中标通知书发出之日起 30 日内，执中标通知书前往招标单位签订书面合同。招标人最迟应当在书面合同签订后 5 日内向中标人和未中标的投标人退还投标保证金及银行同期存款利息。

国家标准《建设工程工程量清单计价规范》（GB 50500—2013）中第 7.1.1 条规定，实行招标的工程，合同约定不得违背招、投标文件中关于工期、造价、质量等方面的实质性内容。招标文件与中标人投标文件不一致的地方，以投标文件为准。

国家标准《建设工程工程量清单计价规范》（GB 50500—2013）中第 6.2.1 条规定，招标人和中标人双方应在合同条款中对下列事项进行约定，合同中没有约定或约定不明的，由双方协商确定，协商不能达成一致的，按本规范的规定执行。

（1）预付工程款的数额、支付时间及抵扣方式；

（2）安全文明施工措施的支付计划、使用要求等；

（3）工程计量与支付工程进度款的方式、数额及时间；

（4）工程价款的调整因素、方法、程序、支付及时间；

（5）施工索赔与现场签证的程序、金额确认与支付时间；

（6）承担计价风险的内容、范围以及超出约定内容、范围的调整办法；

（7）工程竣工价款结算编制与核对、支付及时间；

（8）工程质量保证（保修）金的数额、预扣方式及时间；

（9）违约责任以及发生工程价款争议的解决办法及时间；

（10）与履行合同、支付价款有关的其他事项等。

3. 合同主要内容

招标投标的实质就是通过竞争的方式缔结交易合同，招标投标的过程从本质上说就是合同订立的过程，建设工程施工合同每个地方都有自己的范本，其主要内容大致如下：

（1）工程名称、地点。

（2）承包范围与承包方式。

（3）开工、竣工日期，工程总工期。

一项整体的建设工程，往往由许多的中间工程组成，中间工程的完工时间，影响着后续工程的开工，制约着整个工程的顺利完成，在施工合同中还需对中间工程的开工和竣工时间作明确约定。

（4）工程质量标准。

（5）工程造价与支付方式。

工程造价因采用不同的定额计算方法，会产生巨大的价款差额。在以招标、投标方式签订的合同中，应以中标时确定的金额为准；如按初步设计总概算投资包干时，应以经审批的概算投资中与承包内容相应部分的投资（包括相应的不可预见费）为工程价款；如按施工图预算包干，则应以审查后的施工图总预算或综合预算为准。在建筑、安装合同中，能准确确定工程价款的，需明确规定。如在合同签订当时尚不能准确计算出工程价款的，尤其是按施工图预算加现场签证和按时结算的工程，在合同中需明确规定工程价款的计算原则，具体约定执行的定额、计算标准，以及工程价款的审定方式等。

（6）图纸等技术资料交付时间。工程的技术资料，如勘察设计资料、图纸等，是进行建筑施工的依据和基础，发包方必须将工程的有关技术资料全面、客观、及时地交付给施工人，才能保证工程的顺利进行。

（7）发包人的一般权利义务。

（8）承包人的一般权利义务。

（9）施工组织设计。

（10）进度计划与进度报告。

（11）施工机械与临时设施。

（12）安全防护与文明施工。

（13）承包人项目部人员的考核与项目经理的要求。

（14）材料与设备的采购与供应要求。

（15）质量与检验。

（16）工程变更与工程签证。

（17）工程变更价款的计算方式。

（18）竣工验收。对建设工程的验收方法、程序和标准，国家制定了相应的行政法规予以规范。

（19）工程结算。施工合同中，工程价款的结算方式和付款方式因采用不同的合同形式而有所不同。在一项建筑安装合同中，采用何种方式进行结算，需双方根据具体情况进行协商，并在合同中明确约定。对于工程款的拨付，需根据付款内容由当事人双方确定，具体有如下四项：预付款；工程进度款；竣工结算款；保修扣留金。

（20）缺陷责任。施工工程在办理移交验收手续后，在规定的期限内，因施工、材料等原因造成的工程质量缺陷，要由施工单位负责维修、更换。国家对建筑工程的质量保证期限一般都有明确要求。

（21）保险。

（22）合同解除。

（23）竣工清场。

（24）违约与争议处理。

（25）履约担保。

（26）合同组成及优先顺序。

（27）保修条款。

（28）补充条款。

施工合同与勘察、设计合同一样，不仅需要当事人各自积极履行义务，还需要当事人相互协作，协助对方履行义务，如在施工过程中及时提交相关技术资料、通报工程情况，在完工时及时检查验收等。因施工人的原因致使建设工程质量不符合约定的，施工人应承担以下责任：

（1）无偿修理或者返工、改建。这是违约责任中的实际履行责任。承包人根据不合格工程的具体情况，予以或修理或返工或改建，使之达到合同约定的质量要求。承包人修理、返工、改建所支出的费用，均由其自行承担。

（2）逾期违约责任。即因承包人的原因使工程质量不合格的，虽经承包人修理、返工、改建后，达到了合同约定的质量标准，但因修理、返工、改建导致工程逾期交付的，与一般的履行迟延相同，承包人应当承担迟延履行的违约责任，赔偿发包人因此而遭受的损失。

任务练习

一、填空题

1. 招投标信息是____________、招标预告、____________、招标变更等公开招投标行为的总称。

2. 我国《招标投标法》规定，招标方式分为__________、__________。

3. 投标人在获取招投标信息后，必须充分做好投标前的调查研究工作，包括__________、__________。

4. 投标人的投标工作小组应该由如下三种类型的人才组成，一是____________；二是____________；三是____________。

5. 投标文件一般分为____________、____________、____________三大部分。

二、选择题（单选或多选）

1. 邀请招标是指招标人不使用公开的公告形式，而以投标邀请的方式邀请不少于（　　）家的、特定的、合格的法人或其他组织投标。

A. 1　　B. 3　　C. 5　　D. 7

2. 投标申请人领取资格预审文件后如有残缺应在领到资格预审文件后及时且在递交资格预审申请文件截止日前（　　）向招标人提出。

A. 3 天　　B. 5 天　　C. 7 天　　D. 1 天

3. 招标人最迟应当在书面合同签订后（　　）日内向中标人和未中标的投标人退还投标保证金及银行同期存款利息。

A. 3　　B. 5　　C. 7　　D. 9

4. 以下投标活动中，正确的顺序是（　　）。

① 购买标书　② 投标前期决策　③ 开标　④ 编制投标文件

A. ①②③④　B. ①③②④　C. ②①④③　D. ②①③④

5. 以下不属于投标决策的内容的是（　　）。

A. 如果去投标，是投什么性质的标

B. 投标中如何采用以长补短、以优取胜的策略和技巧

C. 决定在投标中可以采用哪些投机行为

D. 是投标或不投标

任务 3.2　资格预审

任务导入

资格预审是指在招投标活动中，招标人在发放招标文件前，对报名参加投标的申请人的承包能力、业绩、资格和资质、财务状况和信誉等进行审查，并确定合格的投标人名单的过程。

3.2.1　资格预审申请文件的内容

资格审查的主要内容应依据招标工程项目对投标人的要求来确定，很多时候差别不大，但因每一个工程项目都有其独特的用途、工程、规模等，各咨询公司或业主都会在资格预审文件中提出不同的要求。中小型工程的审查内容可适当简单，大型复杂工程则要对承包商的能力进行全面审查。

1．资格预审须知

招标人在资格预审须知中要对工程名称、建设地点、建筑结构、建筑面积、发包方式、工程质量要求、计划工期、发包范围、资金情况等做出明确说明，对投标单位的资格与通过条件做出明确要求。投标申请人在获取资格预审文件后，要严格按照要求认真填报资格预审申请文件和提供的有关资料。通常需要提交的资料及要求如下：

（1）单独投标单位应提交的资料。

① 有关确定法律地位原始文件的副本（包括营业执照、资质等级证明等）。

② 在过去 3 年内完成的以及现在正在履行的与本合同相似的工程情况。

③ 提供管理和执行本合同拟采用的施工管理人员情况（包括在施工现场的和不在施工现场的）。

④ 提供完成本合同拟采用的主要施工机械设备情况。

⑤ 提供完成本合同拟分包的项目及其分包单位的情况。

⑥ 提供财务状况，包括近 2 年经过审计的财务报表和下一年财务预测报表。

⑦ 有关目前和过去 2 年参与或涉及诉讼案的资料。

（2）联营体投标资格预审的要求。如果参加资格预审的施工单位是由几个独立分支机构或专业单位组成的，其资格预审申请应附各单位承担工程的分工清单。所提供的资格预审资料仅涉及实际参加施工的分支机构或单位，评审时也仅须考虑分支机构或单位的资质条件、经验、规模、设备和财务能力，以确定是否能通过资格预审。

① 联营体的每一个成员提交与单独参加资格预审单位一样要求的全套文件。

② 提交预审文件时应附上联营体协议，包括：

a. 指出联营体的主办人，该主办人应被授权代表所有联营体成员负责整个合同的全面实施。

b. 联营体递交的投标文件连同中标后签署的合同对联营体整体及每个成员均具有法律约束力。

③ 资格预审后，如果联营体组成和合格性发生变化，应在投标截止日期之前征得招标单位的书面同意。若联营体的变化导致下列情况，则不允许：

a. 联营体成员中有事先未通过资格预审的单位（无论是单独还是作为联营体的成员）。

b. 联营体的资格降到了资格预审文件中规定的标准以下。

④ 作为联营体的成员通过资格预审合格的，不能认为作为单独成员或其他联营体的成员是资格预审的合格者。

⑤ 在资格预审合格通过后改变分包人所承担的分包责任或改变承担分包责任的分包人之前，必须征得招标单位的书面同意；否则，资格预审合格无效。

⑥ 将资格预审文件按规定的正本和副本份数以及指定时间和地点送达招标单位。

2．资格预审申请表

在资格预审文件中应按统一规定的表格让参加资格预审的单位填报和提交有关资料（如属联营体，主办人和各成员分别填报）。资格预审申请表格样式见范本 3-2。

（1）资格预审单位概况。

① 企业简历。

② 人员和机械设备情况。

（2）财务状况。

① 基本资料，包括固定和流动的资产总额和负债总额，近 5 年平均完成投资额。

② 近 3 年每年完成投资额和本年预计完成的投资额。

③ 近 2 年经审计的财务报表（附财务报表）。

④ 下一年度财务预测报告（附财务预测报告）。

⑤ 可查到财务信息的开户银行的名称、地址及申请单位的开户银行出具的招标单位可查证的授权书。

（3）拟投入的主要管理人员情况。

（4）拟投入劳动力和施工机械设备情况。

① 劳动力情况表，包括有职称的管理人员和无职称的其他管理人员以及有职称的技术工人和无职称的普通工人。

② 机械设备情况表，包括名称、型号、数量、功率、制造国别和制造年份等。

（5）近 3 年来所承建的工程和在建工程情况一览表。包括建设单位，项目名称与建设地点，结构类型，建设规模，开、竣工日期，合同价格，质量要求和达到的标准。

（6）目前和过去 2 年涉及的诉讼和仲裁情况。

（7）其他情况（各种奖励和处罚等）。

（8）联营体协议书和授权书（附联营体协议书副本和各成员法定代表签署的授权书）。

范本 3-2 资格预审申请表格样式

1 申请人承诺书

申请人承诺书

致：______________

我公司作为____×××____项目投标申请人，在此郑重承诺：如果在该项目投标资格预审过程中或者在投标过程中或者在中标后，招标人或者有管辖权的招标投标行政监管机构发现并查实我公司在所填报的该项目资格预审申请文件中存在提供虚假或不真实的信息或者伪造数据、资料或证书等情况，不管招标人或有管辖权的招标投标监管机构是否有合法的处罚依据，我公司将无条件地自动放弃该项目的投标资格和中标资格；若存在上述情况，如果我公司已经收到中标通知书，我公司无条件地承认，我公司所收到的该工程中标通知书为无效文件，对招标人不具任何法律约束力；由此造成的任何后果和损失均由我公司承担。

本段承诺具有相对独立性，不管是否有其他相反的说明，本段承诺既是我公司投标资格申请文件的有效组成内容，也是我公司获得投标资格后所递交的投标书的有效组成内容，是我公司真实意思的表示，对我公司在与该项目有关的任何行为中始终具有优先的法律约束力。

如您需要我公司提供任何进一步资料，请与下述人员联系：

姓名：____________ 职务：

联系电话和地址：

申请人（公章）：

法定代表人（签字或签章）：

日期：

2 资格预审单位概况

2.1 企业简历

<table>
<tr><td>企业注册名称</td><td colspan="3"></td><td colspan="2">建立日期</td><td></td></tr>
<tr><td>企业法人代表</td><td>姓名</td><td colspan="2"></td><td colspan="3">职称</td></tr>
<tr><td>企业资质等级</td><td colspan="2"></td><td>注册资金</td><td colspan="3"></td></tr>
<tr><td>上级主管部门</td><td colspan="3"></td><td>经营方式</td><td colspan="2"></td></tr>
<tr><td>批准成立机构</td><td colspan="6"></td></tr>
<tr><td>经营范围</td><td colspan="6"></td></tr>
<tr><td>企业简历</td><td colspan="6"></td></tr>
</table>

2.2　拟参加本工程施工的人员和机械设备情况

职工总数	人	有职称管理人员：　人				工人：　人		
		高工	工程师	助工	技术员	4~8级	1~3级	无级
主要施工机械设备	名称	型号	数量（台）	总功率/（kW/hp）		制造国或产地		制造年份

3　财务状况

3.1　基本资料

资产总额	元	其中	固定资产	元
			流动资产	元
负债总额	元	其中	长期负债	元
			流动负债	元
年平均完成投资		元		
最高年施工能力		平方米		

3.2　最近3年每年完成产值以及2018年计划产值和已签订合同情况

年度	年完成施工产值/元	签订合同金额
2010		
2011		
2012		
2013		

4　拟投入本工程施工的主要管理人员情况

（按专业、管理类别和在现场、不在现场的列明）

姓名	职务	职称	在本工程中拟担任工作	主要经验及承担的项目

5　目前剩余可调用的劳动力和施工机械设备情况

5.1　劳动力情况

<table>
<tr><td>剩余人员数</td><td colspan="5">共计：　　人</td></tr>
<tr><td rowspan="8">其中</td><td colspan="4">有职称管理人员</td><td rowspan="3">其他管理人员</td></tr>
<tr><td>高工</td><td>工程师</td><td>助工</td><td>技术员</td></tr>
<tr><td></td><td></td><td></td><td></td></tr>
<tr><td></td><td></td><td></td><td></td><td></td></tr>
<tr><td colspan="4">技术工人</td><td rowspan="3">普通工人</td></tr>
<tr><td>8 级以上</td><td>6～8 级</td><td>4～6 级</td><td>1～3 级</td></tr>
<tr><td></td><td></td><td></td><td></td></tr>
<tr><td></td><td></td><td></td><td></td><td></td></tr>
</table>

5.2　施工机械设备情况

机械设备名称	型号	数量（台）	总功率/（kW/hp）	制造国或产地	制造年份

6　近 3 年已完成同类工程情况一览表

注：同类工程指建筑面积为 4 万平方米以上的框-剪或框架结构工程

建设单位	项目名称 及建设地点	承担 部位	建设 规模	开、竣工 日期	合同 价格	质量达 到标准	合同履约 情况

7　目前正在施工的同类工程情况一览表

注：同类工程指建筑面积为 4 万平方米以上的框-剪或框架结构工程

建设单位	项目名称 及建设地点	承担部位	建设规模	计划开、 竣工日期	合同价格	质量要求 标准

3.2.2　填写资格预审申请文件的注意事项

资格预审能否通过是承包商投标过程中的第一关，申报资格预审时应注意以下事项。

（1）领取资格预审文件以后，编写人员要认真阅读文件内容，严格按照文件要求认真组织编写资料。

（2）编制完整的资格预审申请文件，用不褪色的材料书写或打印，并由申请人的法定代表人或其委托代理人签字或盖单位章。

（3）资格预审申请文件中的任何改动之处应加盖单位章或由申请人的法定代表人或其委托代理人签字确认。

（4）资格预审申请文件正本与副本应分别装订成册，并编制目录。在正本和副本的封面上应清楚地标记“正本”或“副本”字样。当正本和副本不一致时，以正本为准。

（5）资格预审申请文件的正本与副本应分开包装，加贴封条，并在封套的封口处加盖申请人单位印章。资格预审申请文件的密封、装订非常重要，不能忽视。

（6）针对资格预审文件中评分标准的各项内容，组织资格预审申请材料，尽量将企业的实力表现出来。尤其是对项目经理、技术负责人的要求，有的要求是大学学历、高级工程师或是大专学历、中级职称，相对应的分值都不同，有的工程项目还要求提供与公司签订的劳动合同，否则此项不得分，这都是影响资格预审的综合得分的关键。

（7）应注意平时对一般资格预审的有关资料的积累工作，并储存在计算机内，到针对某个项目填写资格预审调查表时，再将有关资料调出来，并加以补充完善。如果平时不积累资料，完全靠临时填写，往往会因达不到业主要求而失去机会。

（8）在投标决策阶段，研究并确定今后本公司发展的地区和项目时，注意收集信息，如果有合适的项目，及早动手做资格预审的申请准备，可以给自己公司评分，这样可以及早发现问题，如果发现某个方面的缺陷（如资金、技术水平、经验年限等）不是本公司可以解决的，则应考虑寻找适宜的伙伴，组成联营体来参加资格预审。

（9）在资格预审文件规定的地点、规定的时间内提交资格预审申请文件。逾期送达或者未送达指定地点的资格预审申请文件，招标人有权不予受理。

（10）做好递交资格预审申请文件后的跟踪工作，如果是国外工程可通过当地分公司或代理人完成，以便及时发现问题，补充资料。

3.2.3　资格预审文件实例

×××大桥施工招标

资格预审文件

招标编号：JJTZ-06189（SZ）

招标人：××市××区人民政府

联系人：×××　电话：

招标代理：××市投资咨询有限公司

联系人：×××　电话：

地址：××市三星大道 168 号·城市信用社大楼 1902 室
网址：www.jjtz.cn　　传真：
2018 年 10 月 18 日

第一章　资格预审通告

1. ×××大桥工程，招标条件已经招标管理机构备案，信息已公开发布，现通过资格预审确定出具备投标条件的投标申请人参加抽签以确定投标人。

2. 工程概况：

2.1　本工程为×××大桥，位于××河上，原有一座老桥，为长 39 米、宽 7 米的三跨空心板桥，现拆除老桥后在旧址上新建一座长 46 米、宽 15.6 米的三跨预应力梁板桥，其中中跨长 20 米，两边跨各 13 米，桥面净面积 717.6 平方米。

2.2　工程质量要求达到国家施工验收规范合格标准。

2.3　工期要求 90 天内。

2.4　该工程的承包方式为包工包料。

2.5　工程招标范围：老桥拆除及施工图纸范围内桥梁工程。

3. 资格预审申请文件的递交：

3.1　投标申请人所填写的资格预审申请文件（以下简称申请文件）具体递交时间为 2018 年 10 月 31 日上午 8:30—11:00，下午 2:00—4:30，递交截止时间为 2018 年 10 月 31 日下午 4:30。

3.2　投标申请人所填写的申请文件递交至：×××市招投标交易中心·服务大厅，接收人：方小姐，电话：0576-XXXXXXXX，地点：××市三星大道 168 号城市信用社 22 楼。

3.3　申请文件在规定的递交截止时间之前，按规定的时间、地点由交易员送达。

3.4　逾期送达的申请文件将不予接收。

3.5　投标申请人所递交的全部文件均按保密文件处理，除原件资料外不予退还。

3.6　招标人一般在资格预审资料提交截止时间后 3 个工作日内完成资格审查，第一阶段符合性审查情况及原件资料退回具体时间将在网站“建经投资咨询”（www.jjtz.cn）及时公示，上述情况我方不再另行通知，请各申请人自行查看相关信息。原件资料必须由申请单位的交易员凭《交易资格证》按时到交易中心领回。

4. 招标人将根据实际情况，可能对投标申请人进行实地考察。

第二章　资格预审须知

1. 资格与合格的要求

1.1　参加资格预审的单位必须具有独立法人资格和相应资质的投标申请人。

1.2　参加资格预审的投标申请人至少应满足下列要求：

1.2.1　必须具有独立法人资格。

1.2.2　投标申请人的资质应符合下列要求：市政公用工程施工总承包叁级以上（含叁级）。

1.2.3　集团公司和其相应的子公司（具有独立法人资格）应选择其一参加资格预审。

1.3　参加资格预审的项目经理至少应满足下列要求：

1.3.1　项目经理符合下列要求：市政专业叁级以上（含叁级）。

1.3.2　项目经理不得有在建工程，投标申请人的项目经理在其他工程中标的，无论何种原因，在该工程竣工验收合格前仍视为该项目经理的在建项目。

1.4　招标人及有关部门将按××市建设厅建建发〔2016〕266号“关于在建设工程招标投标管理和颁发施工许可证时对施工企业安全生产条件及相关管理人员安全生产任职资格进行审查的通知”的文件要求（请在 www.jjtz.cn 政策文件栏或在 www.zjjs.com.cn 网站查询）对施工企业“三类人员”进行审查，申请人必须执行上述文件的相关规定。

2. 申请文件的编制与包封

2.1　申请文件的内容。

为能通过资格预审，并在此之后可能参加本工程的投标，参加资格预审的投标申请人应根据资格预审通告要求提供招标人满意的申请文件，以证明其符合规定要求的投标合格条件和履行合同的能力。为此，所提交的申请文件中至少应包括下列资料：

2.1.1　企业营业执照副本复印件；资质等级证书副本复印件；企业安全生产许可证副本原件与复印件；××市外地建设工程企业提供下列两项备案内容之一：进台备案登记证原件与复印件（或经工程所在地招投标管理部门盖章确认的“进台备案登记证”复印件）。

2.1.2　××市建设行政主管部门企业“三类人员”A类证书备案表复印件（或企业主要负责人的“三类人员”A类证书原件及复印件和企业分管安全生产的副经理企业任职文件原件及复印件），企业主要负责人指企业法定代表人、企业经理、企业技术负责人、企业分管安全生产的副经理。

2.1.3　项目经理简历表。

2.1.4　项目经理资质证书原件和复印件；项目经理B类证书复印件；安全员C类证书复印件。

2.1.5　项目经理在过去3年完成的主要工程情况和现在正在履行的合同的工程情况。

2.1.6　提供项目经理类似工程施工业绩证明材料原件和复印件（施工合同、施工许可证、工程质量评定表、施工图纸等有效证明材料）。

2.1.7　提供管理和执行本合同拟在施工现场的管理人员情况。

2.1.8　针对本工程实际情况提供完成本合同拟采用的主要施工机械设备情况。

2.1.9　提供××市建设工程诚信投标承诺书。

2.1.10　需要提交的其他资料。

2.1.11　提供的复印件应是原件完整的复印件且单位盖章认可，并注明“仅用于××工程资格预审”字样。

2.2　申请文件的装订要求。

投标申请人按资格预审文件的要求编制申请文件一份，并装订成册，封面采用A3纸，其余纸张大小为A4。

具体装订顺序为：

2.2.1　封面；

2.2.2　目录；

2.2.3　资格预审申请书；

2.2.4　投标企业概况一览表及2.1.1、2.1.2相关复印件（并按相应的顺序排列）；

2.2.5　拟投入主要管理人员一览表、项目经理简历表、项目经理岗位资质证书复印件、项目经理B类证书复印件、安全员C类证书复印件、项目经理近3年承建项目一览表、项目经理目前正在承建项目一览表；

2.2.6 项目经理有关业绩证明材料复印件；

2.2.7 拟投入主要施工机械设备一览表；

2.2.8 ××市建设工程诚信投标承诺书。

2.3 申请文件的包封。

2.3.1 投标申请人应将申请文件及要求提供的各类证书等原件统一装袋，并附投标申请资料清单，经接收人员核对件数后再包封。

2.3.2 申请文件封皮上应清楚地注明投标申请人的名称、通信地址、联系人、联系电话及工程名称等。

3. 资格评审程序

3.1 根据资格预审文件的要求及有关资料，由招标人组织有关人员对投标申请人所递交的申请文件在××市招投标交易中心集中进行符合性联合审查，并将申请文件的审查结果上报招投标主管部门备案。

3.2 有下列情况之一的，其资格预审符合性审查不予通过：

3.2.1 资格预审申请书未加盖申请人单位公章的，或没有法定代表人签字（或盖章）的；

3.2.2 企业资质或项目经理资质不符合要求的，或申请人未按预审须知 2.1.1 要求提供申请文件内容的。

3.2.3 项目经理无类似施工业绩或提供的业绩证明材料不符合要求的；

3.2.3 未按资格预审须知第 2.1.2 条要求提供企业主要负责人的相关资料的；

3.2.4 未按资格预审须知第 2.1.4 条要求提供相关资料，或提供的资料不符合要求的；

3.2.5 项目经理承担有在建工程的，或在建情况不明确的；

3.2.6 有挂靠迹象的；

3.2.7 投标申请人瞒报项目经理在建项目或伪造证件、业绩资料等弄虚作假的；

3.2.8 投标申请人或项目经理被停止招投标的；

3.2.9 未按要求提供××市建设工程诚信投标承诺书的；

3.2.10 申请文件的内容明显不符合预审须知相关要求的；

3.2.11 其他与有关法律、法规及相关政策性规定不相符的。

3.3 符合性审查时，对有疑问或不清楚的资格预审申请文件，招标人有权要求投标申请人对申请文件的进一步澄清或否决其申请。

3.4 对资格预审合格的单位数量不作限制，所有符合本文件中规定的标准、资格预审合格的投标申请人，均有资格参加抽签。

3.5 招标人向所有资格预审合格并通过抽签确定的投标人告知获取招标文件的时间、地点和方法。

4. 其他须知

4.1 投标申请人所提供的项目经理有预审须知第 1.3.2 条情形的，应在项目经理目前正在承建项目情况一览表中反映，除此之外，项目经理在过去 3 年承建的主要项目，应在项目经理近 3 年所承建主要项目一览表中反映。

4.2 投标申请人的项目经理承接的工程因故停止建设的，必须在项目经理简历表中反映。

4.3 投标申请人提供的申请文件采取弄虚作假等方式，项目经理瞒报、漏报因故停止建设的项目或正在承建的项目，骗取投标资格的，一经查实，立即取消其投标资格，已中标的中标结果无效，并赔偿由此造成的有关损失。

4.4　投标申请人提供的全部资料必须准确详细，以便招标人做出正确的判断。如果没有按要求在申请文件中提供有关材料，可能导致资格预审不合格。

4.5　在联审中发现存在瞒报在建项目，伪造证件、业绩资料等弄虚作假的投标申请人，将报请建设行政主管部门依法予以处理。

4.6　招标人保留以下权力：修改招标工程的规模及总金额，在这种情形下，投标申请人只有达到修改后合同要求且资格预审合格，才能参与该合同的投标。招标人将不对上述行为负责，亦无义务告知投标申请人其有关上述行为的理由。

4.7　申请文件递交截止时间后至确定中标人期间，除人力不可抗拒因素外，投标申请人不得擅自更换项目经理，否则取消该投标申请人的投标资格。

4.8　拟派的项目经理如遇人力不可抗拒因素及其他特殊情况确需更换的，须经招标人审查后，报招投标管理委员会确认，且更换后的项目经理资质等级及业绩不得低于原参加资格预审时的项目经理。

4.9　未办理交易登记手续的投标申请人应在提交资格预审申请资料前办理交易登记手续。

第三章　附　件

1. 资格预审申请书。
2. 投标申请人概况一览表。
3. 拟投入的主要管理人员一览表。
4. 项目经理简历表。
5. 项目经理近 3 年来所承建主要工程情况一览表。
6. 项目经理目前正在承建工程情况一览表。
7. 拟投入的主要施工机械设备一览表（针对本工程实际情况）。
8. ××市建设工程诚信投标承诺书。

业主单位（或招标代理单位）：（盖章）

工程资格预审资料清单

申请单位		交易员	
序　号	名　称	份　数	备　注
1			
2			
3			
签字栏	原件接收份数：　　份；经手人：		
	原件退回份数：　　份；经手人：	退还时间：　年　月　日	

注：1. 具体资料内容由申请人根据提交的资料进行填写；

2. 本表随同申请资料放在密封袋内，接收退还时经手人必须仔细核对，并签字确认；申请人必须由交易员办理上述相关事项，其他人员一律不予办理；

3. 本表最后由招标代理统一存档管理。

工程施工招标
投标申请人资格预审申请文件

招标编号：________________________________

工程名称：________________________________

工程地址：________________________________

申请人：________________________________

通信地址：________________________________

法人代表：______________电　话：______________

交易员：______________电　话：______________

项目经理：______________项目经理资质：______________

________年______月______日

附件一：

资格预审申请书

致<u>（招标人名称）</u>：

1. 我单位经详细阅读资格预审文件，在充分理解资格预审文件的基础上，以申请身份，向贵单位提出资格预审申请。

2. 贵单位可调查、审核与此申请文件相关的文件、资料。

3. 我单位充分理解下列情况：

3.1　资格预审合格的申请人才有可能参加按规定程序抽签产生投标单位的资格；

3.2　招标人保留更改拟招标工程建设规模的权利，前述情况发生的，投标仅面向资格预审合格且能满足变更后要求的申请单位。

4. 我单位在此声明，此申请文件所提交的资料在各方面皆完整、真实、准确；否则，造成的一切后果由我单位承担。

5. 招标人可通过下列人员得到进一步的资料：

联系人	姓　名	电　话	手　机
法定代表人			
委托代理人			
项目经理			
经营科			
质量科			
交易员			
E-mail：		传真：	

申请单位（盖章）：

法定代表人（签字或盖章）：

________年______月______日

附件二：

投标申请人概况一览表

<table>
<tr><td colspan="2">企业注册名称</td><td colspan="3"></td><td>建立日期</td><td></td></tr>
<tr><td colspan="2">企业法人代表</td><td></td><td>企业性质</td><td></td><td>联系人</td><td></td></tr>
<tr><td colspan="2">企业资质等级</td><td></td><td>经营方式</td><td></td><td>联系电话</td><td></td></tr>
<tr><td colspan="2">上级主管部门</td><td colspan="2"></td><td>批准成立机构</td><td colspan="2"></td></tr>
<tr><td colspan="2">单位地址</td><td colspan="5"></td></tr>
<tr><td colspan="2">经营范围</td><td colspan="5"></td></tr>
<tr><td colspan="2">企业简介（可另附）</td><td colspan="5"></td></tr>
<tr><td rowspan="4">履约情况</td><td>有无介入诉讼案件
（时间、地点、原因）</td><td colspan="5"></td></tr>
<tr><td>有无被限制投标
（原因、时间）</td><td colspan="5"></td></tr>
<tr><td>有无通报批评
（原因、时间）</td><td colspan="5"></td></tr>
<tr><td>有无中止合同
（原因、时间）</td><td colspan="5"></td></tr>
</table>

注：申请人应如实填写，若隐瞒不报，后果自负。

投标人（盖章）：________________

附件三：

本工程拟投入的主要管理人员一览表

姓名	性别	年龄	职务	职称	本岗工龄	岗位证书号码或B、C类证书号码	备注

注：投标申请人应根据本工程实际情况拟派相应的管理人员。

投标人（盖章）：________________

附件四：

项目经理简历表

<table>
<tr><td colspan="2">姓名</td><td colspan="2"></td><td>性别</td><td></td><td>年龄</td><td></td><td>专业</td><td></td></tr>
<tr><td colspan="2">资质等级</td><td colspan="4"></td><td>职称</td><td></td><td>学历</td><td></td></tr>
<tr><td colspan="3">参加工作时间</td><td colspan="2"></td><td>从事项目经理年限</td><td></td><td>手机</td><td colspan="2"></td></tr>
<tr><td colspan="3">类似施工业绩</td><td colspan="7"></td></tr>
<tr><td rowspan="5">履约情况</td><td colspan="4">有无介入诉讼案件
（时间、地点、原因）</td><td colspan="5"></td></tr>
<tr><td colspan="4">有无被限制投标
（原因、时间）</td><td colspan="5"></td></tr>
<tr><td colspan="4">有无通报批评
（原因、时间）</td><td colspan="5"></td></tr>
<tr><td colspan="4">有无中止合同
（原因、时间）</td><td colspan="5"></td></tr>
<tr><td colspan="4">有无预审须知第 4.2 条所述的事件
（原因、时间）</td><td colspan="5"></td></tr>
<tr><td>简历</td><td colspan="9"></td></tr>
</table>

注：申请人应如实填写，若隐瞒不报，后果自负。

投标人（盖章）：__________________

附件五：

项目经理近 3 年来所承建主要工程情况一览表

工程名称	业主名称	联系人	联系电话	建设地点	结构类型	建设规模	开、竣工日期	合同金额	质量达到标准	合同履约情况

注：以上内容填写必须完整、真实。

投标人（盖章）：______________

附件六：

项目经理目前正在承建工程情况一览表

工程名称	业主名称	联系人	联系电话	建设地点	结构类型	建设规模	开、竣工日期	合同金额	项目进展情况	合同履约情况

注：以上内容填写必须完整、真实，确无承建项目的，应在表格内明确注明“无项目”。

投标人（盖章）：______________

附件七：

本工程拟提供主要施工机械设备一览表

序号	设备名称	规格型号	数量	设备能力	进场时间	备注

注：投标申请人应根据本工程实际情况提供主要施工机械设备。

投标人（盖章）：______________

附件八：

××市建设工程诚信投标承诺书

本人以企业法定代表人的身份郑重承诺：

一、将遵循公开、公平、公正和诚实信用的原则参加<u>　（工程项目名称）　</u>的投标；

二、所提供的一切材料都真实、有效、合法；

三、不与其他投标人相互串通投标报价，不排挤其他投标人的公平竞争，不损害招标人或其他投标人的合法权益；

四、不与招标人或招标代理机构串通投标，不损害国家利益、社会公共利益或者他人的合法权益；

五、不向招标人或者评标委员会成员行贿以牟取中标；

六、不出借、转让资质证书，不以他人名义投标或者以其他方式弄虚作假，骗取中标。

本公司若有违反承诺内容的行为，自愿接受取消交易席位、记入信用档案、没收投标保证金等有关处理，愿意承担法律责任。如已中标的，自动放弃中标资格；给招标人造成损失的，依法承担赔偿责任。

法定代表人（签章）：__________

投　标　人（盖章）：__________

________年____月____日

任务练习

1. 编制完整的资格预审申请文件，并由申请人的____________或其委托代理人签字或盖单位章。

2. 资格预审申请文件正本与副本应分别装订成册，当正本和副本内容不一致时，以____________为准。

3. 以下属于单独投标单位应提交的资料的是（　　）。

A. 有关确定法律地位原始文件的副本

B. 提供完成本合同拟采用的主要施工机械设备情况

C. 提供完成本合同拟分包的项目及其分包单位的情况

D. 有关目前和过去 2 年参与或涉及诉讼案的资料

E. 过去完成类似项目的合同文件资料

4. 以下说法正确的是（　　）。

A. 联营体的每一个成员提交与单独参加资格预审单位一样要求的全套文件

B. 联营体的资格降到了资格预审文件中规定的标准以下仍可继续投标

C. 资格预审后，如果联营体组成和合格性发生变化，只须征得招标单位的口头同意

D. 作为联营体的成员通过资格预审合格的，不能认为作为单独成员或其他联营体的成员是资格预审的合格者

E. 联合体每个成员均需和业主签订合同

5. 以下（　　）是投标人在资格预审文件中应该提交的资料。

A. 资格预审单位概况

B. 财务状况

C. 拟投入的主要管理人员情况

D. 拟投入劳动力和施工机械设备情况

E. 过去完成类似项目的合同文件资料

任务 3.3　投标文件编制

任务导入

投标文件的编制由四部分构成：投标函、商务部分、技术部分和资格审查部分。资格审查部分包括公司资质、公司情况介绍等一系列内容，同时也是招标文件要求提供的其他文件等相关内容，包括公司的业绩和各种证件、报告等。技术部分包括工程的描述、设计和施工方案等技术方案，工程量清单、人员配置、图纸、表格等和技术相关的资料；商务部分包括投标报价说明、投标总价、主要材料价格表等。

3.3.1　投标文件的组成

投标文件是投标人（承包商）参与投标竞争的重要凭证，是评标、定标和订立合同的依据，是投标人素质的综合反映和投标人能否取得经济效益的重要因素。可见，投标人应对编制投标文件的工作加倍重视。投标文件应根据招标文件及工程技术规范要求，结合项目施工现场条件、施工组织设计和投标报价书等内容进行编制。

编制投标文件是指投标单位按照招标文件对投标文件格式的要求，对投标所需资料进行编制，并向招标单位提交的文书。投标文件应完全按照招标文件的各项要求编制，一般不能带任何附加条件，否则将导致投标作废。投标文件是投标单位在充分领会招标文件，进行现场实地考察和调查的基础上所编制的文件，是对招标公告提出要求的响应和承诺，并同时提出具体的标价及有关事项来竞争中标。投标文件编制完成后应仔细核对和整理成册，并按招标文件要求进行密封和标志，通过邮寄或派专人送到招标单位。

一般来说，投标文件分为投标函部分、商务部分和技术部分三大部分。具体内容要根据招标文件的详细规定具体组成。

投标函部分：投标函、投标函附录、投标担保、法人代表证明、授权委托书、企业各类证件、业绩等。

商务部分：投标人对该项目的报价。

技术部分：包括具体的生产技术、质量、安全、资金计划等组织措施和项目管理、技术人员配备等。技术部分是投标人对该项目的施工措施的一个叙述。

1．投标函

投标函，是指投标人按照招标文件的条件和要求，向招标人提交的有关报价、质量目标等承诺和说明的函件，一般位于投标文件的首要部分，其格式、内容必须符合招标文件的规定。投标函是对业主和承包商均具有约束力的合同的重要部分，其一般格式如下。

（1）投标函（范本 3-3）。

范本 3-3 投标函格式

投 标 函

（工程量清单）

致：__××市城市建设发展总公司__

1. 根据你方招标工程项目编号为__kmzf2018—032__的××市××路××购物中心工程招标文件，遵照《中华人民共和国招标投标法》等有关规定，经踏勘项目现场和研究上述招标文件的投标须知、合同条款、图纸、工程建设标准和工程量清单及其他有关文件后，我方愿以人民币（大写）__壹仟陆佰伍拾玖万玖仟玖佰__元（RMB__￥16 599 900.00__）的投标报价并按招标文件要求承包上述工程的施工、竣工，并承担任何质量缺陷保修责任。参加本次工程投标项目建造师：__×××__；项目建造师资质类别：__二级建造师（建筑工程）__；企业资质：__房屋建筑施工总承包一级__。

2. 我方的总报价中包含安全防护、文明施工措施费用__￥135 000.00__，我方承诺该项费用将专项用于施工现场的安全生产和文明施工。即有关施工现场的安全生产和文明施工相关事宜所需费用都已包含在此项措施费中。

3. 我方已详细审核全部招标文件，包括修改文件及有关附件。

4. 我方承认投标函附录是我方投标函的组成部分。

5. 一旦我方中标，我方保证在__2018__年__7__月__10__日开工，__2019__年__4__月__10__日竣工，即__270__日历天内完成并移交全部工程。

6. 如果我方中标，我方承诺工程质量达到的目标为：__合格__。

7. 如果我方中标，我方将按照招标文件的规定提交中标造价的 10%，计__166.00__万元（人民币）作为履约保证金（其中：工程质量履约保证金为__2__%：__￥33.20__万元；工期履约保证金为__2__%：__￥33.20__万元；项目负责人到位率保证金为__2__%：__￥33.20__万元；安全文明施工保证金为__2__%：__￥33.20__万元），并按中标通知书中规定的日期与贵方签订承包合同，并承担承包单位的一切义务和责任。

8. 我方同意所提交的投标文件在招标文件的投标须知中第××条规定的投标有效期内有效，在此期间如果中标，我方将受此约束。

9. 除非另外达成协议并生效，你方的中标通知书和本投标文件将成为约束双方的合同文件的组成部分。

投标人：__××建筑工程有限公司 （盖章）__

单位地址：__××省××市××路××号__

法定代表人或其委托代理人：__××× （签字或盖章）__

邮政编码：________电话：________传真：________

日期：__2018__年__6__月__8__日

（2）投标函附录（范本 3-4）。投标函附录一般附于投标函之后，共同构成合同文件的重要组成部分，主要内容是对投标文件中涉及关键性或实质性的内容条款进行说明或强调。投标人填报投标函附录时，在满足招标文件实质性要求的基础上，可以提出比招标文件要求更有利于招标人的承诺。一般以表格形式摘录列举。投标函附录除对合同重点条款摘录外，也可以根据项目的特点、需要，并结合合同执行者重视的内容进行摘录。

范本 3-4 投标函附录格式

序号	项目内容	约定内容	备 注
1	履约保证金 银行保函金额 履约担保书金额	合同价款的（10）%	
2	施工准备时间	签订合同后（20）天	或按招标文件
3	误期违约金额	扣除全部的工期履约保证金	
4	误期赔偿费限额	合同价款的（10）%	或按招标文件
5	施工总工期	（270）日历天	
6	质量标准	合格	
7	工程质量违约金最高限额	合同价款的（10）%	或按招标文件
8	预付款金额	合同价款的（5）%	或按招标文件
9	进度款付款时间	见合同条款	
10	竣工结算款付款时间	见合同条款	
11	保修期	按国家规定	

（3）投标保证金（范本 3-5 和范本 3-6）。

范本 3-5 银行保函格式

投标保证金银行保函

鉴于__××建筑工程有限公司__（下称“投标单位”）于__2018__年__6__月__10__日参加__××省××市××路××购物中心__（下称“招标单位”）工程的投标。

本银行__××省××市建设银行__（下称“本银行”）在此承担向招标单位支付总金额人民币__×××__元的责任。

本责任的条件是：

1. 如果投标单位在招标文件规定的投标有效期内撤回其投标；或

2. 如果投标单位在投标有效期内收到招标单位的中标通知书后：

（1）不能或拒绝按投标须知的要求签署合同协议书；或

（2）不能或拒绝按投标须知规定提交履约保证金。

只要招标单位指明投标单位出现上述情况的条件，则本银行在接到招标单位通知就支付上述金额之内的任何金额，并不需要招标单位申述和证实其他的要求。

本保函在投标有效期后或招标单位延长的投标有效期后的 28 天内保持有效，本银行不要求得到延长有效期的通知，但任何索款要求应在有效期内送到本银行。

银行名称：__××省××市建设银行__（盖章）
法定代表人：__×××__（签字、盖章）
银行地址：__××省××市××路__
邮政编码：__××××××__
电话：__××××××××__
日期：__2018__年__6__月__6__日

范本 3-6　投标保证金担保书格式

投标保证金担保书

根据本担保书（投标人名称）作为委托人（以下称"委托人"）和在中国注册的（担保公司、证券公司或保险公司名称）作为担保人（以下称"担保人"）共同向债权人（建设单位名称）（以下称"建设单位"）承担支付人民币××元的责任。

鉴于委托人已于××××年××月××日就（合同项目名称）的建设向建设单位递交了投标书（以下称"投标"）。

本担保书的条件是：

1. 如果委托人在投标书规定的投标有效期内撤回其投标；或

2. 如果委托人在收到建设单位的中标通知书后：

（1）不能或拒绝按投标须知的要求签署合同协议书；或

（2）不能或拒绝按投标须知的规定提交履约保证金，则本担保有效，否则无效。

本担保不承担支付下列金额的责任：

（1）大于本担保书规定的金额；或

（2）大于投标报价与建设单位接受报价之间的差额的金额。

担保人在此之间确认本担保书责任在投标有效期后或招标单位延长的投标有效期后的 28 天内保持有效。延长投标有效期应通知担保人。

委托人代表（签字盖公章）
姓名：　×××
地址：　×××
担保人代表（签字盖公章）
姓名：　×××
地址：　×××
日期：　××××　年　××　月　××　日

① 投标保证金是投标文件的一个组成部分，对未能按要求提供投标保证金的投标，招标单位将视为不响应投标而予以拒绝。

② 投标保证金可以是现金、支票、汇票和在中国注册的银行出具的银行保函，对于银行保函应按招标文件规定的格式填写，其有效期应不超过招标文件规定的投标有效期。

③ 未中标的投标单位的投标保证金，招标单位应尽快将其退还，一般最迟不得超过投标有效期期满后的 14 天。

④ 中标的投标单位的投标保证金，在按要求提交履约保证金并签署合同协议后，予以退还。

⑤ 对于在投标有效期内撤回其投标文件或在中标后未能按规定提交履约保证金或签署协议者将没收其投标保证金。

（4）法定代表人资格证明书（范本 3-7）。

范本 3-7　法定代表人资格证明书格式

法定代表人资格证明书

单位名称：　××市城市建设发展总公司
地址：　××省××市××路××号
姓名：　×××　，性别：　男　，年龄：　46 岁　，职务：　总工　，系　××建筑工程有限公司　的法定代表人，为施工、竣工和保修　××省××市××路××购物中心　工程，签署上述工程的投标文件，进行合同洽谈、签署合同和处理与之有关的一切事务。
特此证明。

上级主管部门：（盖章）　　　　投标单位：（盖章）
日期：　2018　年　6　月　1　日　　　　日期：　2018　年　6　月　1　日

（5）授权委托书（范本 3-8）。

范本 3-8　授权委托书格式

授权委托书

本授权委托书声明：我　李××　系　××建筑工程有限公司　的法定代表人，现授权委托　××建筑工程有限公司　的　陈××　为我公司代理人，以本公司的名义参加　××省××市××单位的　××省××市××路××购物中心　工程的投标活动。
代理人在开标、评标、合同谈判过程中所签署的一切文件和处理与之有关的一切事务，我均予以承认。代理人无转委权。
特此委托。

代理人：　陈××　　性别：　男　　年龄：　40
身份证号：　53011119××××××0037　职务：　主任
投标单位：　××省××建筑工程有限公司　（盖章）
法定代表人：　李××　（签字、盖章）
日期：　2018　年　6　月　6　日

（6）企业资质证书（图 3-2）等。企业资质证书实际上就是指企业有能力完成一项工程的证明书。以建筑业企业为例，根据《建筑业企业资质管理规定》，建筑业企业应当按照其拥有的注册资本、净资产、专业技术人员、技术装备和已完成的建筑工程业绩等资质条件申请资质，经审查合格，取得相应等级的资质证书后，方可在其资质等级许可的范围内从事建筑活动。

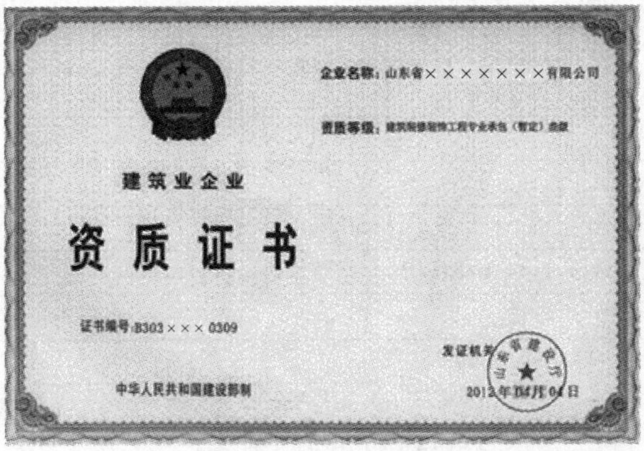

图 3-2　企业资质证书

企业资格证明材料有很多，一般招标人会在招标文件中要求投标人提供具体的资料名称，一般包括：营业执照、资质证书、安全生产许可证、AAA 信用等级证、组织机构代码证、建筑安装许可证、防火许可证、建造师注册证等。

2．商务部分

商务文件是投标文件中至关重要的组成部分，是投标竞争获胜的关键因素。因为工程项目的招投标多数是在工程质量标准明确、工期基本确定的情况下进行的，所以投标报价是投标竞争的重点。

（1）投标总价（范本 3-9）。

范本 3-9　投标总价格式

____________工程

工程量清单报价表

投　标　人：______（单位签字盖章）______

法定代表人：（签字盖章）

造价工程师

及注册证号：（签字盖执业专用章）

编制时间：____________

（2）单位工程投标报价表（范本 3-10）。

范本 3-10　单位工程投标报价表格式

工程名称：__________第　页共　页

序号	工程项目名称	费率标准	金额/万元	备注
一	分部分项工程费			
二	措施项目费			
三	其他项目费			
四	工程造价小计			
五	规费			
1	住房公积金			
2	社会保障费			
3	危险作业意外伤害保险费			
4	工程排污费			
六	税前工程造价（四+五）			
七	税金			
八	招标代理服务费（规定标准×40%）			
九	单位工程造价合计			

投标人：______（盖章）______

法定代表人或委托代理人：___（签字或盖章）___

注册造价工程师及证号：___（签字盖执业专用章）___

日期：______年____月____日

（3）分部分项工程量清单计价表（范本 3-11）。

范本 3-11　分部分项工程量清单计价表格式

工程名称：________________第　页共　页

序号	项目编码	项目名称	计量单位	工程数量	金额/元	
					综合单价	合价
1						
2						
3						
		本页小计				
		合　计				

（4）措施项目清单计价表（范本 3-12）。

范本 3-12　措施项目清单计价表格式

工程名称：________________第　页共　页

序号	项目名称	金额/元
1		
2		
3		
	合　计	

注：以工程量清单后附为准。

（5）其他项目清单计价表（范本 3-13）。

范本 3-13　其他项目清单计价表格式

工程名称：________________第　页共　页

序号	项目名称	金额/元
1	招标人部分 预留金 业主支付保证金手续费 其他	
	小　计	
2	投标人部分 零星工作项目费 履约保证金手续费用 总承包服务费 其他	
	小　计	
	合　计	

（6）零星工作项目计价表（范本 3-14）。

范本 3-14　零星工作项目计价表格式

工程名称：________________第　页共　页

序号	名称	计量单位	数量	金额/元	
				综合单价	合价
1	人工				
	小　计				
2	材料				
	小　计				
3	机械				
	小　计				
	合　计				

（7）分部分项工程量清单综合单价分析表（范本 3-15）。

范本 3-15　分部分项工程量清单综合单价分析表格式

工程名称：________________第　页共　页

序号	项目编码	项目名称	工程内容	综合单价组成					综合单价
				人工费	材料费	机械使用费	管理费	利润	
1									
2									
3									

（8）措施项目费分析表（范本 3-16）。

范本 3-16　措施项目费分析表格式

工程名称：________________第　页共　页

序号	措施项目名称	单位	数量	金额/元					
				人工费	材料费	机械使用费	管理费	利润	小计
1									
2									
3									
	合　计								

（9）主要材料价格表（范本 3-17）。

范本 3-17　主要材料价格表格式

工程名称：________________第　页共　页

序号	材料编码	材料名称	规格、型号等特殊要求	产地、厂家	单位	单价/元
1						
2						
3						

（10）投标人业绩和信誉（范本 3-18）。

范本 3-18　投标人业绩和信誉格式

工程名称：________________第　页共　页

<table>
<tr><td>1</td><td>企业名称</td><td colspan="5">（公章）</td></tr>
<tr><td>2</td><td>总部地址</td><td colspan="3"></td><td>邮编</td><td></td></tr>
<tr><td>3</td><td>当地代表处地址</td><td colspan="3"></td><td>邮编</td><td></td></tr>
<tr><td>4</td><td>法人代表</td><td colspan="2"></td><td colspan="2">技术负责人</td><td></td></tr>
<tr><td>5</td><td>企业资质等级</td><td colspan="2"></td><td colspan="2">资质证书号</td><td></td></tr>
<tr><td>6</td><td>企业性质</td><td colspan="2"></td><td colspan="2">营业执照注册号</td><td></td></tr>
<tr><td>7</td><td>注册年份</td><td colspan="2"></td><td colspan="2">年产值/万元</td><td></td></tr>
<tr><td>8</td><td>职工总数</td><td colspan="2"></td><td colspan="2">技术管理人数</td><td></td></tr>
<tr><td>9</td><td>联系人</td><td colspan="2"></td><td colspan="2">联系电话</td><td></td></tr>
<tr><td>10</td><td>传　真</td><td colspan="2"></td><td colspan="2">电子信箱</td><td></td></tr>
<tr><td>11</td><td>主营范围</td><td colspan="5">1.
2.
3.</td></tr>
<tr><td>12</td><td>管理体系认证情况</td><td colspan="5">1.
2.
3.</td></tr>
<tr><td>13</td><td>信誉等级情况</td><td colspan="5"></td></tr>
<tr><td rowspan="2">14</td><td rowspan="2">近三年企业承建项目获奖情况</td><td>工程名称</td><td>合同编号</td><td>合同金额</td><td>竣工质量获奖情况</td><td>竣工日期</td></tr>
<tr><td></td><td></td><td></td><td></td><td></td></tr>
</table>

注：1. 独立投标人或联合体各方均须填写此表，获奖项目较多时可附表；
2. 营业执照、资质证书、管理体系认证书、企业业绩须提供有效证明材料复印件加盖公章附在此表后；投标人必须保证其真实性，如有虚假，一经查实将按废标处理。

（11）项目管理机构人员配备情况。

① 项目管理机构人员配备情况表（范本 3-19）。

② 项目经理简历表（范本 3-20）。

③ 项目技术负责人简历表（范本 3-21）。

④ 生产操作人员持证上网情况表（范本 3-22）。

范本 3-19　项目管理机构人员配备情况表格式

工程名称：________________第　页共　页

职务	姓名	职称学历	执业或职业资格证明					本人签字确认
			证书名称	级别	证号	专业	身份证号	
项目经理								
技术负责人								
质检员								
安全员								
施工员								
造价员								
档案员								
材料员								

注：1. 管理机构的主要人员须附有身份证、岗位证书等证明资料复印件；一旦中标后，上述人员未经建设单位许可、招投标管理部门备案，不得更换；施工期限内上述人员将在《××市市政府建设工程招投标网站》锁定，招投标管理部门将代为保管项目经理证书原件，在主体工程未竣工前不允许其参加其他项目投标。

2. 上述人员提供的资料必须真实可信，如有弄虚作假，一旦被发现将按废标处理，并追究有关单位、人员责任。

范本 3-20　项目经理简历表格式

工程名称：________________第　页共　页

<table>
<tr><td>姓名</td><td></td><td>性别</td><td></td><td>年龄</td><td></td><td>学历</td><td></td></tr>
<tr><td rowspan="2">职务</td><td rowspan="2"></td><td rowspan="2">职称</td><td rowspan="2"></td><td colspan="2">毕业学校</td><td colspan="2"></td></tr>
<tr><td colspan="2">所学专业</td><td colspan="2"></td></tr>
<tr><td colspan="2">参加工作时间</td><td colspan="2"></td><td colspan="2">项目经理年限</td><td colspan="2"></td></tr>
<tr><td colspan="2">项目经理
资格证书编号</td><td colspan="2"></td><td colspan="2">身份证号码</td><td colspan="2"></td></tr>
<tr><td colspan="8">近三年在建和已完工程项目情况</td></tr>
<tr><td>建设单位</td><td>项目名称</td><td>建设规模</td><td>开、竣工日期</td><td>工程质量</td><td>证明人</td><td colspan="2">联系电话</td></tr>
<tr><td></td><td></td><td></td><td></td><td></td><td></td><td colspan="2"></td></tr>
<tr><td></td><td></td><td></td><td></td><td></td><td></td><td colspan="2"></td></tr>
<tr><td></td><td></td><td></td><td></td><td></td><td></td><td colspan="2"></td></tr>
<tr><td></td><td></td><td></td><td></td><td></td><td></td><td colspan="2"></td></tr>
<tr><td></td><td></td><td></td><td></td><td></td><td></td><td colspan="2"></td></tr>
<tr><td></td><td></td><td></td><td></td><td></td><td></td><td colspan="2"></td></tr>
<tr><td></td><td></td><td></td><td></td><td></td><td></td><td colspan="2"></td></tr>
<tr><td>项目经理
本人签字</td><td colspan="7">我承诺上述资料情况属实，如有虚假同意接受建设行政主管部门严厉处罚。
签字：　　　年　　月　　日</td></tr>
</table>

范本 3-21　项目技术负责人简历表格式

工程名称：________________第　页共　页

<table>
<tr><td>姓名</td><td></td><td>性别</td><td></td><td>年龄</td><td></td><td>学历</td><td></td></tr>
<tr><td rowspan="2">职务</td><td rowspan="2"></td><td rowspan="2">职称</td><td rowspan="2"></td><td colspan="2">毕业学校</td><td colspan="2"></td></tr>
<tr><td colspan="2">所学专业</td><td colspan="2"></td></tr>
<tr><td colspan="2">参加工作时间</td><td colspan="2"></td><td colspan="2">担任技术负责人年限</td><td colspan="2"></td></tr>
<tr><td colspan="8">近三年在建和已完工程项目情况</td></tr>
</table>

建设单位	项目名称	建设规模	开、竣工日期	工程质量	证明人	联系电话
技术负责人本人签字	我承诺上述资料情况属实，如有虚假同意接受建设行政主管部门严厉处罚。 签字：　　年　　月　　日					

范本 3-22　生产操作人员持证上岗情况表格式

工程名称：________________第　页共　页

序号	工种	姓名	级别	所属专业劳务公司名称	职业资格证书编号
1					
2					
3					

注：此表不够可另附页，持证上岗人员数量须达到投标文件劳动力计划安排人员数量要求，并附持证上岗工人《职业资格证书》复印件。如提供虚假信息将可能导致废标。

3．技术部分

范本 3-23 投标文件技术标部分格式

目 录

一、技术标部分封面

二、施工组织设计

1. 工程概况及控制目标。

2. 施工总体布置。

3. 针对本工程招标人特殊要求的技术措施。

三、项目管理班子配备情况

四、项目拟分包情况

投标文件技术标格式说明

1. 投标人应按招标文件规定格式编写。

2. 工程概况及控制目标、施工总体布置和针对招标人特殊要求的技术措施应按所附下列图表进行填报，图表及格式要求附后。

表 1 工程概况表

表 2 工程控制目标表

表 3 拟投入的主要施工机械设备表

表 4 劳动力计划表

表 5 计划开、竣工日期和施工进度网络图

表 6 施工总平面布置图及临时用地表

表 7 针对招标人特殊要求的技术措施表

3. 项目管理班子配备情况应按所附下列图表进行填报，图表及格式要求附后。

表 8 项目管理班子配备情况表

表 9 主要人员简历表

4. 项目拟分包情况应按所附下列图表进行填报，图表及格式要求附后。

表 10 项目拟分包情况表

5. 投标人中标后应编制递交完整的施工组织设计，施工组织设计编制具体要求是：编制时应采用文字并结合图表阐述说明各分部分项工程的施工方法；施工机械设备、劳动力、计划安排；结合招标工程特点提出切实可行的工程质量、安全生产、文明施工、工程进度技术组织措施，同时应对关键工序、复杂环节重点提出相应技术措施，如：冬、雨期施工技术措施、减少扰民噪声、降低环境污染技术措施、地下管线及其他地上地下设施的保护加固措施等。

6. 投标人中标后不得以细化招标人施工组织要求编制完整的施工组织设计为由而修改投标实质性内容，包括商务报价。

一、技术标部分封面

某工程施工投标文件
（技术标部分）

投标人：＿＿＿＿＿＿＿＿＿（盖章）＿＿＿＿＿＿＿＿＿

法定代表人或委托代理人：＿＿＿＿（签字、盖章）＿＿＿＿

日期：＿＿＿＿年＿＿＿月＿＿＿日

二、施工组织设计

表 1　工程概况表（略）

表 2　工程控制目标表（略）

表 3　拟投入的主要施工机械设备表

序号	机械或设备名称	型号规格	数量	国别产地	制造年份	额定功率/kW	生产能力	用于施工部位备注

表 4　劳动力计划表

单位：人

序号	按工程施工阶段投入劳动力情况						

注：1. 投标人应按所列格式提交包括分包在内的劳动力计划表。

2. 本计划表是以每班八小时工作制为基础的。

表 5 计划开、竣工日期和施工进度网络图（表）

投标人应提交的施工进度网络图或施工进度表，说明按招标文件要求的工期进行施工的各个关键日期。中标的投标人还要按合同条件有关条款的要求提交详细的施工进度计划。

施工进度表可采用关键线路网络图表示，说明计划开工日期、各分项工程各阶段的完工日期和分包合同签订的日期。

施工进度计划应与拟采用的施工组织设计相适应。

表 6 施工总平面布置图及临时用地表

a）施工总平面布置图（略）

投标人应提交一份施工总平面图，给出现场临时设施布置图表并附文字说明，说明临时设施、加工车间、现场办公、设备及仓储、供电、供水、卫生、生活等设施的情况和布置。

b）临时用地表

用途	面积/m^2	位置	需用时间
合计			

注：1. 投标人应逐项填写本表，指出全部临时设施用地面积以及详细用途。

2. 若本表不够，可加附页。

表 7 针对招标人特殊要求的技术措施表（略）

三、项目管理班子配备情况

表 8 项目管理班子配备情况表

职务	姓名	职称	执业或职业资格证明					备注
			证书名称	级别	证号	专业	养老保险	

表 9　主要人员简历表

“主要人员简历表”中的项目经理应附注册证书、B 类证、身份证、劳动合同关系、养老保险复印件；技术负责人应附身份证、职称证复印件；其他主要人员（施工员、质检员、安全员）应附上岗证书（安全员应附 C 类证）复印件。

<table>
<tr><td>姓　名</td><td colspan="2"></td><td>年　龄</td><td></td><td>学　历</td></tr>
<tr><td>职　称</td><td colspan="2"></td><td>职　务</td><td></td><td></td></tr>
<tr><td>毕业学校</td><td colspan="5">年毕业于　　　　学校　　　专业</td></tr>
<tr><td colspan="6">主要工作经历</td></tr>
<tr><td>时间</td><td colspan="2">参加过的类似项目</td><td>担任职务</td><td colspan="2">发包人及联系电话</td></tr>
<tr><td></td><td colspan="2"></td><td></td><td colspan="2"></td></tr>
<tr><td></td><td colspan="2"></td><td></td><td colspan="2"></td></tr>
<tr><td></td><td colspan="2"></td><td></td><td colspan="2"></td></tr>
<tr><td></td><td colspan="2"></td><td></td><td colspan="2"></td></tr>
</table>

四、项目拟分包情况

表 10　项目拟分包情况表

<table>
<tr><td>分包人名称</td><td colspan="2"></td><td>地址</td><td colspan="2"></td></tr>
<tr><td>法定代表人</td><td></td><td>营业执照号码</td><td></td><td>资质等级证书号码</td><td></td></tr>
<tr><td>拟分包的工程项目</td><td colspan="2">主要内容</td><td>造价/万元</td><td colspan="2">已经做过的类似工程</td></tr>
<tr><td></td><td colspan="2"></td><td></td><td colspan="2"></td></tr>
<tr><td></td><td colspan="2"></td><td></td><td colspan="2"></td></tr>
<tr><td></td><td colspan="2"></td><td></td><td colspan="2"></td></tr>
<tr><td></td><td colspan="2"></td><td></td><td colspan="2"></td></tr>
<tr><td></td><td colspan="2"></td><td></td><td colspan="2"></td></tr>
<tr><td></td><td colspan="2"></td><td></td><td colspan="2"></td></tr>
<tr><td></td><td colspan="2"></td><td></td><td colspan="2"></td></tr>
</table>

4．资格审查部分（资格后审）

《工程建设项目施工招标投标办法》第 17 条规定：资格审查分为资格预审和资格后审。资格预审，是指在投标前对潜在投标人进行的资格审查。资格后审，是指在开标后对投标人进行的资格审查。进行资格预审的，一般不再进行资格后审，但招标文件另有规定的除外。

在有些招标项目中，招标人要求投标文件分为资格审查部分、投标函部分、商务部分、技术部分四大部分。这里的资格审查就是资格后审。

资格后审也叫细审，是指在开标后对投标人进行的资格审查。主要是对投标人有无能力胜任，机构是否健全，有无良好的信誉，有无从事过类似工程的经历，人员是否合格，机械设备是否适用施工，周转资金是否足够等方面作实质性的审核。其目的在于将来更好地履行招标公司、业主与中标人签订的合同。

（1）资格审查由招标人组成的资格后审委员会负责，在截标的同时进行。

（2）资格后审委员会由 3 名以上单数的招标人代表组成。

（3）资格后审委员逐个开启投标人递交的资格审查文件，并严格对照招标公告中要求的投标人资格条件，审核判断投标人是否满足该资格条件。

（4）审查过程中如出现疑问，资格后审委员可要求投标人进行澄清说明，并根据招标公告设置的条件要求进行判断；如出现投标人资格不符合招标公告设置条件的，应当向投标人说明情况，并允许投标人答辩，记录有关情况。

（5）全部投标人的资格审查材料审查完毕后，资格后审委员会出具资格审查报告。资格审查合格投标人少于 3 家的，本次招标失败，不进行后续招标投标程序。

（6）招标人邀请所有投标人参加开标会。在开标会开始时，招标人向参会的投标人宣布资格审查报告。

（7）资格审查合格的投标人，方可进入后续开标程序；资格审查不合格的投标人，投标文件不予受理。

资格后审资料目录见表 3-15。

表 3-15　资格后审资料目录

表　名	表　号	备　注
强制性资格条件—业绩要求表	表 1	
近三年完成工程经历表	表 1-1	
强制性资格条件—主要人员资历要求表	表 2	
拟委任的本合同主要负责人资历表	表 2-1	
强制性资格条件—主要设备要求表	表 3	
拟投入本合同主要施工机械及质量检测设备配备表	表 3-1	
强制性资格条件—财务能力承诺书	表 4	
履约行为表	表 5	
申请人一般情况表	表 6	
财务状况表（近三年资料）	表 7	

3.3.2　投标文件的编制

1．现场踏勘

（1）工作目标。现场踏勘的基本目标是进行现状调查并对实际情形与书面资料进行对照和确认，确定评价等级与评价范围，同时为提高环评工作的有效性和工作效率，现场踏勘还要完成下列工作：

① 相关方联系人与联系方式，如建设单位、可研编制单位、当地环保局开发科、监测单位等；

② 索取基本资料，如现状分析所需的地理地质、气候气象、水文、功能区划、政府规划、社会环境等，又如已有的环境监测数据；

③ 确认选址具体位置、平面布置，选址选线周围的环境敏感点，拟定的水源和排放点、纳污水体，拟定的大气排放点和固废排放位置，厂址的土地性质和归属等；

④ 开展公众参与的相关事项，如环评公告与意见收集，环评简本公告与意见收集等；

⑤ 其他必要的事项，如安排环境监测计划或监测布点、当地环保局应出具的相关意见等。

（2）准备事项。

① 项目类别判断：有可研、可研在做、无可研；污染型、非污染生态型；新建、改扩建；建设方是否处于前置审批阶段；行业特点、产业政策明确与否；环评报告类别要求与专题设置与否等；

② 政策法规研读：项目相关法律、环保审批机关要求、技术导则与方法、已完成的可研报告或项目建议书；

③ 资料清单准备：包括现状资料、规划资料、总量控制资料或环保意见、环境质量、项目周边敏感点资料、排放位置、监测数据。原则上应满足报告要求事项和必要数据，便于确定评价等级、范围、方法和专题设置等；

④ 问题清单准备：公众调查问题，咨询建设单位问题，咨询环保局问题，咨询可研单位问题等；

⑤ 公众参与准备：包括公告文本、公告方式、公告范围、调查问卷等；

⑥ 监测计划准备：如可研已完成，可据之做初步计划，到现场后考察布点以及监测单位选择等；

⑦ 工具准备：公文袋、笔记本、笔、相机、噪声仪、测距仪等。

（3）工作组织。

① 项目负责人向公司领导请示相关事宜，批准后开展工作；

② 联系建设单位，请其联系相关单位，并确定现场踏勘日期，并作简要沟通、说明注意事项；

③ 确定参与人员，预约车辆和工具；

④ 携带完备资料清单、必备工具、公众参与文本等现场考察，必要时财务借支资金；

⑤ 踏勘完毕回公司后，进行踏勘总结，并向公司领导简要汇报并研究进一步工作计划。

（4）注意事项。

① 踏勘工作一般在环保审批机关出具意见后进行；

② 注意工作的目的性；

③ 踏勘工作一般需要 2～3 次，合理计划，以求高效；

④ 现场踏勘与外部单位沟通时，应注意维护公司形象、严守公司机密，仪表大方，言谈举止有分寸。

现场踏勘情况记录表见表 3-16。

表 3-16　现场踏勘情况记录表

________年____月____日

<table>
<tr><td>建设单位</td><td colspan="3"></td><td colspan="2">负责人</td><td></td><td>职务</td><td></td></tr>
<tr><td>工程名称</td><td colspan="3"></td><td colspan="2">建筑面积</td><td></td><td>结构形式</td><td></td></tr>
<tr><td>工程地点</td><td colspan="6">（详细地址）</td><td>投资金额</td><td></td></tr>
<tr><td rowspan="2">联系人</td><td rowspan="2"></td><td rowspan="2">职务</td><td rowspan="2"></td><td rowspan="2" colspan="2">联系方式</td><td>手机</td><td colspan="2"></td></tr>
<tr><td>固定电话</td><td colspan="2"></td></tr>
<tr><td rowspan="10">现场踏勘情况记录</td><td colspan="5">内　容</td><td colspan="2">踏勘记录</td><td>备注</td></tr>
<tr><td colspan="5">1. 申报工程位置与现场踏勘位置是否相符</td><td colspan="2"></td><td></td></tr>
<tr><td colspan="5">2. 资金筹集到位情况</td><td colspan="2"></td><td></td></tr>
<tr><td colspan="5">3. 施工现场拆迁进度是否符合施工要求，施工区域内地上物是否全部拆除</td><td colspan="2"></td><td></td></tr>
<tr><td colspan="5">4. 建设单位是否向施工单位提供了各类地下管线资料，并制定了安全保护措施</td><td colspan="2"></td><td></td></tr>
<tr><td colspan="5">5. 施工活动是否能给毗邻建筑物造成影响，是否制定了安全防护措施</td><td colspan="2"></td><td></td></tr>
<tr><td colspan="5">6. 按规定是否设置了合格的围挡，施工现场是否有高压线等空中架设障碍物的存在</td><td colspan="2"></td><td></td></tr>
<tr><td colspan="5">7. 图纸会审情况，是否编制施工图预算</td><td colspan="2"></td><td></td></tr>
<tr><td colspan="5">8. 施工现场供水和排水、电力以及施工道路是否满足施工要求，并平整了施工场地</td><td colspan="2"></td><td></td></tr>
<tr><td colspan="5">9. 是否违法提前开工</td><td colspan="2"></td><td></td></tr>
<tr><td colspan="2">建设单位意见</td><td colspan="2">现场踏勘意见</td><td colspan="5">审查意见</td></tr>
<tr><td colspan="2">负责人签字：

年　月　日</td><td colspan="2">踏勘人员签字：

年　月　日</td><td colspan="5">

年　月　日</td></tr>
</table>

注：1. 现场建设单位有关人员应配合踏勘工作，主动提供有关资料，认真核对记录情况，如有异议应当场提出；如无异议，应签字确认，并对已签字确认情况承担相应法律责任。

2. 此表一式两份，建设单位、施工许可证发证部门各执一份。

2．分析招标文件

招标文件是投标的主要依据，分析研究招标文件，重点应放在投标者须知、合同条件、设计图纸、工程范围、校核工程量表以及编制施工规划上，以下问题应重点弄清楚：

（1）分清承包商的责任和报价范围，不要发生任何遗漏。

（2）了解各项技术要求，以便制订先进合理的施工方案。

（3）及时调查了解工程所在地工、料、机等的市场价格，以免盲目估价。

（4）弄清开、竣工日期及总工期的要求及奖罚条件，以便制订合理的施工进度计划。

（5）工程款支付条件，有无工程预付款、结算方式、拖延付款的责任和利息支付等，以便做好资金使用计划。

（6）弄清有无特殊材料、设备及施工方法要求，以便采取相应对策措施。

（7）弄清工程量清单中各个工程项目组成的内在含义，防止漏项发生。

（8）弄清总包与分包的规定，以便当自身施工能力不足时便于分包及协作。

（9）弄清施工期限内的涨价补偿规定，以便报价决策时充分考虑利益风险等因素。

对含混不清的问题，均应及时提请招标单位予以澄清。

3．校核工程量

招标文件中通常都附有工程量表，投标人应根据图纸仔细核算工程量，若发现漏项或相差较大时，应通知招标单位要求更正。特别是漏项的，必要时可找招标人核对，要求招标人认可，并给予书面证明，这对于总价固定合同尤为重要。一般规定，未经招标业主允许，不得修改或变动工程量。如果业主在投标前未予更正，而且是对投标者不利的情况，投标者可在投标时附上声明函件，指出工程量表中的漏项或某项工程量有错误，施工结算应按实际完成量计算，也可按不平衡报价的思路报价。有时招标文件中没有工程量表，仅有招标图纸，需要投标者根据设计图纸自行计算，按照自己的习惯或按给定的有关工程量编制方法分项目列出工程量表。一般可从两方面入手，防止计算失误：

（1）认真研究招标文件，复核工程量，吃透设计技术要求，检查疏漏，改正错误；

（2）通过实地勘察取得第一手资料，掌握一切与工程量有关的因素，包括收集地质勘查信息和报告，特别注意土质等因素对土方工程的影响，如黏土土质在地基处理时将额外增加工程量和造价。

工程量计算应注意的问题：

（1）正确划分分部分项工程项目，与当地现行定额项目一致。

（2）按照一定的计算顺序进行，避免漏算或重算。

（3）严格按设计图纸标明的尺寸、数据计算。

（4）在计算中要结合已定的施工方案或施工方法。

（5）最后进行认真复核检查。

复核工程量要求尽可能准确无误，因为工程量大小直接影响投标价的高低。对于总价合同，按图纸核算工程量就更为重要，特别是在总价合同条件下，由于工程量错误而导致产生的风险是由投标人承担的，工程量的漏算或错算有可能带来无法弥补的经济损失。

如果招标的工程是一个大型项目，而投标时间又比较短，要在较短的时间内核算全部工程数量，将是十分困难的。即使时间紧迫，投标人至少应当在报价前核算那些工程数量较大和造价较高的项目。在核算完全部工程量表中的细目后，投标人应按大项分类汇总主要工程总量，以便获得对这个工程项目施工规模的全面而清晰的概念。对于一般土建工程项目，主要工程量汇总见表 3-17。

表 3-17　土建工程项目主要工程量汇总表

名　　称	内　　容
建筑面积	国外通常不用建筑面积作为计价单位，这一汇总可按国内规定计算，以便进行内部分析比较
土方工程	包括总挖方量、填方量和余土、缺土方量；如有可能，尚可分别列出石方、一般土方和软土、淤泥等。还要注意在土方工程中，业主付款时的丈量方法
钢筋混凝土工程	可分别汇总统计现浇素混凝土、钢筋混凝土以及预制钢筋混凝土构件，并汇总钢筋、模板数量
砌筑工程	可按石砌体、空心砖砌体和黏土砖砌体统计汇总
钢结构工程	可按主体承重结构和零星非承重结构（如栏杆、扶手等）的吨位统计汇总
门窗工程	按塑钢门窗和铝门窗以樘数和面积计
木作工程	包括木结构、木屋面、木地面、木装饰等，以面积计
装修工程	包括各类地面、墙面吊顶装饰，以面积计
设备及安装工程	包括电梯、自动扶梯、各类工艺设备等，以台、件和安装总吨位计
管道安装工程	包括各类给排水、通风、空气调节及工业管道，以延长米计
电气安装工程	包括各类电缆、电线，以延长米计；各类电气设备，以台、件计
室外工程	包括围墙、铺砌、绿化等

4．编制技术文件

技术文件的编写要充分尊重招标文件的规定以及本次招标所提供的一切有关资料。在通过现场踏勘、认真分析招标文件、校核工程量的基础上，投标技术文件要阐述本工程实施的重点难点、施工安排、施工计划、施工方案，以及工程质量、安全生产、文明施工和环境保护等措施。其内容具体如下。

__________工程

技术文件

目　　录

一、编写说明
二、公司简介
三、编写过程
四、工程目标筹划

第一篇　施工概述

1. 工程概述
2. 工程气象水文条件、地质条件以及水文地质条件

2.1　工程地质条件
2.2　地下水
3. 本工程编制依据及引用的主要技术标准和规范
3.1　本工程技术编制依据
3.2　标书引用的主要技术标准和规范

第二篇　施工部署和施工组织

1. 施工准备
1.1　人员组织准备
1.2　材料、机械设备组织准备
1.3　技术准备
1.4　生产准备
1.5　场地准备
2. 施工用电
3. 施工用水
4. 施工通信
5. 施工进度计划及进度说明
6. 施工进度保证措施
6.1　确保工程工期的管理措施
6.2　确保工程工期的组织措施
6.3　技术保证措施
7. 本工程项目劳动力计划表
8. 本工程施工工艺

第三篇　施工管理措施与质量、安全、文明、环保措施

1. 施工管理措施
1.1　项目组织机构
1.1.1　项目机构组织原则
1.1.2　项目经理部组织体系
1.2　主要管理人员职责
1.2.1　项目经理职责
1.2.2　项目副经理职责
1.2.3　项目总工程师职责
1.2.4　计划管理人员职责
1.2.5　现场施工管理人员职责
1.2.6　质量管理人员职责
1.2.7　资料员职责
1.3　主要管理部门职能
1.3.1　工程技术部职能

1.3.2 工程施工部职能
1.3.3 材料设备部职能
1.3.4 质量安全部职能
1.3.5 合约财务部职能
1.3.6 综合办公室职能
1.4 与监理、设计的配合协调措施
1.4.1 与监理单位配合协调措施
1.4.2 与设计单位配合协调措施
2. 质量保证体系及措施
2.1 工程质量目标
2.1.1 工程质量目标策划
2.1.2 工程质量目标分解
2.1.3 保证质量目标的组织流程
2.1.4 质量保证体系
2.2 施工质量控制手段及方法
2.2.1 现场施工技术管理流程控制
2.2.2 施工机械设备管理与维护工作流程图
2.2.3 施工过程纠正和预防工作流程控制
2.2.4 现场施工资料管理流程控制
2.2.5 施工过程不合格产品管理的流程控制
2.2.6 外包劳动力培训的管理流程控制
2.2.7 回访、保修等服务工作流程控制
2.2.8 内部质量体系审核工作流程控制
2.2.9 关键工序质量检验程序
2.3 质量保证技术措施
2.4 施工质量创优措施
2.4.1 目标管理
2.4.2 计量、测量工作质量保证措施
2.4.3 对各专业施工管理质量保证措施
3. 文明施工、环保保护体系及措施
3.1 文明、标化施工管理措施
3.1.1 文明施工
3.1.2 文明施工管理网络
3.2 环境保护措施
4. 消防、安全、保卫、健康体系及措施
4.1 安全管理保证体系
4.1.1 安全责任
4.1.2 安全教育
4.1.3 安全设施验收

4.1.4　安全检查

4.2　安全、保卫、健康管理制度及方法

4.2.1　制定安全管理目标

4.2.2　建立健全安全管理机构

4.3　消防、安全组织技术措施

4.3.1　施工用电安全

4.3.2　机械设备安全

4.3.4　突发事件应急措施

3.3.3　投标文件的格式（标准格式）

工程施工投标文件

投　标　人：＿＿＿＿＿＿＿＿（签章）＿＿＿＿＿＿＿＿

法定代表人或委托代理人：＿＿＿＿＿（签字或签章）＿＿＿＿

日　　　期：＿＿＿＿＿年＿＿＿月＿＿＿日

总　目　录

一、投标函及投标函附录

1. 投标函

2. 法定代表人资格证明书

3. 授权委托书

二、工程量清单报价表

工程量清单报价格式

1. 封面

2. 投标总价

3. 表 1　工程项目总价表

4. 表 2　单项工程费汇总表

5. 表 3　单位工程费汇总表

6. 表 4　分部分项工程量清单计价表

7. 表 5　措施项目清单计价表

8. 表 6　其他项目清单计价表

9. 表 7　零星工作项目计价表

10. 表 8　分部分项工程量清单综合单价分析表

11. 表 9　措施项目费分析表

12. 表 10　甲供材料表

三、辅助资料表

1. 表 1　投标人（企业）业绩表

2. 表 2　项目经理简历表

（附项目经理进驻现场管理的承诺书并加盖单位公章）

3. 表 3　主要施工管理人员表
4. 表 4　主要施工机械设备表
5. 表 5　劳动力计划表
6. 表 6　施工方案或施工组织设计
7. 表 7　计划开工、竣工日期和施工进度表
8. 表 8　临时设施布置及临时用地表

四、其他资料（如各种奖励证书等）

投标函及投标函附录

投标函

招标人：____________________________

1. 根据已收到的招标编号为__________的________________________工程的招标文件，我单位经考察现场和研究上述工程招标文件后，我方愿以人民币______元的总价，按上述合同条件、技术规范、图纸、工程量清单的条件承包上述工程的施工、竣工和保修。

2. 一旦我方中标，我方保证在__________天（日历日）内竣工并移交整个工程。

3. 如果我方中标，我方将按照规定提交上述总价的__________%的银行保函或上述总价__________%的有独立法人资格的经济实体企业出具的履约担保书，作为履约保证金，共同地和分别地承担责任。

4. 如果我方中标，将派出________________（项目经理姓名）作为本工程的项目经理。

5. 我方接受招标文件中的工程款预付及支付条件。

6. 我方同意所递交的投标文件在“投标须知”前附表规定的投标有效期内有效，在此期间内我方的投标有可能中标，我方将受此约束。

7. 除非另外达成协议并生效，你方的中标通知书和投标文件将构成约束我们双方的合同。

8. 我方金额为人民币________元的投标保证金与本投标合同同时递交。

投标人：（签章）
单位地址：
法定代表人或委托代理人：（盖章或签字）
邮政编码：
电话：
传真：
开户银行名称：
银行账号：
开户行地址：
电话：

日期：________年______月______日

法定代表人资格证明书

单位名称：________________

地址：____________________

姓名：__________性别：______年龄：______职务：____________

系____________________的法定代表人。为施工、竣工和保修__________________的工程，签署上述工程的投标文件、进行合同谈判、签署合同和处理与之有关的一切事务。

特此证明。

投标人：__________（盖章）__________

日期：________年______月______日

授权委托书

本授权委托书声明：我________（姓名）系____________（投标人名称）的法定代表人，现授权委托________________（单位名称）的__________（姓名）为我公司代理人，参加________________（招标人）的工程的投标活动。代理人在投标、开标、评标、合同谈判工程中所签署的一切文件和处理与之有关的一切事务，我均予以承认。

代理人无权转委托。特此委托。

代理人：____________性别：__________　年龄：__________

单位：______________部门：__________　职务：__________

投标人：____________（盖章）____________

法定代表人：________（签字或盖章）________

日期：________年______月______日

工程量清单报价格式

1. 封面
2. 投标总价
3. 表 1　工程项目总价表
4. 表 2　单项工程费汇总表
5. 表 3　单位工程费汇总表
6. 表 4　分部分项工程量清单计价表
7. 表 5　措施项目清单计价表
8. 表 6　其他项目清单计价表
9. 表 7　零星工作项目计价表
10. 表 8　分部分项工程量清单综合单价分析表

11. 表 9 措施项目分析表
12. 表 10 乙供材料表

工程量清单报价表

投　标　人：__________________（单位盖章）
法定代表人：__________________（签字盖章）
造价工程师
及注册证号：______________（签字盖执业专用章）
编制时间：____________________________

投标总价

建设单位：____________________________
工程名称：____________________________
投标总价（小写）：______________________
　　　　（大写）：______________________
投　标　人：__________________（单位盖章）
法定代表人：__________________（签字盖章）
编制时间：____________________________

工程项目总价表

工程名称：______________第　页共　页

序号	单项工程名称	金额/元

单项工程费汇总表

工程名称：______________第　页共　页

序号	单位工程名称	金额/元

单位工程费汇总表

工程名称：______________第　页共　页

序号	项目名称	金额/元
1	分部分项工程量清单计价合计	
2	措施项目清单计价合计	
3	其他项目清单计价合计	
4	税金	
	合计	

分部分项工程量清单计价表

工程名称：____________________第 页共 页

序号	项目编码	项目名称	计量单位	工程数量	金额/元	
					综合单价	合价
		本页小计				
		合计				

措施项目清单计价表

工程名称：____________________第 页共 页

序号	项目名称	金额/元
	合计	

其他项目清单计价表

工程名称：____________________第 页共 页

序号	项目名称	金额/元
1	招标人部分 （预留金）：	
	小计	
2	投标人部分 （总承包服务费）：	
	小计	
	合计	

零星工作项目计价表

工程名称：____________________第 页共 页

序号	名称	计量单位	数量	金额/元	
				综合单价	合价
1	人工				
	小计				
2	材料				
	小计				
3	机械				
	小计				
	合计				

分部分项工程量清单综合单价分析表

工程名称：＿＿＿＿＿＿＿＿＿＿第　页共　页

序号	项目编码	项目名称	工程内容	综合单价组成/元					综合单价
				人工费	材料费	机械使用费	管理费	利润	

措施项目费分析表

工程名称：＿＿＿＿＿＿＿＿＿＿第　页共　页

序号	措施项目名称	单位	数量	综合单价组成/元					
				人工费	材料费	机械使用费	管理费	利润	小计

乙供材料表

工程名称：＿＿＿＿＿＿＿＿＿＿第　页共　页

序号	材料编码	材料名称	规格、型号	质量品牌	生产厂家	单位	数量	单价/元

辅助资料表

投标人（企业）业绩表

投标人业绩（主要针对业绩评分内容填写）						
项目名称	建设规模	开、竣工日期	结构类型	层数及高度	中标价	其他情况

项目经理简历表

姓名		性别		年龄	
职务		职称		学历	
参加工作时间			从事项目经理年限		

项目经理业绩（主要针对业绩评分内容填写）						
项目名称	建设规模	开、竣工日期	结构类型	层数及高度	中标价	其他情况

主要施工管理人员表

名称	姓名	职务	职称	主要资历、经验及承担过的项目
一、总部				
1. 项目主管				
2. 其他人员				
…				
二、现场				
1. 项目经理				
2. 项目副经理				
3. 质量管理				
4. 材料管理				
5. 计划管理				
6. 安全管理				
…				

主要施工机械设备表

序号	机械或设备名称	型号规格	数量	国别产地	制造年份	额定功率/kW	生产能力	备注

劳动力计划表

投标人应按所列格式提交包括分包人在内的估计的劳动力计划表。本计划表是以每班八小时工作制为基础的。

单位：人

工种、级别	按工程施工阶段投入劳动力情况						

施工方案或施工组织设计

投标人应递交完整的施工方案或施工组织设计，说明各分部分项工程的施工方法和布置，提交包括临时设施和施工道路的施工总布置图及其他必需的图表、文字说明书等资料，至少应包括：

（1）对本工程施工组织设计内容的完整详细叙述。

其中：各分部分项工程完整的施工方案

施工机械进场计划

工程材料进场计划

保证安全、文明施工、减少扰民降低环境污染和噪声措施

（2）对本工程重点、难点、特殊部位处理有详细的方法及处理措施。

（3）施工平面布置图合理。

（4）施工进度计划表与施工组织设计相适应。

（5）施工进度计划采用关键线路网络图。

（6）项目管理班子配备合理、质量保证措施得力。

计划开工、竣工日期和施工进度表

投标人应提交初步的施工进度表，说明按招标文件要求的工期进行施工的各个关键日期。中标的投标人还要按合同条件有关条款的要求提交详细的施工进度计划。

初步施工进度表可采用横道图（或关键线路网络图）表示，说明计划开工日期和各分项工程各阶段的完工日期。

施工进度计划应与施工方案或施工组织设计相适应

序号	施工项目工期日期	8	9	10	11	12	13	14	15	16	17
1	施工人员机构设备进场										
2	整理地形及土方工程										
3	定点线挖穴										
4	苗木栽植										
5	清理现场及竣工自检										

临时设施布置及临时用地表

1. 临时设施布置

投标人应提交一份施工现场临时设施布置图表并附文字说明，说明临时设施、加工车间、现场办公、设备及仓储、供电、供水、卫生、生活等设施的情况和布置。

2. 临时用地表

用途	面积/m^2	位置	需用时间
合计			

注：1. 投标人应逐项填写本表，指出全部临时设施用地面积以及详细用途。

2. 若本表不够，可加附页。

3.3.4　投标文件编制的注意事项

（1）投标人对招标人的特别要求须了解清楚后再决定是否投标。如招标人在业绩上要求投标人必须有几方面业绩；土建施工标，要求几级以上的施工资质；要求投标人资金在多少金额以上；参加国际标的必须获得进出口经营权的企业方可参加等。

（2）投标人必须认真领会以下要点：

① 招标文件各要点。

② 投标文件的组成和格式。

③ 招标文件中附表的要点。

④ 应注意保证金开立银行级别、金额、币种以及交纳时间。

⑤ 投标文件递交方式、时间、地点，以及密封签字要求。

⑥ 招标文件中规定的造成废标的条件。

⑦ 必须参加开标仪式。

⑧ 积极做好澄清工作。

（3）投标文件应严格按规定格式制作，如开标一览表、投标函、投标报价表、资格声明、授权书等，包括银行保函格式亦有统一规定，不能自己随便填写。

（4）技术规格的响应：投标人应认真制作技术规格响应表，主要指标有一个偏离即会导致废标；次要指标亦应作出响应；认真填写技术规格偏离表，标清优多少、差多少。

（5）价格的选择：应报出有竞争力的价格。

（6）投标文件编制的要点。

① 注意签字与加盖公章；

② 每本每页要小签；

③ 报价不能缺项；

④ 正本与副本的数量；

⑤ 制造厂授权应正规，以制造厂的信函出具；

⑥ 修改的地方要签字、盖章；

⑦ 按要求填写打印，装订成册，密封；

⑧ 开标一览表与投标保函单独封存；

⑨ 提前送交投标文件；

⑩ 有效期的计算，若投标有效期为 60 天，投标保函有效期则应为 90 天。

任务练习

1. 资格审查合格投标人少于（　　）家的，招标失败，不进行后续招标投标程序。

A. 3　　B. 5　　C. 7　　D. 9

2. 未中标的投标单位的投标保证金，招标单位应尽快将其退还，一般最迟不得超过投标有效期期满后的（　　）天。

A. 14 天　　B. 5 天　　C. 7 天　　D. 30 天

3. 某工程投标总价为 500 万，则投标保证金最高不超过（　　）万元。

A. 10　　B. 20　　C. 50　　D. 100

4. 根据《工程建设项目施工招标投标办法》第 17 条规定：资格审查分为（　　）。

A. 资格后审　　B. 符合性审查

C. 资格详审　　D. 资格预审

5. 以下（　　）属于投标文件中投标函部分。

A. 投标函附录　　B. 投标担保

C. 法人代表证明　　D. 授权委托书

E. 投标人须知

6. 工程量校核中工程量计算应注意的问题有（　　）。

A. 正确划分分部分项工程项目，与外地现行定额项目一致
B. 按照一定的计算顺序进行，避免漏算或重算
C. 严格按设计图纸标明的尺寸、数据计算
D. 在计算中要结合已定的施工方案或施工方法
E. 最后进行认真复核检查

7. 投标单位在下列（ ）情况，将被没收投标保证金。
A. 投标有效期内撤回其投标文件
B. 中标单位未在规定期限内提交履约保证金
C. 中标单位签订了合同后
D. 领取招标文件，但未参加投标的
E. 中标单位未在规定期限内签订合同的

8. 被宣布为废标的投标书包括（ ）。
A. 投标书未按招标文件中规定封标
B. 逾期送达的标书
C. 由法人签字加盖法人或委托授权人印鉴的标书
D. 未按招标文件的内容要求编写、内容不全或字迹无法辨认的标书
E. 投标人不参加开标会议的标书

任务 3.4 投标报价的策略与技巧

任务导入

国家推行工程项目建设招投标制度已 20 余年，招投标已成为施工企业获取工程项目的重要途径，做好投标文件是施工企业开拓任务的重中之重，而投标报价更是投标文件的核心内容和投标竞争中取胜的关键因素。因此，在工程投标报价中采取必要的策略和技巧，是投标中标的关键。

3.4.1 投标报价的策略

投标报价竞争的胜负，不仅取决于竞争者的经济实力和技术水平，还决定于竞争策略是否正确和投标报价的技巧运用是否得当。因此，从申报资格预审至封送投标书前的投标活动中，必须研究投标报价的策略、报价的技巧。投标报价的策略主要是研究如果去投标，是投什么性质的标，投标报价多少，以及在投标中采取的策略问题。

（1）靠提高经营管理水平取胜。这主要靠做好施工组织设计，采取合理的施工技术和施工机械，精心采购材料、设备，选择可靠的分包单位，安排紧凑的施工进度，力求节省管理费用等，从而有效地降低工程成本而获得较大的利润。例如：

××市××路××购物中心工程由××建筑公司承包这项工程，在施工组织管理方面，承包商在建设工程现场工作的管理人员最多时 18 人，平时仅需 11 人，而且都是懂专业、有经验、精技术、会管理的人员。管理机构精干，现场总管是一名（事务）所长，全面负责工程的筹划并与业主联络；总管下面设工作区负责人（配有助手）跟班在现场直接指挥、监理，全权处理职责范围内的各种事宜，对工程的计划、进度、质量、消耗、安全直接负责，相机决断。各管理层次分工明确，有职有权，为降低工程成本而获得较大利润提供了保障。

（2）靠改进设计和缩短工期取胜。即仔细研究原设计图纸，发现有不够合理之处，提出能降低造价的修改设计建议，以提高对业主的吸引力。另外，靠紧凑安排施工缩短工期取胜，即比规定的工期有所缩短，达到早投产、早收益，以提高对业主的吸引力。

（3）高价盈利策略。这是在报价过程中以较大利润为投标目标的策略。通常适合下述工程范围：

① 施工条件差。

② 专业要求高、技术密集型工程，而本公司在此方面有特长以及良好的声誉。

③ 总价较低的小工程，本公司不是特别想承揽，报价稍高，不中标也无所谓。

④ 特殊工程，如地铁隧道、桥梁工程等，需要特别设备。

⑤ 业主要求很高，且工期紧急的工程，可增收加急费。

⑥ 竞争对手少。

⑦ 支付条件不理想。

（4）微利保本策略。指在报价过程中降低甚至不考虑利润。微利保本策略的使用范围：

① 施工较为简单，工作量大，一般公司都可以做，例如大量的土方工程。

② 本公司在此地区经营了很多年，现在面临断档，有大量的设备处置费用。

③ 该项目本身前景看好，可为本公司创建业绩。

④ 该项目分期执行或该公司保证能以上乘质量赢得信誉，有续签其他项目意向。

⑤ 竞争对手多。

⑥ 有可能在中标后，将工程的一部分以更低价格分包给某些专业承包商。

⑦ 长时间未中标，希望拿下一个项目维持日常费用，可以支付开支，够本就行。

我国当前的有关建设法规都对低于成本价的恶意竞争进行了限制，《招标投标法》第 33 条规定："投标人不得以低于成本的报价竞标，也不得以他人名义投标或者以其他方式弄虚作假，骗取中标。"第 41 条第 2 项规定中标条件为："能够满足招标文件的实质性要求，并且经评审的投标价格最低；但是投标价格低于成本的除外。"这里所讲的成本，是指投标人为完成投标项目所需支出的个别成本，而不是社会成本。

（6）加强索赔管理策略。有时虽然报价低，却可以着眼于通过施工索赔赚取高额利润。例如某些大的承包企业就常用这种方法，有时报价甚至低于成本。以高薪雇用 1～2 名索赔专家，千方百计地从设计图纸、标书、合同中寻找索赔机会。一般索赔金额可达 10%～20%。当然，这种策略风险大，并不适用于所有投标工程；并且这种"中标靠低价，赚钱靠索赔"的提法是不值得提倡的。

（7）着眼于发展。为争取将来的优势，宁愿目前少盈利。投标人（承包商）为了掌握某种有发展前途的工程施工技术（如建造核电站或海洋工程等），就可能采用这种策略。这是一种较有远见的策略。

以上这些策略并不是互相排斥的，应根据具体情况，综合选择，灵活运用。

1．不平衡报价

不平衡报价，是指在总价基本确定的前提下，调整内部各个子项的报价，以期既不影响总报价，又可在中标后投标人尽早收回垫支于工程中的资金，获取较好的经济效益。但要注意避免畸高畸低现象，避免失去中标机会。通常采用的不平衡报价有下列几种情况。

（1）对能早期结账收回工程款的项目（如土方、基础等）的单价可报较高价，以利于资金周转；对后期项目（如装饰、电气设备安装等）的单价可适当降低，报低价。

（2）估计今后工程量可能增加的项目，其单价可提高；而工程量可能减少的项目，其单价可降低。

但上述两点要统筹考虑。对于工程量有错误的早期工程，如不可能完成工程量表中的数量，则不能盲目抬高单价，需要具体分析后再确定。

（3）图纸内容不明确或有错误，估计修改后工程量要增加的，其单价可提高；而工程内容不明确的，其单价可降低。

（4）没有工程量只填报单价的项目（如疏浚工程中的开挖淤泥工作等），其单价宜高。这样，既不影响总的投标报价，又可多获利。

（5）对于暂定项目或实施可能性大的项目，价格可定高价；估计该工程不一定实施的项目可定低价。

（6）零星用工（计日工）一般可稍高于工程单价表中的工资单价，因为零星用工不同于承包有效合同总价的范围，发生时实报实销，也可多获利。

（7）暂定金额的估计，分析其发生的可能性，可能性大的价格可定高些；估计不一定发生的，价格可定低些等。

虽然不平衡报价对投标人可以降低一定的风险，但报价必须建立在对工程量清单表中的工程量风险仔细核对的基础上，特别是对于降低单价的项目，如工程量一旦增多，将造成投标人的重大损失，同时一定要控制在合理幅度内，一般控制在10%以内，以免引起招标人反对，甚至导致个别清单项报价不合理而废标。如果不注意这一点，有时招标人会挑选出报价过高的项目，要求投标人进行单价分析，而围绕单价分析中过高的内容压价，以致投标人得不偿失。

2．多方案报价

当工程说明书或合同条款有不明晰之处时，往往使投标人承担较大风险。为了减少风险就必须扩大工程单价，增加“不可预见费”，但这样做又会因报价过高而增加被淘汰的可能性。多方案报价法，是招标文件中没有要求，而投标人对招标文件中一些条款不清楚、不公正或技术要求苛刻时采用的方法。

多方案报价法就是在标书中报几个不同的标价。一个按原招标文件的条款报价，另外的就对招标文件进行合理的修改，修改不同的条款就报出不同的价格。比如说在投标书中阐明修改了招标文件中某一个条款，标价就能够降低多少。用这种方法来吸引发包方，只要修改意见有道理，发包方就会采纳，从而使采用多方案报价法的投标单位在竞争中处于有利地位，扩大了中标机会。这种方法适合于招标文件的条款不明确或不合理的情况，投标企业通过多方案报价，既可提高中标机会，又可减少风险。

3．固定价与浮动价相结合报价

根据物价、汇率波动情况及通货膨胀情况确定采用固定价、浮动价或固定价和浮动价相结合的方式。

4．成本加酬金报价

成本加酬金报价是一种对工程或工程中一部分没有把握的工作，注明按成本加若干酬金结算的办法。但是，如有规定，政府工程合同的方案是不容许改动的，这个方法就不能使用。

3.4.2 投标报价的技巧

投标技巧，其实就是在保证工程质量与工期的条件下，寻求一个好的报价的技巧问题。投标人为了中标并获得期望的效益，投标程序全过程几乎都要研究投标报价技巧问题。如果以投标程序中的开标为界，可将投标的技巧分为两阶段，即开标前的技巧和开标后至签订合同的技巧。

1．开标前的投标技巧

作为投标人来说，既想中标得到承包工程，从承包工程中盈利，又想保证工程质量，如期竣工。寻求一个好的报价，争取中标并获得期望的效益，常用的投标技巧主要有以下几种。

（1）突然降价法。报价是一件保密性很强的工作，但是对手往往通过各种渠道、手段来刺探情况，因此在整个报价过程中，仍然可以按照一般情况进行报价，甚至有意泄露一些虚假情况，迷惑对手。如宣扬自己对该工程兴趣不大，准备投高价标；表现出无利可图，不打算参加投标等假象。到投标截止前几小时，突然递交一份补充文件宣布降价，压低投标报价，从而使对手措手不及而败北。例如，鲁布革水电站引水系统工程突然降低 8.04%，取得最低标，为以后中标打下基础。

采用这种方法时，一定要在准备投标报价的过程中考虑好降价的幅度，在临近投标截止日期前，根据情报信息与分析判断，再作最后决策。如果由于采用突然降价法而中标，因为开标只降总价，在签订合同后可采用不平衡报价的思想调整工程量表内的各项单价或价格，以期取得更高的效益。

（2）计日工报价。零星用工（计日工）单价一般可稍高于工程中的工资单价，以便在日后业主用工或使用机械时可以多盈利。因为计日工不属于承包总价的范围，发生时实报实销。但如果招标文件中已经假定了计日工的“名义工程量”，则需要具体分析是否报高价，以免提高总报价。

（3）先亏后盈法。有些投标是为了打进某一地区市场，在这种情况下，投标方依靠某国家、某财团和自身的雄厚资本实力，采取一种不惜代价，只求中标的低价报价方案。应用这种手法的投标方必须有较好的资信条件，并且提出的实施方案也要先进可行，同时，要加强对公司情况的宣传，否则即使标价低，也不一定被选中。如果遇到其他承包商也采取这种方法，则不宜与这类承包商硬拼，而努力争取第二标、第三标，再依靠自己的经验和信誉争取中标。

（4）增加建议方案。有的工程，如化工、石化项目等，由于工艺路线、施工方案不同等因素，会给工期、工程造价等带来重大影响。有时招标文件中规定，可以提出建议方案，即可以修改原设计方案，提出投标者的方案。这时投标者应组织一批有经验的设计和施工工程师，对原招标文件的设计和施工方案进行仔细研究，根据本公司的工程经验，提出更合理的方案以吸引采购方，促成自己的方案中标。这种新的建议方案最好可以降低总造价或提前竣工或使工程运用更合理。

但要注意的是，对原招标方案一定要标价，以供采购方比较。增加建议方案时，不要将方案写得太具体，保留方案的技术关键。防止采购方将此方案交给其他承包商。同时要强调的是，建议方案一定要比较成熟，或过去有这方面的实践经验。因为投标时间不长，如果仅为中标而匆忙提出一些没有把握的建议方案，可能会引起很多后患。

（5）低价投标夺标法。低价投标夺标法有的时候被形象地称为“拼命法”。采用这种方法必须有十分雄厚的实力或有国家或大财团作后盾，即为了占领某一市场或争取未来的优势，宁可目前少盈利或不盈利；或采用先亏后盈法，先报低价，然后利用索赔扭亏为盈。采用这种方法应首先确认业主是按照最低价确定中标单位，同时要求承包商拥有很强的索赔管理能力。

（6）联保法和捆绑法。联保法是指在竞争对手众多的情况下，由几家实力雄厚的承包商联合起来控制标价。大家保一家先中标，再将其中部分项目转让给其他承包商分包，或轮流相互保标。在国际上这种做法很常见，但是如被业主发现，则有可能被取消投标资格，这种联保方法在实际的招投标工作中很少使用。

《招标投标法》第 53 条规定：投标人相互串通投标或者与招标人串通投标的，投标人以向招标人或者评标委员会成员行贿的手段谋取中标的，中标无效，处中标项目金额千分之五以上千分之十以下的罚款，对单位直接负责的主管人员和其他直接责任人员处单位罚款数额百分之五以上百分之十以下的罚款；有违法所得的，并处没收违法所得；情节严重的，取消其一年至二年内参加依法必须进行招标的项目的投标资格并予以公告，直至由工商行政管理机关吊销营业执照；构成犯罪的，依法追究刑事责任。给他人造成损失的，依法承担赔偿责任。

而捆绑法比较常用，即两三家公司，其主营业务类似，单独投标会出现经验、业绩不足或工作负荷过大而造成高报价，失去竞争优势。而以捆绑形式形成联合体投标，可以做到优势互补、规避劣势、利益共享、风险共担，相对提高了竞争力和中标概率。

2．开标后的投标技巧

投标人通过公开开标这一程序可获知众多投标人的报价。但低价并不一定中标，需要综合各方面的因素，反复阅审，经过议标谈判，方能确定中标人。若投标人利用议标谈判施展竞争手段，就可以变自己投标书的不利因素为有利因素，大大提高获胜机会。

从招标的原则来看，投标人在标书有效期内，是不能修改其报价的。但是，某些投标谈判可以例外。在投标谈判中的投标技巧主要有以下几种。

（1）降低投标价格。投标价格不是中标的唯一因素，但却是中标的关键性因素。在议标中，投标者适时提出降价要求是议标的主要手段。需要注意的是，要摸清招标人的意图，在得到其希望降低标价的暗示后，再提出降低的要求。但有些国家的政府在关于招标的法规中规定，已投出的投标书不得有任何改动，若有改动，投标即告无效。降低投标价要适当，不得损害投标人自己的利益。降低投标价格可从以下三方面入手。

① 降低投标利润。既要围绕争取最大限度的未来收益这个目标，又要考虑中标率和竞争人数因素的影响。通常，投标人准备两个价格，即准备应付一般情况的适中价格，又准备应付竞争特殊环境需要的替代价格，它是通过调整报价利润所得出的总报价。两个价格中，后者可以低于前者，也可以高于前者。如果需要降低投标报价，即可采用低于适中价格，使利润减少以降低投标报价。

② 降低经营管理费。经营管理费应该作为间接成本进行计算，为了竞争的需要也可以降低这部分费用。

③ 降低系数。降低系数是指投标人在投标作价时，预先考虑的一个未来可能降价的系数。如果开标后需要降价竞争，就可以参照这个系数进行降价，如果竞争局面对投标人有利，则不必降价。

（2）补充投标优惠条件。除中标的关键因素——价格外，在投标谈判的技巧中，还可以考虑其他许多重要因素，如缩短工期、提高工程质量、降低支付条件、提出新技术和新设计方案、提供补充物资和设备等，以此优惠条件争取得到招标人的赞许，争取中标。

（3）有效宣传法。注重向业主、当地政府宣传本公司，邀请其考察本公司以证实本公司的实力和潜质，并考察与招标项目类似的本公司的业绩、已完成或在建的工程，以企业的实力和信誉赢得理解和支持。

以上几种技巧是投标人为了中标并获得期望的效益，在投标程序全过程几乎都要采用的投标报价技巧。这些投标报价技巧不是互相排斥的，根据具体情况，可以综合灵活运用，以提高投标人的中标机会。

任务练习

1. 不平衡报价的差异幅度一般控制在（　　）以内。

A. 2%　　B. 5%　　C. 10%　　D. 12%

2. 投标人对招标文件中一些条款不清楚、不公正或技术要求苛刻时采用的投标报价方法是（　　）。

A. 多方案报价法　　B. 不平衡报价

C. 高价投标法　　D. 成本加酬金报价

3. 以下（　　）是在准备投标报价的过程中考虑好降价幅度，在临近投标截止时间前提交补充文件宣布降价的投标技巧。

A. 突然降价法　　B. 计日工报价

C. 联保法和捆绑法　　D. 增加建议方案

4. 投标报价人员在总价基本不变的情况下可以采用不平衡报价法使中标后企业利益最大化。在清单工程量不准确的情况下，对可能增加的工程量，可以报（　　）。

A. 高单价　　B. 低单价　　C. 原单价　　D. 市场价

5. 投标报价的策略有（　　）。

A. 高价盈利策略　　B. 微利保本策略

C. 低价亏损策略　　D. 加强索赔管理策略
E. 低价投标夺标法

6. 常见的投标报价技巧有（　　）。
A. 不平衡报价　　B. 多方案报价
C. 固定价与浮动价相结合报价　　D. 成本加酬金报价
E. 微利保本策略

项目小结

本项目全面介绍了建筑工程施工投标的内容，包括投标的程序、资格预审申请、投标文件的组成和编制要求、投标报价的策略与技巧等相关内容。每一项工作都会影响最后的投标结果。

项目练习

一、选择题

1. 下列（　　）是投标人的投标工作小组人才。
A. 经营管理类人才　　B. 技术专业类人才
C. 商务金融类人才　　D. 科研学术类人才

2. 以下（　　）是开标后的投标技巧。
A. 低价投标夺标法　　B. 降低投标价格
C. 补充投标优惠条件　　D. 有效宣传法

3. 某省地税局办公楼扩建工程项目招标，十多家单位参与竞标，根据《招标投标法》关于联合体投标的规定，下列说法正确的有（　　）。
A. A 单位资质不够，可以与别的单位组成联合体参与竞标
B. B、C 两单位组成联合体投标，他们应当签订共同投标协议。
C. D、E 两单位构成联合体，他们签订的共同投标协议应当提交招标人
D. F、G 两单位构成联合体，他们各自对招标人承担责任
E. H、I 两单位构成联合体，两家单位对投标人承担连带责任

二、填空题

1. 收到中标通知书后，投标人应根据招标文件及投标文件中的合同条款要求，整理出合同，在中标通知书发出之日起____________，执中标通知书前往招标单位签订书面合同。

2. 投标人相互串通投标或者与招标人串通投标的，投标人以向招标人或者评标委员会成员行贿的手段谋取中标的，____________。

3. 开标后的投标技巧中降低投标价格可从三方面入手：____________、____________、____________。

三、思考题

1. 建设工程招标投标工作包含哪些内容？
2. 简述建设工程项目投标程序。
3. 承包商从哪些方面进行投标决策？

4. 影响投标决策的因素包括哪些方面?
5. 建筑施工企业标前决策有哪些主要方法?
6. 通常情况下，哪些招标项目应放弃投标?
7. 进行现场踏勘应从哪几方面进行?
8. 简述投标文件的组成。
9. 简述编制投标文件时应注意的问题。
10. 简述投标文件的递交应注意的问题。
11. 建设工程投标的基本策略有哪些?
12. 建设工程投标报价的基本技巧有哪些?

四、案例分析

1. 某小区商住楼土建项目，某投标单位投递的投标书报价为 1 080 万元，投递投标书的时间距投标截止日期尚有 3 天，然后经过各种渠道了解，发现该报价与竞争对手相比没有优势，于是在开标前，又递上一封折扣信，在投标书报价的基础上，工程量清单单价与总报价各下降 5%，并最终凭借价格的优势拿到了合同。

问题：该投标单位的做法是否合法？为什么?

2. 某大型公建项目进行招标，标底为 8 050 万元。某投标单位的投标报价为 7 990 万元，为了能提早收回资金，以便投入新的项目，将基础工程和柱、墙等项目的单价提高了 15%，装饰工程的单价适当下调，做到了总报价仍然为 7 990 万元，并且在评标时对调整项目单价作了有力的说明，最后中标。在施工过程中，基础工程等施工完毕后，回收了大量的资金投入到新项目中。

问题：该投标单位采用的是什么报价策略方法？此方法需要注意什么?

项目四　建设工程项目开标、评标与定标

项目目标

开标、评标与定标是招投标的重要环节，决定了中标人的归属。通过本项目的学习，掌握建筑市场招投标的基本知识，为后续项目的学习打下基础。

教学要求

能力目标	知识要点
掌握开标的概念及要求	（1）开标的概念 （2）开标会议的要求
熟悉开标会议的组织	（1）召开会议的时间、地点和人物 （2）开标会议的程序
掌握评标的内容	（1）评标委员会的构成 （2）常见的评标方法 （3）评标报告的撰写
掌握定标的程序	（1）定标的程序 （2）中标通知书的发出

案例导入

【背景】

在施工公开招标中，有 A、B、C、D、E、F、G、H 共 8 家施工单位报名投标。经资格预审均符合要求，但建设单位以 A 施工单位是外地企业为由不同意其参加投标。

评标委员会由 5 人组成，其中当地建设行政管理部门的招标投标管理办公室主任 1 人，建设单位代表 1 人，从政府提供的专家库中抽取的技术经济专家 3 人。

评标时发现，B 施工单位投标报价明显低于其他投标单位报价且未能合理说明理由；D 施工单位投标报价大写金额小于小写金额；F 施工单位投标文件提供的检验标准和方法不符合招标文件的要求；H 施工单位投标文件中某分项工程的报价有个别漏项。其他施工单位的投标文件均符合招标文件要求。

【问题】

1. 在施工招标资格预审中，建设单位认为 A 施工单位没有资格参加投标是否正确？说明理由。

2. 指出施工招标评标委员会组成的不妥之处，说明理由，并写出正确做法。
3. 判别 B、D、F、H 四家施工单位的投标是否为有效标？说明理由。

任务 4.1　开标和评标的内容及组织

任务导入

开标、评标和定标是招投标活动的重要流程，招投标的各方都参与其中，也是决定中标者的重要阶段，因此，必须掌握这些流程的操作程序。

4.1.1　建设工程开标及要求

开标是指在招标投标活动中，由招标人主持、在邀请所有投标人和行政监督部门或公证机构人员参加的情况下，在招标文件预先约定的时间和地点当众对投标文件进行开启的法定流程。

对在开标当日且在开标地点递交的投标文件应当填写投标文件签收一览表。在招标文件规定的截标时间后递交的投标文件不得接收，由招标人原封退还给有关投标人。在截标时间前递交投标文件的投标人少于三家的，招标无效，开标会即告结束，招标人应当依法重新组织招标。

招标单位应在招标文件前附表规定的开标时间和地点举行开标会议，投标单位的法人代表或授权的代表应签名报到，以证明出席开标会议。开标会应当由招标人或招标代理机构的代表主持,在招标文件规定的提交投标文件截止时间的同一时间在市综合招标中心公开进行。

4.1.2　评标委员会的组成、工作内容及要求

开标会结束后，招标人要接着组织评标。评标必须在招标投标管理机构的监督下，由招标人依法组建的评标组织进行。组建评标组织是评标前的一项重要工作，参加评标会的人员为招标人或其代表人、招标代理人、评标组织成员、招标投标管理机构的监管人员等。投标人不能参加评标会。评标会由招标人或其委托的代理人召开，由评标组织负责人主持。

1．组建评标委员会

为了保证评标委员会的公正性、权威性，尽可能地包含具有合理的知识结构和高质量的组成人员，法律规定评标委员会应该由招标人的代表和有关技术、经济等方面的专家组成，成员人数为 5 人以上单数，其中技术、经济等方面的专家不得少于成员总数的 2/3；参加评标委员会的专家应当有较高的专业水平，并依照法定的方式确定；与投标人有利害关系的人员不得进入相关项目的评标委员会。

评标组织由招标人的代表和有关经济、技术等方面的专家组成。其具体形式为评标委

员会，实践中也可设评标小组。评标组织成员的名单在中标结果确定前应当保密。评标委员会设负责人的，评标委员会负责人由评标委员会成员推举产生或者由招标人确定。评标委员会负责人与评标委员会的其他成员享有同等的表决权。评标委员会的专家成员应从省级以上人民政府有关部门提供的专家名册或者招标代理机构的专家库内的相关专家名单中确定。

确定评标专家，可以采取随机抽取或者直接确定的方式。一般项目，可以采取随机抽取的方式；技术特别复杂、专业性要求特别高或者国家有特殊要求的招标项目，采取随机抽取方式确定的专家难以胜任的，可以由招标人直接确定。

2．评标委员会的工作内容

（1）熟悉招标文件，包括资格审查文件、评标办法，资格审查办法及相关的补充文件。

（2）认真客观地对投标人的投标文件或资格审查文件进行评审。对评审情况进行汇总。

（3）编写评标报告，推荐中标候选人（或确定中标人，按评标办法规定），资格审查通过名单或未通过的原因。

（4）在评审表格、评标报告上签字，对评标结果负责。

3．评标委员会的要求

（1）从事相关专业领域工作满八年并具有高级职称或者同等专业水平；

（2）熟悉有关招标投标的法律法规，并具有与招标项目相关的实践经验；

（3）能够认真、公正、诚实、廉洁地履行职责。

有下列情形之一的，不得担任评标委员会成员：

（1）投标人或者投标人主要负责人的近亲属；

（2）项目主管部门或者行政监督部门的人员；

（3）与投标人有经济利益关系，可能影响对投标公正评审的；

（4）曾因在招标、评标以及其他与招标投标有关活动中从事违法行为而受过行政处罚或刑事处罚的。

评标委员会成员有上述规定情形之一的，应当主动提出回避。

评标委员会成员应当客观、公正地履行职责，遵守职业道德，对所提出的评审意见承担个人责任。评标委员会成员不得与任何投标人或者与招标结果有利害关系的人进行私下接触，不得收受投标人、中介人、其他利害关系人的财物或者其他好处。评标委员会成员和与评标活动有关的工作人员不得透露对投标文件的评审和比较、中标候选人的推荐情况以及与评标有关的其他情况。

与评标活动有关的工作人员，是指评标委员会成员以外的因参与评标监督工作或者事务性工作而知悉有关评标情况的所有人员。

4.1.3 评标的规则和原则

评标必须按法定的规则进行，这是公正评标的必要保证。

（1）招标应当采取必要措施，保证评标在严格保密的情况下进行，这是要求评标在封闭的状态下进行，使评标过程免受干扰。

（2）任何单位和个人不得非法干预、影响评标的过程和结果，这是以法律形式排除在现实中经常会出现的非法干预，排除从外界施加的压力，也是在法律上保证公正评标，维护招标人、投标人的合法权益。

（3）评标委员会应当按照招标文件确定的评标标准和方法对投标文件进行评审和比较，这是明确评标的原则，也是为了保证评标的公平性和公正性，在评标中不应采用招标文件中未列明的标准和方法，也不应改变招标文件中已列明的标准和方法，否则将失去衡量评标是否公平、公正的依据。

（4）评标委员会成员应当客观、公正地履行职务，遵守职业道德，对所提出的评审意见承担个人责任。这是保证公正评标的必要条件，评标委员会成员的工作必须是合乎招标投标制度本质要求的，能体现维护公平竞争的原则，并对自己的工作负个人责任，从而促使形成强烈的责任感。

（5）评标委员会成员不得私下接触投标人，不得收受投标人的财物或者其他好处，这是由于评标委员会成员享有评标的重要权力，因而必须保证他们是廉洁公正的，这就要求他们个人的行为必须严格地割断与投标人的任何利益联系，所以对其个人行为作出了禁止性的规定。

（6）参与评标的人员包括评标委员会的成员和有关工作人员，都不得透露评标情况，也就是对评标情况负有保密义务，这是保证评标工作正常进行，并使评标工作有公正结果，防止参与评标者牟取不正当利益的必要措施。

以上关于评标的若干规则，是招标投标法的重要内容，尤其是对评标委员会有严格的要求，这都是非常必要的，因为能否在评标环节上对投标文件作出公正、客观、全面的评审和比较，正是招标能否成功的一个关键，也是能否公正地推荐和确定中标人的必要前提。

任务练习

一、选择题（单选或多选）

1. 投标单位应按招标单位提供的工程量清单，注意填写单价和合价。在开标后发现有的分项投标单位没有填写单价或合价，则（　　）。

A. 允许投标单位补充填写

B. 视为废标

C. 认为此项费用已包括在其他项的单价和合价中

D. 由招标人退回招标书

2. 评标委员会成员中，成员人数为（　　）人以上单数，其中经济、技术专家不得少于成员总数的（　　）。

A. 3，3/4　　B. 3，2/3　　C. 5，2/3　　D. 5，3/4

3. 关于开标程序的说法正确的是（　　）。

A. 开标唱标的监标人必须由纪检部门担任

B. 检查投标文件的密封完好应当由行政监督部门认定

C. 投标人对开标有异议应当现场提出

D. 对于明显废标的文件招标人现场可以宣布废标

4. 根据《招标投标法》，下列关于开标程序的说法中，错误的是（ ）。

A. 开标时间和提交投标文件截止时间应为同一时间

B. 开标时间修改，应以书面形式通知所有招标文件的收受人

C. 投标文件的密封情况只能由投标人或其推选的代表检查

D. 招标人应委托招标代理机构当众拆封收到的所有投标文件

5. 下列有关评标委员会组成的说法正确的是（ ）。

A. 某依法必须招标的项目评标委员会 5 人，其中招标人和代理机构各一人

B. 为加强监督某财政厅处长参加了政府投资项目的评标委员会

C. 由于抽取的专家和招标人有过诉讼关系，招标人否决了该专家进入评标委员会

D. 评标时某专家临时接到通知有重要会议请假退席，招标人重新依法抽取了专家

6. 下列有关特殊招标项目指定专家的说法正确的是（ ）。

A. 特殊招标项目专指技术复杂、专业性强的项目

B. 招标人可以指定特殊招标项目的专家

C. 特殊招标项目的评标专家不适用回避规定

D. 特殊招标项目由招标人自行认定

7. 根据《评标委员会和评标方法暂行规定》，下列可以担任依法必须招标项目的评标委员会成员的是（ ）。

A. 投标单位副总经理的兄弟

B. 该招标项目主管部门具体工作人员

C. 3 个月前参加该项目设计招标评标工作的专家

D. 10 年前因评标受贿被判处拘役的人员

8. 中标的承包商将由（ ）决定。

A. 评标委员会　B. 业主　C. 上级行政主管部门　D. 监理工程师

9. 关于政府采购服务招标项目的唱标，下列说法中正确的是（ ）。

A. 唱标时未宣读的价格折扣，评标时可以允许适当地考虑

B. 如果开标一览表的价格与投标文件中明细表的价格不一致，以投标明细表为准

C. 招标文件未明确允许提供备选投标方案的，开标时无须对投标人提供的备选方案进行唱标

D. 对于投标人在开标之前提交的价格折扣，唱标时应该宣读

E. 唱标应该由公证人员进行

10. 根据《招标投标法》，下列有关开标参与人的说法中，正确的是（ ）。

A. 招标人应当委托公证机构对开标过程进行公证

B. 开标应当由招标人主持

C. 招标人应当邀请所有投标人参加开标，未到场的投标人应当视为放弃投标

D. 招标人应当邀请纪检监察部门参加开标

E. 招标人可以随意推迟开标时间

任务 4.2　建设工程开标、评标和定标的程序及要求

任务导入

招标人在规定的时间和地点，在要求投标人参加的情况下，当众公开拆开投标资料，宣布各投标人的名称、投标报价、工期等情况，这个过程称为开标。评标、定标基本分两个部分，一个是从经济造价方面去考量，一个是从施工技术方面去考量，综合平衡，选择出工程造价适中、施工技术方案可靠、机械劳动力充裕、工期符合使用要求、信誉诚信度高的施工单位中标。

4.2.1　开标程序

时间：开标应当在招标文件确定的提交投标文件截止时间的同一时间公开进行。

地点：开标地点应为招标文件中预先确定的地点。按照国家的有关规定和各地的实践，招标文件中预先确定的开标地点，一般应为建设工程交易中心。

人员：参加开标会议的人员，包括招标人或其代表人、招标代理人、投标人法定代表人或其委托代理人、招标投标管理机构的监管人员和招标人自愿邀请的公证机构的人员等。评标组织成员不参加开标会议。开标会议由招标人或招标代理人组织，由招标人或招标人代表主持，并在招标投标管理机构的监督下进行。

程序：开标会议的程序一般按如下流程。

（1）参加开标会议的人员签名报到，表明与会人员已到会。

（2）会议主持人宣布开标会议开始，宣读招标人法定代表人资格证明或招标人代表的授权委托书，介绍参加会议的单位和人员名单，宣布唱标人员、记录人员名单。唱标人员一般由招标人的工作人员担任，也可以由招标投标管理机构的人员担任。记录人员一般由招标人或其代理人的工作人员担任。

（3）介绍工程项目有关情况，请投标人或其推选的代表检查投标文件的密封情况，并签字予以确认。也可以请招标人自愿委托的公证机构检查并公证。

（4）由招标人代表当众宣布评标定标办法。

（5）由招标人或招标投标管理机构的人员核查由投标人提交的投标文件和有关证件、资料，检视其密封、标志、签署等情况。经确认无误后，当众启封投标文件，宣布核查检视结果。

投标文件有下列情形之一的，应当场宣布为废标：

① 逾期送达的或未送达指定地点的；

② 未按招标文件要求密封的。

（6）由唱标人员进行唱标。唱标是指公布投标文件的主要内容，当众宣读投标文件的投标人名称、投标报价、工期、质量、主要材料用量、投标保证金、优惠条件等主要内容。唱标顺序按各投标人报送投标文件时间先后的逆顺序进行。

（7）由招标投标管理机构当众宣布审定后的标底。

（8）由投标人的法定代表人或其委托代理人核对开标会议记录，并签字确认开标结果。

开标会议的记录人员应现场做开标会议记录，将开标会议的全过程和主要情况，特别是投标人参加会议的情况、对投标文件的核查检视结果、开启并宣读的投标文件和标底的主要内容等，当场记录在案，并请投标人的法定代表人或其委托代理人核对无误后签字确认。开标会议记录应存档备查。投标人在开标会议记录上签字后，即退出会场。

至此，开标会议结束，转入评标阶段。

4.2.2 开标注意事项

招标人在招标文件要求提交投标文件的截止时间前收到的所有投标文件，开标时都应当众予以拆封，不能遗漏，否则就构成对投标人的不公正对待。如果是招标文件所要求的提交投标文件的截止时间以后收到的投标文件，则应不予开启，原封不动地退回。按照招标投标法的规定，对截止时间以后收到的投标文件应当拒收。如果对截止时间以后收到的投标文件也进行开标，则有可能造成舞弊行为，出现不公正，也是一种违法行为。

开标过程应当记录，并存档备查，这是保证开标过程透明和公正，维护投标人利益的必要措施。对开标过程进行记录，可以使权益受到侵害的投标人行使要求复查的权利，有利于确保招标人尽可能自我完善，加强管理，减少漏洞。此外，还有助于有关行政主管部门进行检查。开标过程进行记录，要求对开标过程中的重要事项进行记载，包括开标时间、开标地点、开标时具体参加单位、人员、唱标的内容、开标过程是否经过公证等都要记录在案。记录以后，应当作为档案保存起来，以方便查询。

4.2.3 评标程序

评标一般采用评标会的形式进行，评标会的具体程序如下：

（1）开标会结束后，投标人退出会场，参加评标会的人员进入会场，由评标组织负责人宣布评标会开始。

（2）评标组织成员审阅各个投标文件，主要检查确认投标文件是否实质上响应招标文件的要求；投标文件正副本之间的内容是否一致；投标文件是否有重大漏项、缺项；是否提出了招标人不能接受的保留条件等。

（3）评标组织成员根据评标定标办法的规定，只对未被宣布无效的投标文件进行评议，并对评标结果签字确认。

（4）如有必要，评标期间，评标组织可以要求投标人对投标文件中不清楚的问题作必要的澄清或者说明，但是，澄清或者说明不得超出投标文件的范围或改变投标文件的实质性内容。所澄清和确认的问题应当采取书面形式，经招标人和投标人双方签字后，作为投标文件的组成部分，列入评标依据范围。在澄清会谈中，不允许招标人和投标人变更或寻求变更价格、工期、质量等级等实质性内容。开标后，投标人对价格、工期、质量等级等实质性内容提出的任何修正声明或者附加优惠条件，一律不得作为评标组织评标的依据。

（5）评标组织负责人对评标结果进行校核，按照优劣或得分高低排出投标人顺序，并形成评标报告，经招标投标管理机构审查、确认无误后，即可据评标报告确定出中标人。至此，评标工作结束。

1．评标的准备

（1）场所。要确保评标场所独立、封闭、保密、整洁、有足够的空间，有条件的话，应尽量采用套房式评标室。如无特殊情况，中途不得更换评标场所。

（2）时间。一是一般应当在开标后随即进行评标，如有推迟应提前向监管部门报备并对外说明，同时要做好投标文件封存保管保密工作；二是应留出充分的评标时间，不得限时；三是复杂项目需要连续长时间评标的，应当允许中途休息，不得仓促赶时间。

（3）工作人员。代理机构在安排评标主持组织人员时，一是要注意人员回避问题，有回避情况的应自行申请回避或由代理机构指令其回避；二是要注意分工制约，标书制作人员一般不被安排参与评标会；三是根据项目情况决定安排一名或是两名以上人员参与评标组织，指派两名工作人员时，应明确主办和协办。

（4）参会人员。代理机构要提前落实参加评标会的人员出席情况。一是按规定组建评标委员会，并准确告知具体时间和场所；二是落实拟参与评标会的人员情况，应说服劝导其减少人员以减少不必要的评标干扰；三是提前联系相关监督部门、人员，如财政部门、特邀监察员等，确认其是否到场监督以及人员数量；四是项目有申请公证的，应及时落实公证人员出席情况。

（5）评标组织工作方案。要提前制订评标组织工作方案，明确工作目标、工作计划、工作内容、工作要求、人员分工、组织程序、注意事项等内容。

（6）应急处理预案。为应付评标过程中可能出现诸如评标争议分歧、异常中止、供应商闹事等突发、紧急情况，应当事先制定应急处理预案，明确应急处理适用范围、原则、机制、分工、程序、保障等内容。

（7）招投标文件资料。一是应根据评委人数准备好相应份数的招标文件，供评委阅读；二是要提前整理好所有投标文件，并在评标场所妥善放置。

（8）评审表格资料。应至少准备以下表格资料：开标情况记录、投标人报价比较表、评委签到表、其他出席人员签到表、评标纪律文本、资格性审查表、符合性审查表、商务技术评审比较表、评委个人评分表、评分汇总表、中标候选供应商推荐表、评标报告空白文本或表格、评标会记录空白文本。

（9）工具。主要是笔、空白稿纸、写字板、装订机、尺子、计算器、记录用计算机、特殊情况用电话和可上网计算机等。

（10）监控摄像等设备运行。对评标现场有实施录音录像监控或通信屏蔽的，应及时提前开启监控摄像设备及通信屏蔽系统，并确保设备正常运行。

（11）评标主持组织。评标主持组织是代理机构代理活动的一项核心业务，也是其参与评标活动的全部职责。没有好的主持组织，评标活动就难以取得圆满的效果。做好评标主持组织工作要注意以下几项要点：

代理机构负责评标主持组织的人员除应当在评标前与其他工作人员做好前述的评标前准备工作外，还应提前做好两项工作：一是阅读项目招标文件，熟悉标书的有关内容，并与标书编制经办人沟通，以求对评标项目需求、前期招标开展情况有个大致的了解；二是要准备好主持词，因为临场发挥往往容易出差、出错。

评标主持组织的工作内容主要有六项：一是引导评标活动的开始和结束，做到有始有终。二是组织评标会相关人员各司其职，分工开展工作。三是维持评标会场秩序，确保有序、井然。四是及时处理评标过程中出现的属于代理机构职权范围内的事项。五是出现紧急情况时，启动应急处理预案。六是及时向监督部门报告评标过程中出现的违法违规行为和有关人员。

在所有准备工作确认就绪、评标活动开始后，应依照原定评标组织工作方案开展工作。要注意把握三项原则："程序第一"原则；"不越权"原则；"公平公正"原则。

2．初步评审

初步评审即对投标文件进行符合性评审、技术性评审和商务性评审，从未被宣布为无效或作废的投标文件中筛选出若干具备评标资格的投标人。

3．详细评审

详细评审是评标委员会根据招标文件确定的评标方法、因素和标准，对通过初步评审的投标文件做进一步的评审、比较。

4．编写评标报告

评标报告是评标委员会根据全体评标成员签字的原始评标记录和评标结果编写的报告。

评标委员会完成评标后，应当向招标人提出书面评标报告，并抄送有关行政监督部门。评标报告应当如实记载以下内容：

（1）基本情况和数据表；
（2）评标委员会成员名单；
（3）开标记录；
（4）符合要求的投标一览表；
（5）废标情况说明；
（6）评标标准、评标方法或者评标因素一览表；
（7）经评审的价格或者评分比较一览表；
（8）经评审的投标人排序；
（9）推荐的中标候选人名单与签订合同前要处理的事宜；
（10）澄清、说明、补正事项纪要。

评标报告由评标委员会全体成员签字。对评标结论持有异议的评标委员会成员可以书面方式阐述其不同意见和理由。评标委员会成员拒绝在评标报告上签字且不陈述其不同意见和理由的，视为同意评标结论。评标委员会应当对此作出书面说明并记录在案。

4.2.4 评标的标准、内容和方法

1．标 准

评标标准一般包括价格标准和价格标准以外的其他有关标准（又称"非价格标准"），以及如何运用这些标准来确定中选的投标。非价格标准应尽可能客观和定量化，并按货币

额表示，或规定相对的权重（即“系数”或“得分”）。通常来说，在货物评标时，非价格标准主要有运费和保险费、付款计划、交货期、运营成本、货物的有效性和配套、零配件、服务的供给能力、相关的培训、安全性和环境效益等。在服务评标时，非价格标准主要有投标人及参与提供服务的人员的资质、经验、信誉、可靠性、专业和管理能力等。在工程评标时，非价格标准主要有工期、质量、施工人员和管理人员的素质、以往的经验等。

2．内　容

评标组织对投标文件审查、评议的主要内容包括以下一些。

（1）对投标文件进行符合性鉴定。包括商务符合性和技术符合性鉴定。投标文件应实质上响应招标文件的要求。所谓实质上响应招标文件的要求，是指投标文件应该与招标文件的所有条款、条件和规定相符，无显著差异或保留。如果投标文件实质上未响应招标文件的要求，招标人应予以拒绝，并不允许投标人通过修正或撤销其不符合要求的差异或保留，使之成为具有响应性的投标文件。

（2）对投标文件进行技术性评估。主要包括对投标人所报的方案或组织设计、关键工序、进度计划，人员和机械设备的配备，技术能力，质量控制措施，临时设施的布置和临时用地情况，施工现场周围环境污染的保护措施等进行评估。

（3）对投标文件进行商务性评估。指对确定为实质上响应招标文件要求的投标文件进行投标报价评估，包括对投标报价进行校核，审查全部报价数据是否有计算上或累计上的算术错误，分析报价构成的合理性等。发现报价数据上有算术错误，修改的原则是：如果用数字表示的数额与用文字表示的数额不一致时，以文字数额为准；当单价与工程量的乘积与合价之间不一致时，通常以标出的单价为准，除非评标组织认为有明显的小数点错位，此时应以标出的合价为准，并修改单价。按上述原则调整投标书中的投标报价，经投标人确认同意后，对投标人起约束作用。如果投标人不接受修正后的投标报价，则其投标将被拒绝。

（4）对投标文件进行综合评价与比较。评标应当按照招标文件确定的评标标准和方法，按照平等竞争、公正合理的原则，对投标人的报价、工期、质量、主要材料用量、施工方案或组织设计、以往业绩和履行合同的情况、社会信誉、优惠条件等方面进行综合评价和比较，并与标底进行对比分析，通过进一步澄清、答辩和评审，公正合理地择优选定中标候选人。

3．方　法

综合评估法：是指在满足招标文件实质性要求的条件下，依据招标文件中规定的各项因素进行综合评审，以评审总得分最高的投标人作为中标（候选）人的评标方法。建议综合评估法用于技术复杂、施工难度较大的大型工程项目。

经评审的最低投标价法：是指在满足招标文件实质性要求的条件下，评委对投标报价以外的价值因素进行量化并折算成相应的价格，再与报价合并计算得到折算投标价，从中确定折算投标价最低的投标人作为中标（候选）人的评审方法。

除此之外还有平均值法、综合诚信法和性价比法。

4.2.5 中 标

1．确定中标人

中标是指投标人被招标人按照法定流程确定为招标项目合同签订的对象，一般情况下，投标人中标的，应当收到招标人发出的中标通知书。

确定中标人的程序如下。

（1）评标委员会完成评标后，应当向招标人提出书面评标报告，并推荐合格的中标候选人；

（2）招标人根据评标委员会的书面评标报告和推荐的中标候选人确定中标人，招标人也可以授权评标委员会直接确定中标人；

（3）中标的标准，法律上规定了两项：第一项是能够最大限度地满足招标文件中规定的各项综合评价标准，这里所指的综合评价标准，就是对投标文件进行总体评估和比较，既按照价格标准又将非价格标准尽量量化成货币计算，评价最佳者中标；第二项是能够满足招标文件的实质性要求，并且经评审的投标价格最低，但是投标价格低于成本的除外，这项标准是与市场经济的原则相适应的，体现了优胜劣汰的原则，经评审的投标价格最低，仍然是以投标报价最低的中标作为基础，但又不是简单地去比较价格，而是对投标报价作评审，在评审的基础上进行比较，这样较为可靠、合理。

2．发出中标通知书

（1）中标人确定后，招标人应当向中标人发出中标通知书，中标通知书对招标人和中标人具有法律效力，中标后招标人改变中标结果的，或者中标人放弃中标项目，应当依法承担法律责任；

（2）招标人和中标人应当在中标通知书发出后的法定期限内，按照招标文件和中标人的投标文件订立书面合同，招标人和中标人不得再行订立背离合同实质性内容的其他协议，这项规定是要用法定的形式肯定招标的成果，或者说招标人、中标人双方都必须尊重竞争的结果，不得任意改变；

（3）招标文件要求中标人提交履约保证金的，中标人应当提交，这是采用法律形式促使中标人履行合同义务的一项特定的经济措施，也是保护招标人利益的一种保证措施；

（4）中标人应当按照合同约定履行义务，完成中标项目，不得向他人转让中标项目，也不得将中标项目肢解后分别向他人转让，这是规定中标人的履约义务，它是招标投标的落脚点，为此中标人要承担相应的法律责任。如果中标人可以任意毁约、背弃合同，招标投标便成为一种没有实际结果的交易形式。同时，要禁止中标人转让中标项目的行为，谁中标只能由谁来完成中标项目，中标人是一个特定的市场主体，并不能由他人代替，更要防止在转让时产生的种种弊端，所以禁止转让中标项目；

（5）中标人按照合同约定或者经招标人同意，可以将中标项目的部分非主体、非关键性工作分包给他人完成，但不得再次分包，分包项目由中标人向招标人负责，接受分包的人承担连带责任，这项规定表明，分包是允许的，但是有严格的条件和明确的责任，有分包行为的应当注意这些规定。

招标投标法规定，招标文件要求中标人提交履约保证金的，中标人应当提交。履约保证金是指招标人要求投标人在接到中标通知书后提交的保证履行合同各项义务的担保。一旦中标人不履行合同义务，该项担保用于赔偿招标人因此所受的损失。

任务练习

一、选择题（单选或多选）

1. 开标时间与招标文件确定的投标截止时间的关系是（　　）。

   A. 之前　　B. 之后　　C. 同一时间　　D. 不一定

2. 开标会的主持人应该由（　　）来担任。

   A. 招标人　　B. 投标人　　C. 监督机构　　D. 政府

3. 开标会上，投标文件的密封情况应该由（　　）来检查。

   A. 招标人　　B. 投标人或其推选的代表

   C. 监督机构　　D. 公正机关

4. 以下除哪项外，都应该做为无效投标文件处理（　　）

   A. 逾期送达或者未送达指定地点

   B. 投标文件未按要求密封

   C. 投标文件中出现少量错误，但不影响投标文件含义

   D. 投标人名称或组织结构与资格预审时不一致

5. 投标文件对招标文件的响应有细微偏差，包括（　　）。

   A. 提供的投标担保有瑕疵

   B. 货物包装方式不符合招标文件的要求

   C. 个别地方存在漏项

   D. 明显不符合技术规格要求

6. 评标的程序一般分为（　　）。

   A. 初步评审　　B. 详细评审　　C. 分项评审　　D. 综合评审　　E. 专家评审

7.《招标投标法》规定，投标文件（　　）的投标人应确定为中标人。

   A. 满足招标文件中规定的各项综合评价标准的最低要求

   B. 最大限度地满足招标文件中规定的各项综合评价标准

   C. 满足招标文件各项要求，并且报价最低

   D. 满足招标文件各项要求，并且经评审的价格最低，但是投标价格低于成本的除外

   E. 满足招标文件各项要求，并且经评审的价格最高

二、简答题

1. 简述评标程序。
2. 简述评标的内容。
3. 常见的评标方法有哪些?
4. 简述确定中标人的程序。
5. 开标过程中应确认为废标的情况有哪些?
6. 投标中的重大偏差有哪些?

项目小结

本项目讲述了建设工程施工开标、评标、定标的基本概念及开标、评标、定标的工作程序，主要讲述了评标过程中的初步评审和详细评审内容，重点分析了评标的基本方法，即综合评标法和经评审的最低投标价法，并进行了典型工程的案例分析。

项目练习

一、单项选择题

1. 关于评标委员会成员的义务，下列说法中错误的是（　　）。

A. 评标委员会成员应当客观、公正地履行职务

B. 评标委员会成员可以私下接触投标人，但不得收受投标人的财物或者其他好处

C. 评标委员会成员不得透露对投标文件的评审和比较的情况

D. 评标委员会成员不得透露对中标候选人的推荐情况

2. 根据招标投标法的有关规定，评标委员会完成评标后，应当（　　）。

A. 向招标人提出口头评标报告，并推荐合格的中标候选人

D. 向招标人提出书面评标报告，并决定合格的中标候选人

C. 向招标人提出口头评标报告，并决定合格的中标候选人

D. 向招标人提出书面评标报告，并推荐合格的中标候选人

3. 某省跨海大桥项目，在招标文件中明确规定提交投标文件截止时间为 2018 年 3 月 8 日上午 8 点 30 分，开标地点为建设单位十一楼大会议室。有甲、乙、丙、丁、戊五家单位参与投标，根据招标投标法的有关规定，下列说法正确的是（　　）。

A. 开标时间是 2018 年 3 月 8 日上午 8 点 30 分之后的某一时间

B. 可以改变开标地点

C. 开标由该建设单位主持

D. 由于丙单位中标，开标时只要邀请丙单位参加即可

4. 某省高速公路扩建工程，有甲、乙、丙、丁、戊五家单位参与投标，根据招标投标法的有关规定，下列说法正确的是（　　）。

A. 招标人有可能直接决定中标单位

B. 开标时由不同的投标人拆封自己的标书

C. 开标应由招标人主持

D. 开标时发现乙的投标文件没有密封，但若有三家投标单位同意，则该投标文件有效

5. 根据招标投标法的有关规定，下列关于评标委员会的说法正确的有（　　）。

A. 每个投标人选择一名专家组成评标委员会，以体现公正性

B. 评标委员会由 9 名成员构成，其中有 3 名教授级高工，4 位经济学专家

C. 为体现公开原则，在评标前向社会公布评标委员会成员的名单

D. 评标委员会由 6 名成员构成，其中有 3 名教授级高工，2 位经济学专家

6. 下列关于评标委员会成员的有关表述中符合法律规定的是（　　）。

A. 某甲，由投标人从省人民政府有关部门提供的专家名册的专家中确定

B. 某乙，现任某公司法定代表人，该公司常年为某投标人提供建筑材料

C. 某丙，从事招标工程项目领域工作满 10 年并具有高级职称

D. 某丁，在开标后，中标结果确定前将自己担任评标委员会成员的事告诉了某投标人

7. 下列行为中，没有违反《招标投标法》的是（　　）。

A. 评标委员会未经评审，将报价最低的投标人确定为排名第一的中标候选人

B. 中标通知书发出后，中标人发觉自己投标报价计算有误，拒绝与招标人签订合同

C. 招标人在确定中标人 10 天后，向有关行政监督部门提交了招标投标情况的书面报告

D. 招标人仅仅向中标人发出中标通知书，而没有将中标结果通知所有未中标的投标人

8. 对于中标通知书的法律效力下列说法正确的是（　　）。

A. 中标通知书就是正式的合同　　B. 中标通知书属于要约邀请

C. 中标通知书属于要约　　D. 中标通知书属于承诺

9. 某省卫生厅新建办公大楼项目向社会公开招标，评标后确定某承包单位为中标人并于 2018 年 4 月 1 日向其发出中标通知书，则双方最迟应在（　　）按照招标文件订立书面合同。

A. 2018 年 4 月 15 日　　B. 2018 年 4 月 20 日

C. 2018 年 4 月 30 日　　D. 2018 年 6 月 1 日

10. 下列说法不正确的是（　　）。

A. 招标投标法规定招标方式分为公开招标和邀请招标两类。

B. 只有不属于法规规定必须招标的项目才可以采用直接委托方式。

C. 建设行政主管部门派人参加开标、评标、定标的活动，监督招标按法定程序选择中标人，所派人员可作为评标委员会的成员，但不得以任何形式影响或干涉招标人依法选择中标人的活动。

D. 公开招标中，评标的工作量较大，所需招标时间长，费用高。

二、多项选择题

1. 某建设项目对社会公开招标，招标文件明确规定提交投标文件的截止时间是 2018 年 6 月 1 日上午 9 点，开标地点为该港口公司四楼会议室，则下列关于开标的说法正确的有（　　）。

A. 开标时间为 2018 年 6 月 1 日上午 9 点至 2018 年 6 月 15 日上午 9 点之间

B. 开标地点应当为该港口公司四楼会议室

C. 开标应由该市政府有关部门主持

D. 开标时只需邀请中标单位参加

E. 开标时由工作人员当众拆封所有投标文件

2. 根据招标投标法的有关规定，下列关于评标委员会的说法正确的有（　　）。

A. 评标委员会成员的名单应向社会公布，以体现招标活动的公开性

B. 评标委员会可以由 7 人组成

C. 评标委员会可以由 9 人组成，其中经济专家 2 人，技术专家 2 人

D. 评标委员会可以由 5 人组成，其中经济专家 2 人，技术专家 2 人

E. 评标委员会应根据招标人的意思推荐中标候选人

3. 新建图书馆项目，评标由依法组建的评标委员会负责，甲、乙、丙、丁、戊五人组成评标委员会，他们的下列做法不符合招标投标法规定的有（　　）。

A. 甲接受某投标单位的请客吃饭

B. 乙为某投标单位的法律顾问，但乙保证秉公评标

C. 丙在学校领导的授意下，向某投标单位泄漏标底

D. 丁拒绝向权威媒体透露关于中标候选人的推荐情况

E. 戊接受某投标单位为其提供的欧洲旅游

4. 某单位就滨海护岸工程项目向社会公开招标，2018 年 3 月 1 日确定某承包单位为中标人并于当日向其发出中标通知书，则根据招标投标法的有关规定，下列说法正确的有（　　）。

A. 中标通知书就是正式的合同

B. 双方应在 2018 年 3 月 15 日前订立书面合同

C. 双方应在 2018 年 3 月 30 日前订立书面合同

D. 建设单位应在 2018 年 3 月 30 日前向有关行政监督部门提交招标投标情况的书面报告

E. 建设单位应在 2018 年 3 月 15 日前向有关行政监督部门提交招标投标情况的书面报告

三、实训题

实训目的：掌握开标会议的程序，确定参加对象，如何进行组织。

准备工作：

① 开标会议室；

② 摄录机；

③ 邀请参加人员；

④ 设计开标时的场景。

实训步骤：描述实训目标→划分小组→指定招标方、投标方→唱标→进行资料整理→撰写报告。

实训结果：

① 熟悉开标的准备工作；

② 掌握开标的程序；

③ 编制开标的相关文件。

注意事项：

① 学生角色扮演真实；

② 开标程序设计合理；

③ 充分发挥学生的积极性、主动性和创造性；

④ 走访前做好准备工作，对开标的过程有初步的认识。

项目五　电子招投标与BIM招投标

项目目标

电子招投标与传统招投标模式不同，它是以网络信息技术为基础，把传统的招标、投标等业务过程实现数字化、网络化、高度集成化的新型招投标方式。推行电子化招投标，可以有效降低市场主体交易成本，提升了招投标监管服务质量和效率，遏制了围标串标、弄虚作假等违法违规行为。

教学要求

能力目标	知识要点
掌握电子招投标概念、优势、电子招标投标的流程	（1）电子招投标概念 （2）电子招投标的优势 （3）电子招标投标的流程
了解电子招投标交易平台结构	（1）电子招标投标系统架构 （2）电子招投标交易平台结构
了解基于BIM的电子招投标	（1）BIM在工程招投标管理中的应用 （2）基于BIM的电子招投标系统 （3）基于BIM的电子评标系统

案例导入

【背景】

为了规范电子招标投标活动，促进电子招标投标健康发展，国家发展和改革委员会、工业和信息化部、原监察部、住房和城乡建设部、交通运输部、原铁道部、水利部、商务部联合制定了《电子招标投标办法》及相关附件，现予发布，自2013年5月1日起施行。《电子招标投标办法》总体框架共9章66条，其主要内容如下：

第一章：总则，规定了立法目的、适用范围，电子招标投标系统的构成，以及对电子招标投标活动的监督。

第二章：电子招标投标交易平台，规定了电子招标投标交易平台的建设运营原则、建设运营主体、建设运营条件及其应具备的主要功能。

第三章至第五章：规定了电子招标、投标、开标、评标和中标各个阶段的行为规则。

第六章：信息共享与公共服务，规定了电子招标投标公共服务平台的建设主体及其应具备的主要功能，交易平台与公共服务平台的信息交互，以及公共服务平台向社会公众、市场主体、监督部门的信息提供义务。

第七章：监督管理，规定了电子招标投标监督平台建设及其与交易平台、公共服务平台的信息交互，交易平台和公共服务平台的安全操作及电子归档备份，监督部门职责，电子招标投标投诉处理等。

第八章：规定了违反上述规则应承担的法律责任。

第九章：附则，规定了《电子招标投标系统技术规范》作为《电子招标投标办法》附件的效力、纸质文件与数据电文的关系和生效日期等内容。

从宏观背景讲，党的十八大将信息化作为推进经济结构战略性调整的重要内容，要求大幅提升信息化水平，推进信息网络技术广泛运用，推动信息化和工业化深度融合。与传统招投标相比，电子招标投标在提高采购透明度，节约资源和交易成本，利用技术手段解决弄虚作假、暗箱操作、串通投标、限制排斥潜在投标人等突出问题方面具有独特优势。为此，中央惩防体系规划、工程专项治理工作，以及国务院关于做好招标投标法实施条例贯彻实施工作，均对完善电子招标投标制度，推行电子招标投标作出明确部署。

从行业发展角度看，当前电子招标投标发展面临的一些问题亟须出台相关规定解决。一是针对电子招标投标法律地位不明确问题，需规定数据电文形式与纸质形式的招标投标活动具有同等法律效力。二是针对各种平台定位不清晰问题，需明确交易平台、公共服务平台和行政监督平台的功能定位、建设运营主体、层级设立、运行要求。三是针对电子招标投标系统存在系统壁垒和信息孤岛问题，需规定互联互通和信息公开，支持电子身份互认，禁止限制或者排斥符合技术规范的工具软件与相关平台对接。四是针对电子招标投标交易安全问题，需从制度和技术层面，对系统设计、技术标准、安全管理等提出要求。五是针对信息化条件下的监管不到位问题，需通过信息公开、信用机制、监管通道等，建立适应电子招标投标特点的监督机制。

总之，出台《电子招标投标办法》，是落实党的十八大要求的一项重要举措，也是落实中央部署、推动工程建设领域反腐败长效机制建设的一项重要任务，对于促进招标采购市场健康发展、推动政府职能转变、推进生态文明和廉政建设，具有重要意义。

规划符合国情的电子招标投标系统架构，是推进电子招标投标首先要解决的问题。基于我国地域范围广、经济体量大、交易类型多，以及分地区、分行业监管等情况，《电子招标投标办法》按照功能定位的不同，将电子招标投标系统区分为交易平台、公共服务平台和行政监督平台。这三个平台在原则理念、建设主体、层级设立、运行要求上都有所不同。交易平台是以数据电文形式完成招标投标交易活动的信息平台，具有竞争性、专业性和个性化服务的特征，按照市场化、专业化、集约化方向由不同的主体建设运营。公共服务平台通过收集、整合和发布招标项目交易信息以及相关公共信息，满足交易平台之间信息交换、资源共享需要，并为市场主体、监督部门和社会公众提供信息服务，具有综合性和公益性的特征。公共服务平台的这一特征，决定了应当由设区的市级以上人民政府发展改革部门会同有关部门，按照政府主导、共建共享、公益服务、相对集中的原则推动建立。行政监督平台是行政监督部门和监察机关履行监督职责的信息平台，由行政监督部门和监察机关结合本单位电子政务建设依法设置。这三个平台中，交易平台是基础，公共服务平台是枢纽，行政监督平台是手段，共同构成定位清晰、层次分明、功能互补、互联互通电子招标投标系统架构。需要指出的是，以上只是逻辑上的划分，实践中，电子招标投标系统还可以在具备交易功能的同时，兼具部分公共服务和行政监督的功能。

【问题】

1. 为什么要出台《电子招标投标办法》？
2. 电子招标投标系统架构如何规划。

任务 5.1　认识电子招投标

任务导入

与传统招投标相比，电子招标投标在提高采购透明度，节约资源和交易成本，利用技术手段解决弄虚作假、暗箱操作、串通投标、限制排斥潜在投标人等突出问题方面具有独特优势。出台《电子招标投标办法》极大地推进信息网络技术广泛运用，推动信息化和工业化的深度融合，对于促进招标采购市场健康发展、推动政府职能转变、推进生态文明和廉政建设，具有重要意义。

5.1.1　电子招投标概念

电子招投标是指以数据电文形式，依托电子招标投标系统完成的全部或者部分招标投标交易、公共服务和行政监督活动。

一般来说，电子招投标更具有竞争性，它能比书面招投标得到更低的价格。整个过程更快、更便于有效管理。前期准备时间长于投标时间，总体持续时间短。

5.1.2　电子招投标与传统招投标的区别

电子招投标是在计算机和网络上完成招标投标的整个过程，亦即在线完成招标、投标、开标、评标、定标等全部活动。它与依托纸质文件开展的招标投标活动并无本质上的区别。

电子招投标与传统招投标的区别：传统招标是一种交易模式，主要包括公开招投标和邀请招投标两种方式。传统的招投标需经过招标、投标、开标、评标与定标等程序，涉及招标方、投标方、监管方、代理方等多个角色，其中的规章制度烦琐，操作流程复杂，采购周期较长，整个运作成本高。传统招标的工作大部分采用人工、书面文件的方式操作，电子化程度低，其传播推广的方法主要依靠下线渠道以及建筑行业业小圈子的分享，推广传播比较狭隘。

电子招标则是以网络技术为基础，把传统招标、投标、评标、合同等业务过程全部实现数字化、网络化、高度集成化的新型招投标方式，同时具备数据库管理、信息查询分析等功能，是一种真正意义上的全流程、全方位、无纸化的创新型采购交易方式。

电子招标电子招与传统招投标角色和流程都没有本质的改变，改变的只是一种操作的方式，但是电子招投标线上传播的优势，以及操作公开，公平，公正的流程，决定了电子招投标更适合市场的需求。

5.1.3 电子招投标的优势

电子招投标是以网络信息技术为支撑进行招投标业务的协同作业模式。网络的实时性和开放性打破了传统意义上的地域差别和时空限制，节约了大量的时间和经济成本；同时信息得以及时沟通，增强了招投标过程的透明度，加快了招投标活动的整体进程。电子招投标还将制度设计和流程标准通过信息技术手段加以固化，以期规范操作程序、避免执行偏差、降低项目风险。通过电子招投标，招标投标过程放在了阳光下进行，招标效率提高，招标投标成本下降。总体来看，利用电子招投标主要有以下几点意义。

1．确保招投标活动公开公平公正

由于网络的开放性、普遍性和交互性，电子招投标方式相比其他媒介更能增加招标投标的公开性和透明度，更有利于公平竞争。同时，在强化系统可靠性和安全性保障、增加系统平台操作监督基础上，电子招投标可避免招标投标活动中的暗箱操作，有效保证招投标活动的公平和公正。建立电子招投标平台，使招投标中的每个步骤都依法遵规、按部就班，信息披露更广泛，有效提高了招标信息的对称性，有利于招标人、投标人掌握整个招投标过程，也有利于招投标监管部门对整个招投标过程进行监督。实行计算机辅助评标，使整个程序更加公开、透明，也能更有效防止暗箱操作和虚假招标等违法违规行为，确保整个招投标活动“三公”原则的实现。

2．实现招投标活动便捷高效

传统招投标中，招标人或招标代理机构（以下统称招标人）需要向不同主管单位送审和报备大量书面材料。电子招投标中，招标人只需将文件资料通过电子招投标平台进行网上申报，相关主管部门即可通过网络平台进行审批备案。这样既节省了时间，也有效提高了招投标工作效率。同时，通过电子招投标平台发售、下载电子招标文件和网络传输递交电子投标文件，优化了整个招投标工作业务流程；而运用计算机辅助评标系统进行评标，还大大提高了评标专家的评标效率，缩短了整个项目招标投标时间周期。

3．降低招投标活动交易成本

电子招投标的显著特点是，不仅能有效降低招投标活动时间、经济和社会成本，还能降低招标人、投标人的招标或投标成本，相关部门监督管理和交易场所等部门公共服务成本，有效降低各种开支并节约资源，推进绿色采购。采用电子招投标后，时间和空间的约束不复存在，投标人参与竞争的机会明显增多，由此造成竞争数量显著增多，招标项目竞争性扩大，投标价格普遍降低，招标人也从中受益。

4．促进招投标活动管理规范

随着招投标规模和范围的拓展，传统的招投标业务管理方式已无法满足规范化、效能化要求。在电子招投标平台上，全过程电子化招标项目在公开、透明的环境下进行，招标投标全过程受到监管机构和社会公众双重监督，促使招标投标各环节的规范化管理。电子招投标通过系统流程管理，采用网络技术使招标人、投标人、评标专家在电子招投标平台上按业务流程规范操作，管理部门在电子招投标平台能实现全过程、全方位监管，整个招标投标交易的每个环节始终处在可控状态，实现全过程监督和管理，确保过程的公正合法。

5.1.4　国家对电子招投标的立法

《招标投标法》第 46 条规定：招标人和中标人应当自中标通知书发出之日起 30 日内，按照招标文件和中标人的投标文件订立书面合同。

《合同法》第 11 条规定：书面形式是指合同书、信件和数据电文（包括电报、电传、传真、电子数据交换和电子邮件）等可以有形地表现所载内容的形式。

《中华人民共和国电子签名法》（以下简称《电子签名法》）第 2 条规定：电子签名是指数据电文中以电子形式所含、所附用于识别签名人身份并表明签名人认可其中内容的数据。

《电子签名法》第 7 条规定：数据电文不得仅因为其是以电子、光学、磁或者类似手段生成、发送、接收或者储存的而被拒绝作为证据使用。

《电子签名法》第 14 条规定：可靠的电子签名与手写签名或者盖章具有同等的法律效力。

《电子招标投标系统技术规范》第 3.16 条规定：电子印章是指模拟在纸质文件上加盖传统实物印章的外观和方式进行电子签名的形式。

《招标投标法实施条例》第 5 条规定：国家鼓励利用信息网络进行电子招标投标。

《电子招标投标办法》第 2 条规定：数据电文形式与纸质形式的招标投标活动具有同等法律效力。

5.1.5 电子招投标交易平台结构

1. 电子招标投标系统架构

电子招标投标系统由电子招标投标交易平台、电子招标投标公共服务平台、电子招标投标行政监督平台三个部分组成。三个平台的主要功能和架构关系如图 5-1 所示。

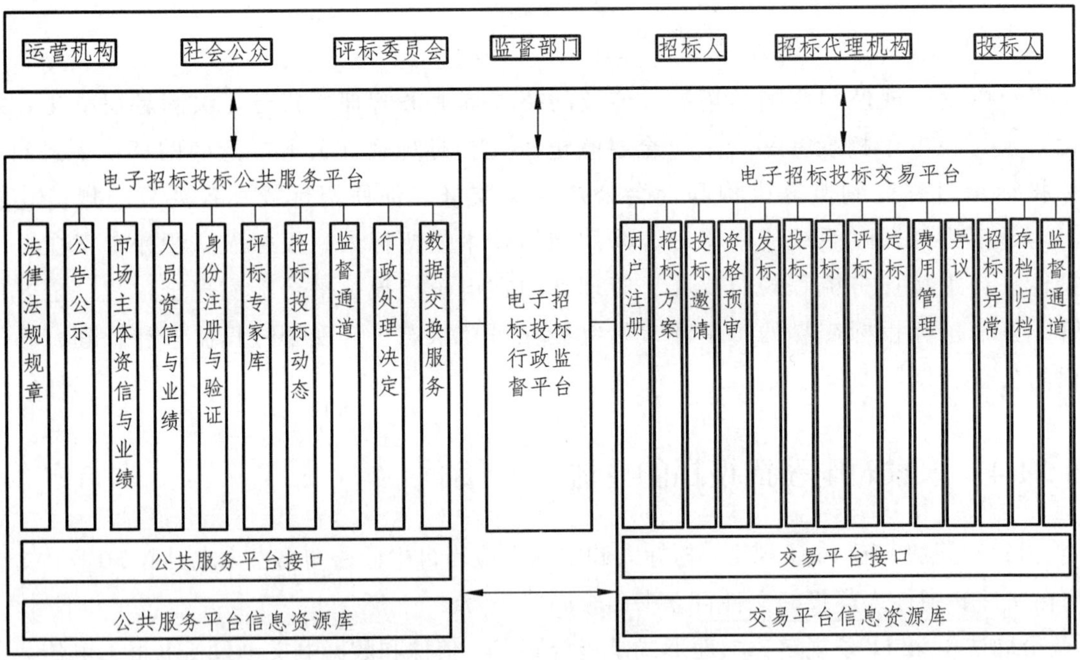

图 5-1 电子招标投标系统架构示意

（1）交易平台。招标投标当事人通过数据电文形式完成招标投标交易活动的信息平台。交易平台主要用于在线完成招标投标全部交易过程，编辑、生成、对接、交换和发布有关招标投标数据信息，为行政监督部门和监察机关依法实施监督、监察和受理投诉提供所需的信息通道。

（2）公共服务平台。为满足各交易平台之间电子招标投标信息对接交换、资源共享的需要，并为市场主体、行政监督部门和社会公众提供信息交换、整合和发布的信息平台。公共服务平台具有招标投标相关信息对接交换、发布、资格信誉和业绩验证、行业统计分析、连接评标专家库、提供行政监督通道等服务功能。

（3）行政监督平台。行政监督部门和监察机关在线监督电子招标投标活动并与交易平台、公共服务平台对接交换相关监督信息的信息平台。行政监督平台应当公布监督职责权限、监督环节、程序、时限和信息交换等要求。

2．电子招投标交易平台结构

交易平台由基本功能、信息资源库、技术支撑与保障、公共服务接口、行政监督接口、专业工具接口、投标文件制作软件等构成，并通过接口与公共服务平台和行政监督平台相连接，其基本功能结构如图 5-2 所示。

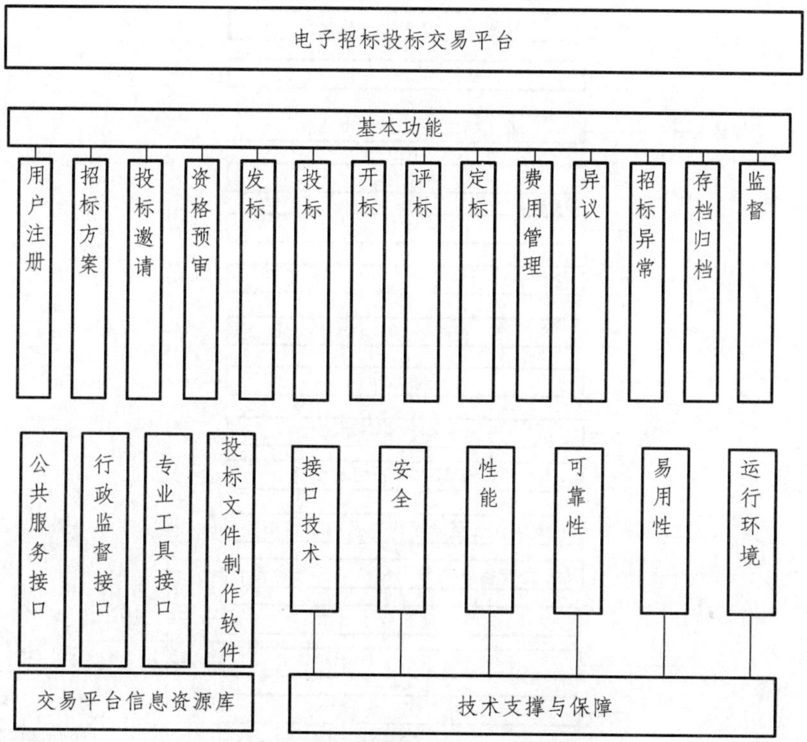

图 5-2　电子招投标交易平台结构示意

3．电子招投标交易平台基本功能要求

交易平台基本功能应当按照招标投标业务流程要求设置，包括用户注册、招标方案、投标邀请、资格预审、发标、投标、开标、评标、定标、费用管理、异议、监督、招标异常、归档（存档）等功能。

5.1.6　电子招标投标的流程

由于招标投标行政管理体制条块分割，各行业、地方的招标投标流程都有不同程度的差异。现以重庆市建设工程招投标电子招投标为例，解析招标和投标的流程。电子化招投标资格预审流程见图 5-3，电子化招投标资格后审流程见图 5-4。

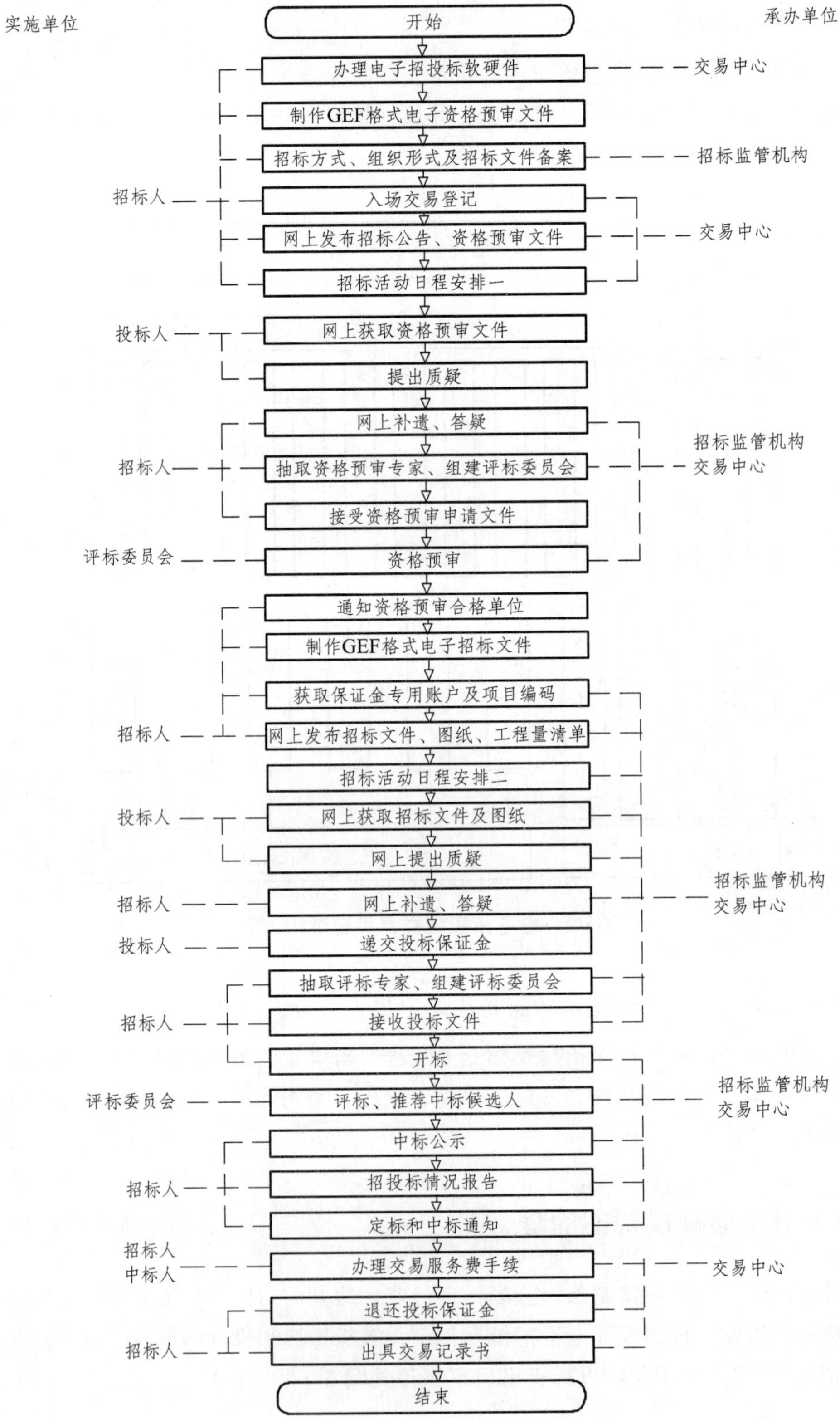

图 5-3　电子化招投标资格预审流程示意

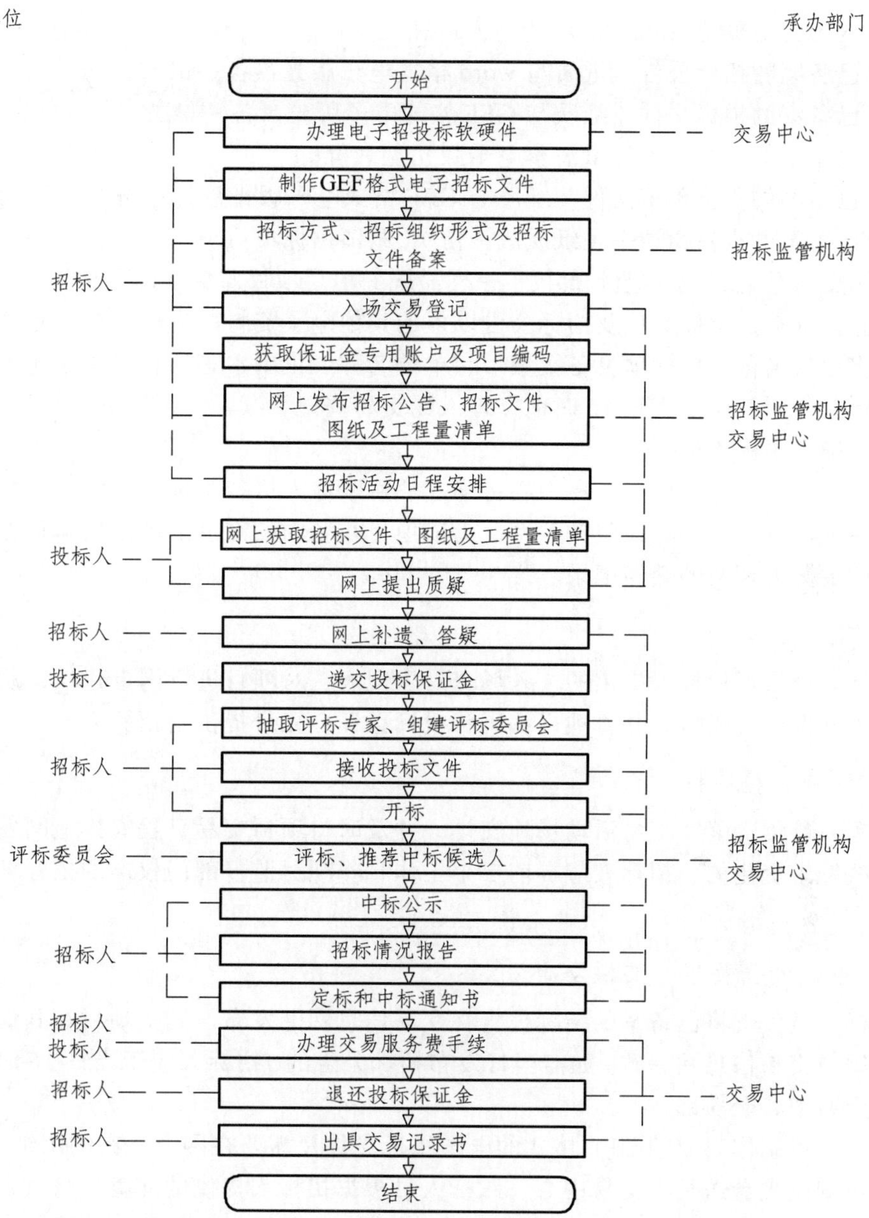

图 5-4　电子化招投标资格后审流程示意

5.1.6.1　招标人办事流程

1．办理电子招标文件制作的软硬件

招标人首次制作电子招标文件，需要办理电子招标文件制作软件加密锁、电子印章和电子标书存储器。办理申请表及办理流程可在各地工程建设投标交易信息网查询。

2．入场交易登记

（1）提供资料。

① 项目监督部门出具的当地工程建设招标备案意见；

② 入场交易登记表（二份），招标人可在交易信息网自行下载，按规定填写并加盖公章；

③ 已备案的招标公告（纸质与 word 格式电子版光盘各一份）；

④ 已备案的招标文件（纸质与 GEF 格式电子版光盘各一份）；

⑤ 已备案的图纸、工程量清单电子版光盘一份；

⑥ 已备案的资格预审文件（纸质与 GEF 格式电子版光盘各一份）（资格预审项目）；

⑦ 已备案的投标邀请书（纸质版一份）（邀请招标项目）；

入场交易登记表中，“监督部门”一栏需统一填写项目监督部门全称，不得简写。招标人提交的光盘资料，招标文件及招标公告以外的其他电子资料需进行压缩，光盘表面使用油性记号笔将项目名称、招标项目备案编号、单位名称、正副本等信息标注在光盘上。如需当日发布招标公告的，应于当日 16 时前办理入场交易登记手续。

（2）确定跟标人员。

入场交易登记完成后，交易中心将确定项目跟标人员。跟标人员应与招标人确定的项目负责人建立“一对一”见证服务关系，为该项目在场内的交易活动提供全程见证服务，并负责填写相关交易环节的交易记录。

3．项目建档

跟标人员根据招标人提供的《入场交易登记表》对项目进行网上建档，从系统获取项目编码和投标保证金账号，并将项目编码和投标保证金账号提供给招标人。

4．交易日程安排

跟标人员负责落实交易活动场地安排，并及时将项目交易日程安排上网发布。交易日程安排因故发生变化的，招标人应提前 3 个工作日将项目监督部门核准的招标补遗通知书送跟标人员。

5．招标公告及招标文件发布

跟标人员负责将已备案的招标公告在交易信息网上发布。同一项目在其他网站发布的招标公告须与交易信息网一致。如需当日发布招标公告的，招标人应于当日 16 时前将相关资料送达市交易中心交易部。

招标人将制作完成的 GEF 格式的电子招标文件及需要在网上发布的图纸、工程量清单等相关资料刻成光盘送至市交易中心，跟标人员根据招标人提供的光盘，将其发布在交易信息网上，供投标（被邀标）人自主下载。

6．补遗、答疑发布

投标人网上质疑的提交时间截止后，招标人应与跟标人员联系，从交易管理系统中导出质疑内容，并进行签字确认。交易项目的补遗、答疑经项目监督部门备案后，招标人或招标代理机构应将补遗、答疑制作在 GEF 格式的电子招标文件中，并及时送跟标人员上网发布，供投标（被邀标）人自主下载，所有补遗、答疑应在发布当日 16 时前送达交易中心。

7．接收投标资料

招标人或招标代理机构按招标文件约定的时间，在交易中心指定接标处接收投标人递交的投标资料。招标人或招标代理机构应做好投标资料的密封情况检查，并做好登记。

8．评委抽取

招标人依法组建资格预审委员会或评标委员会，抽取时间应在投标截止前 3 小时以内。

（1）在各地综合评标专家库抽取评标专家的，招标人须持经项目监督部门确认的《综合评标专家库评标专家抽取申请表》（可在交易信息网上下载）到当地交易中心专家抽取室抽取专家。参加抽取的人员须在专家抽取签到表上签字。

（2）在国家综合评标专家库或部委设立的专家库抽取评标专家的，招标人须持经项目监督部门确认的《评标专家抽取申请表》到当地交易中心专家抽取室抽取专家。参加抽取的人员须在专家抽取签到表上签字。

（3）直接确定评标专家的，招标人在评标前将项目监督部门同意的书面意见送市交易中心评标区前台，由评标区前台工作人员交跟标人员随项目资料存档。

9．资格预审（资格预审项目）

（1）招标人或招标代理机构按资格预审文件约定的时间，在交易中心指定接标处接收投标人递交的资格预审申请文件。接收完成后，招标人应安排投标人在接标大厅等候，待专家对原件资料核查后，由招标人集中或分批在接标处向投标人退还原件资料。评审结束后招标人将电子标书存储器退还给投标人。

（2）资格预审评审在市交易中心评标室进行。资格预审开始前，招标人应向跟标人员领取工作牌。

（3）资格预审结束后，招标人应及时将已备案的招标文件（纸质与 GEF 格式电子版光盘各一份）及招标文件备案表送跟标人员上网发布，并在开标后向跟标人员提交资格预审结果。

10．开　标

招标人按招标文件规定的提交投标文件截止时间在市交易中心公开开标，开标会由招标人或招标代理机构主持。

（1）开标前，招标人应根据工作人员到场情况，向跟标人员领取工作牌。

（2）开标前，项目监督人员应在《项目监督人员签到表》上签字。项目监督人员应到场监督，未到场的不得开标。

（3）开标基本程序。

① 宣布开标纪律；

② 宣布开标人、唱标人、记录人、监督人员等有关人员姓名；

③ 公布在投标截止时间前递交投标文件的投标人名称，并点名确认投标人是否派人到场；

④ 核验参加开标会议的投标人的法定代表人或委托代理人本人身份证（原件），核验被授权代理人的授权委托书（原件），以确认其身份合法有效；

⑤ 现场展示并核查投标保证金的缴纳情况；

⑥ 密封情况检查；

⑦ 设有最高限价的，公布最高限价；

⑧ 开启投标文件顺序为随机开启；

⑨ 按照宣布的开标顺序当众开标，开启资格审查资料袋、投标文件大袋及投标函部分袋、

商务部分袋、技术部分袋，并将电子标书存储器交跟标人员，将GEF格式的投标文件导入重庆市建设工程电子开标系统，投标文件导入完成后当场退还投标人的电子标书存储器，同时按照电子开标系统展示的内容，公布投标人名称、标段名称、投标报价、质量目标、工期及其他内容，查询项目经理在建项目情况和企业综合诚信评价分并记录在案；

⑩ 投标人代表、招标人代表、监督人员、记录人等有关人员需在开标记录表、保证金缴纳情况表、重庆市建设工程招投标诚信综合评价应用表上签字确认；

⑪ 开标结束。

开标会议结束后，招标人或招标代理应当场将投标资料封存于资料专用运输设备中。招标人负责加锁，并将钥匙交监督人员保管。

11．评　标

（1）评标开始前10分钟，招标人和项目监督人员共同到专家抽取室打印专家名单，并对专家进行点名。

（2）评标专家凭专家信息卡进入评标区，点名后通过门禁系统验证身份进入指定评标室。评标专家到齐后，由监督人员宣布评标纪律，并请评标专家自行推荐评标小组组长，组成评标委员会。

（3）其他工作人员凭工作牌进入半封闭评标区。招标人在监控室办理进入评标监督室的相关手续后，安排有关监督人员进入评标监督室指定区域。

（4）评标专家登录重庆市建设工程电子评标系统，按照招标文件设定的评标流程对各投标文件进行评审。

（5）评标过程中需要询标时，答疑人应先登记，然后在监督人员的监督下，到指定答疑室进行答疑。

（6）评标委员会成员以外的其他人员不得擅自进入评标室。投标资料运抵评标区门禁后，招标人或招标代理应进行登记，经监督人员签字同意后，由监督人员陪同进入评标室，服务工作完成后立即退出评标室。评标过程中确需参加评标服务工作的，按前述规定执行。凡进入评标室人员一律不得携带通信工具。

（7）评审结果汇总后，生成电子评标报告，评标专家在评标报告上加盖个人CA电子印章。

（8）评标结束后，招标人向市交易中心提交已签字确认的开标评标相关表格。

12．投标资料的封存及启封

需要封标的，招标人应先填写封标申请表，经监督人员签字同意后，在监督人员的监督下，将需要封存的资料封存于市交易中心封标室。

资料启封时，招标人应填写启封申请，经监督部门签字同意后方可启封。

13．评标结果及中标公示

交易中心根据招标人提供的评标资料在交易信息网公示评标结果。

招标人向交易中心提交经项目监督部门核准的《工程建设项目招标投标中标公示表》，交易中心根据《工程建设项目招标投标中标公示表》在交易信息网公示中标候选人。

评标结果和中标候选人将同时公示。

14．中标通知书存档

招标人应当在法定时间内确定中标人，发出中标通知书，并同时抄送交易中心存档。

15．交易服务费缴纳

招标人持已签发的中标通知书到交易中心及时办理交易服务费手续。

16．退还投标保证金

招标人应及时将中标通知书原件和投标保证金退还通知原件送交易中心，交易中心 5 个工作日内向中标候选人以外的其他投标人退还投标保证金及其利息。招标人与中标人签订合同后，应将合同副本原件和投标保证金退还通知原件送交易中心，交易中心 5 个工作日内向中标候选人退还投标保证金及其利息。

投标保证金退还至投标人来款账户。

17．出具交易记录书

项目交易活动结束后，交易中心将及时向招标人出具交易记录书。

5.1.6.2　投标人（被邀标人）办事流程

1．项目招标信息

投标人通过互联网登录交易信息网，在网上查询工程项目信息和招标公告信息。

2．招标文件获取

投标人在交易信息网选定拟参加投标的项目后，可在项目下载区自主下载招标文件及相关资料。

3．办理电子投标文件制作的软硬件

投标人首次制作电子投标文件，需要办理电子投标文件制作软件加密锁、电子印章和电子标书存储器。

4．投标质疑

投标人（被邀标人）按照招标文件规定的时限，在交易信息网上“质疑区”提出质疑，并自行上传。

5．补疑、答疑获取

投标人可在交易信息网“补遗、答疑区”自主下载招标人的补遗和答疑文件。

6．递交投标保证金

按照招标文件规定的时间和方式，投标人将投标保证金由投标单位的基本账户转入交易中心投标保证金专用账户。

投标人应在开标前 3 天到交易中心对银行基本账户进行登记，已经登记过的投标人无需进行重复登记，如投标人银行基本账户发生变更需及时到市交易中心进行变更登记。“投标单位银行基本账户登记表”在交易信息网下载。

7．投标资料递交

投标人按招标文件约定的时间、地点递送投标资料，逾期送达的将被拒收。

8．开　标

（同招标人程序第十条）。

9．评　标

（同招标人程序第十一条）。

10．评标结果及中标公示

（同招标人程序第十三条）。

11．中标通知书

中标公示结束后，招标人向中标人签发中标通知书。

12．交易服务费缴纳

中标人收到中标通知书后，应持中标通知书及时到交易中心办理交易服务费手续。

13．退还投标保证金

收到中标通知书原件和投标保证金退还通知原件后 5 个工作日内，交易中心向中标候选人以外的其他投标人退还投标保证金及其利息。

收到合同副本原件和投标保证金退还通知原件后 5 个工作日内，交易中心向中标人和其他中标候选人退还投标保证金及其利息。

投标人可以通过交易信息网对投标保证金的退还情况进行查询。

任务练习

1. 电子招投标既全流程电子招投标，就是在计算机和网络上完成招标投标的整个过程，亦即在线完成招标、投标、开标、______________、______________等全部活动。

2. 传统招标是一种交易模式，主要包括____________和____________两种方式。

3. 运用计算机辅助评标系统进行评标，还大大提高了评标专家的______效率，缩短了整个项目招标投标时间周期。

4. 电子招标投标系统由______________、______________、______________ 三个部分组成。

5. 交易平台基本功能应当按照招标投标业务流程要求设置，包括__________、招标方案、投标邀请、______________、发标、投标、开标、评标、定标、费用管理、异议、监督、招标异常、________________等功能。

6. 招标人依法组建资格预审委员会或评标委员会，抽取专家在市交易中心三楼专家抽取室进行。抽取时间应在投标截止前______________小时以内。

7. 评审结果汇总后，生成电子评标报告，评标专家在评标报告上加盖个人____________。

8. 收到中标通知书原件和投标保证金退还通知原件后______________个工作日内，市交易中心向中标候选人以外的其他投标人退还投标保证金及其利息。

任务 5.2　基于 BIM 的电子招投标

任务导入

以互联网为标志，大数据、BIM（建筑信息模型）技术、电子化三大科技手段正在促进工程建设领域快速发展，并产生质的飞跃，也为建筑业的改革发展带来革命性、方向性的变化。BIM 技术作为建筑行业的新兴技术，极大地促进了建筑行业整体的精细化程度和管理水平。借助 BIM 技术可以直观地基于三维场景下对项目进行方案展示和论证。在评标环节，通过 BIM 技术的引入代替传统的纸质投标方案或电子化投标方案，就招投标中的重要环节进行可视化模拟分析，为建设工程招投标环节带来又一次的技术革新。从而实现招投标从纸质标书时代→电子招投标→BIM 招投标的新时代。

5.2.1　BIM 在工程招投标管理中的应用

BIM 技术的推广与应用，极大地促进了招投标管理的精细化程度和管理水平。在招投标过程中，招标方根据 BIM 模型可以编制准确的工程量清单，达到清单完整、快速算量、精确算量，有效地避免漏项和错算等情况，最大限度地减少施工阶段因工程量问题而引起的纠纷。投标方根据 BIM 模型快速获取正确的工程量信息，与招标文件的工程量清单比较，可以制定更好的投标策略。

1．BIM 在招标控制中的应用

在招标控制环节，准确和全面的工程量清单是核心关键。而工程量计算是招投标阶段耗费时间和精力最多的重要工作。而 BIM 是一个富含工程信息的数据库，可以真实地提供工程量计算所需要的物理和空间信息。借助这些信息，计算机可以快速对各种构件进行统计分析，从而大大减少根据图纸统计工程量带来的烦琐的人工操作和潜在错误，在效率和准确性上得到显著提高。

（1）建立或复用设计阶段的 BIM 模型。在招投标阶段，各专业的 BIM 模型建立是 BIM 应用的重要基础工作。BIM 模型建立的质量和效率直接影响后续应用的成效。模型的建立主要有三种途径。

① 直接按照施工图纸重新建立 BIM 模型，这也是最基础、最常用的方式。

② 如果可以得到二维施工图的 AutoCAD 格式的电子文件，利用软件提供的识图转图功能，将 DWG 二维图转成 BIM 模型。

③ 复用和导入设计软件提供的 BIM 模型，生成 BIM 算量模型。这是从整个 BIM 流程来看最合理的方式，可以避免重新建模所带来的大量手工工作及可能产生的错误。

（2）基于 BIM 的快速、精确算量。基于 BIM 算量可以大大提高工程量计算的效率。基于 BIM 的自动化算量方法将人们从手工烦琐的劳动中解放出来，节省更多时间和精力用于更有价值的工作，如询价、评估风险等，并可以利用节约的时间编制更精确的预算。

基于 BIM 算量提高了工程量计算的准确性。工程量计算是编制工程预算的基础，但计算过程非常烦琐，造价工程师容易因各种人为原因而导致很多的计算错误。BIM 模型是一个存储项目构件信息的数据库，可以为造价人员提供造价编制所需的项目构件信息，从而大大减少根据图纸人工识别构件信息的工作量以及由此引起的潜在错误。因此，BIM 的自动化算量功能可以使工程量计算工作摆脱人为因素影响，得到更加客观的数据。

2．BIM 在投标过程中的应用

（1）基于 BIM 的施工方案模拟。借助 BIM 手段可以直观地进行项目虚拟场景漫游，在虚拟现实中身临其境般地进行方案体验和论证。基于 BIM 模型，对施工组织设计方案进行论证，就施工中的重要环节进行可视化模拟分析，按时间进度进行施工安装方案的模拟和优化。对于一些重要的施工环节或采用新施工工艺的关键部位、施工现场平面布置等施工指导措施进行模拟和分析，以提高计划的可行性。在投标过程中，通过对施工方案的模拟，直观、形象地展示给甲方。

（2）基于 BIM 的 4D 进度模拟。建筑施工是一个高度动态和复杂的过程，传统的横道图或者网络计划，可视化程度低，无法清晰描述施工进度及各种复杂关系，难以形象表达工程施工的动态变化过程。通过将 BIM 与施工进度计划相链接，将空间信息与时间信息整合在一个可视的 4D（3D+Time）模型中，可以直观、精确地反映整个建筑的施工过程和虚拟形象进度。4D 施工模拟技术可以在项目建造过程中合理制订施工计划、精确掌握施工进度，优化使用施工资源以及科学地进行场地布置，对整个工程的施工进度、资源和质量进行统一管理和控制，以缩短工期、降低成本、提高质量。此外借助 4D 模型，施工企业在工程项目投标中将获得竞标优势，BIM 可以让业主直观地了解投标单位对投标项目主要施工的控制方法、施工安排是否均衡、总体计划是否基本合理等，从而对投标单位的施工经验和实力做出有效评估。

（3）基于 BIM 的资源优化与资金计划。利用 BIM 可以方便、快捷地进行施工进度模拟、资源优化，以及预计产值和编制资金计划。通过进度计划与模型的关联，以及造价数据与进度关联，可以实现不同维度（空间、时间、流水段）的造价管理与分析。

将三维模型和进度计划相结合，模拟出每个施工进度计划任务对应所需的资金和资源，形成进度计划对应的资金和资源曲线，便于选择更加合理的进度安排。

通过对 BIM 模型的流水段划分，可以按照流水段自动关联快速计算出人工、材料、机械设备和资金等的资源需用量计划。所见即所得的方式，不但有助于投标单位制订合理的施工方案，还能形象地展示给甲方。

（4）提高了编制商务标效率。

① 碰撞检查：减少返工、节约工期、减低建造成本。BIM 最直观的特点在于三维可视化，利用 BIM 的三维技术在施工前期、中期可以进行碰撞检查，这样既可以优化项目设计，减少在建筑施工阶段可能存在的错误损失和返工的可能性，又加快了施工进度，为业主减低建造成本。

② 虚拟施工：通过模型提前预知施工难点，提出切实可行施工方案。运用 BIM 三维可视化功能再加上时间维度，利用碰撞优化后的三维管线方案，可以进行施工交底、施工模拟，

发现本工程的重难点施工部位，按照场地特点、国家规范制定详细的施工方案，将施工方案模型化、动漫化，让评标专家、甚至非工程行业出身的业主领导都对施工方案的各种问题和情况了如指掌。

③ 优化安全文明施工方案：BIM 模型中，对设备基础、冷水机组尺寸、设备安装间距等存在安全隐患的位置，布置上安全围栏，施工前，对施工人员进行安全交底，形象有直观，让施工人员对安全隐患位置有较深的影响，确保施工过程不出安全事故。

④ 利用 BIM，做到分区域统计材料用量，材料运输一次到位，加快施工进度。BIM 不仅三维可视化，还是一个 6D 关联数据库。利用已经建立的模型，可以准确快速的统计到每个区域、每个构件的材料用量，点对点的材料运输，使得材料一次性到位，减少材料的二次搬运，进而有效提高各工序的配合程度，加快施工进度。

（5）提交运维 BIM 模型，方便业主管理。工程竣工后，向业主提供 BIM 资料数据库，业主方可以根据各种条件快速检索到相应资料，大大提升了物业管理能力。

总之，BIM 对于建设项目生命周期内的管理水平提升和生产效率提高具有不可比拟的优势。利用 BIM 技术可以提高招标投标的质量和效率，有力地保障工程量清单的全面和精确，促进投标报价的科学、合理，加强招投标管理的精细化水平，减少风险，进一步促进招标投标市场的规范化、市场化、标准化的发展。

5.2.2　基于 BIM 的电子招投标系统

1．基于 BIM 的电子招投标系统

基于 BIM 的电子招投标系统在现有电子招投标系统基础上，将 BIM 技术引入招标投标过程，建立基于 BIM 的电子评标系统。在招标和投标阶段包括以下方面：建模或模型导入、施工方案编制和优化（模拟）、施工进度方案编制和优化、资源和资金方案编制和优化、施工专项方案编制和优化、标书文件编制工具（招标、投标）、网上招投标系统、施工进度计划编制软件、场地布置方案编制软件、计价软件等。在评标阶段，需要进行施工方案比选评审、施工 5D 评审、资源计划评审、施工专项方案评审、设计方案评审，应当具备电子（远程）评标系统、BIM 技术标评审子系统。

2．基于 BIM 的电子招投标系统的实践

随着 BIM 技术应用的不断深入，全国各省市逐渐在开发基于 BIM 的电子招投标系统。虽然国内在施工、设计阶段已有部分单位应用 BIM，但在招投标阶段的 BIM 应用仍待研究。深圳市完成全国首个应用 BIM 技术的电子招标投标系统建设。在现有电子招投标系统基础上，基于 3D 模型与成本、进度相结合，以全新的五维视角，集成大数据研究成果，并与深圳市空间地理信息平台（GIS）对接，打造基于 BIM+大数据+GIS 的专业招标投标模式，实现深圳建设工程招标投标向智能化、可视化跨越式变革。同时，采用 BIM 招投标，提高行业监管的精细化程度和便捷性，促进建筑行业更快普及和发展 BIM 技术，推动建设工程设计、施工、运维各阶段之间的有机衔接。

（1）建设背景。深圳市是全国首个电子招投标试点城市，国家发改委在《关于深入开展

2016年国家电子招标投标试点工作的通知》（发改办法规〔2016〕1392号）中对深圳明确提出了“深化BIM等技术应用，推进电子招标投标与相关技术融合创新发展”的BIM应用试点要求。深圳市建设工程交易服务中心作为深圳电子招投标试点城市实施单位，在电子招投标系统交易平台获得全国首个三星证书后，又在全国率先将BIM技术应用在建设工程招投标环节，开展基于BIM的电子招投标系统建设及应用。

深圳市建设工程招投标分为五个阶段，分别为招标、投标、开标、评标和定标阶段。基于BIM的招投标系统是在传统的电子招投标系统基础上增加了BIM相关内容。

① 招标阶段：招标人编制含有BIM招标相关标准与要求的招标文件。

② 投标阶段：投标文件中增加了BIM标书，投标人采用市场化的工具，按照招标文件中BIM相关标准与要求，编制并提交BIM标书。

③ 开标阶段：招标人或招标代理对投标人递交的BIM标书进行合规性检测，并导入到内部服务器。

④ 评标阶段：评标专家通过BIM辅助评标系统对投标递交的BIM标书进行评审。

⑤ 定标阶段：定标委员会查看评审结果（含BIM标）和标书文件（含BIM标书）。

（2）创新点。BIM电子招投标系统的建设与应用，是国内率先将BIM技术应用到建设工程招标投标阶段，率先实现技术标和商务标的关联评审，率先将BIM技术与GIS、大数据进行融合应用。

① 基于BIM模型的评审，使评标更直观和精准。

采用BIM辅助评标后，专家可以借助BIM可视化优势，在评标中通过单体、专业构件等不同维度，对模型完整度和精度进行审查，形象展示本项目的建设内容。基于进度和模型的关联关系，在平台中动态展示施工过程，方便评委专家对投标单位的施工组织进行更加精准的评审。另外将场地等措施模型与实体模型结合展示，对现场的临建板房、现场监控布设等文明施工要素进行可视化审查。从而彻底改变传统电子评标阅读难度大、评审不直观的问题。

② 基于BIM模型投标方案，实现技术标和商务标一体化评审。

采用BIM辅助评标后，改变了以往技术标和商务标脱离的现状。专家可以根据项目周期，查看项目的资金资源需求，结合业主的资金拨付能力，评审最适合的项目进度计划。还可以通过筛选模型，查看对应部位预算文件中清单工程量及直接费，能够有效针对重点区域进行详查，辨别投标人不平衡报价，提前排除项目施工过程中因变更产生的成本超支风险。

③ 采用BIM与GIS融合技术，增加设计方案周边环境的精准定位和分析。

通过BIM技术与GIS技术的融合应用，将BIM模型与深圳市空间地理信息平台进行对接，将建筑方案设计模型基于真实的空间地理环境中进行精准定位、展示，实现了基于模型的设计方案周边环境查看和对比分析。

④ 结合大数据技术应用，实现同类工程BIM方案对比分析。

通过BIM技术与大数据技术创新应用，基于当前项目的特征参数，利用大数据研究成果，智能推送历史同类工程的中标方案，实现不同工程之间的BIM设计方案横向对比分析。

（3）突破性进展。本项目建设突破性进展是设计BIM辅助评标系统和施工BIM辅助评标系统。施工 BIM 辅助评标系统，实现了施工投标方案的施工组织安排、工艺工法、资金资源基于模型的动态展示等，见图 5-5、图 5-6、图 5-7、图 5-8、图 5-9、图 5-10、图 5-11。设计 BIM 辅助评标系统，实现了设计方案的模型展示、亮点展示、建筑周边环境展示、方案对比和历史工程查看，见图 5-12、图 5-13、图 5-14、图 5-15。

施工 BIM 辅助评标系统：

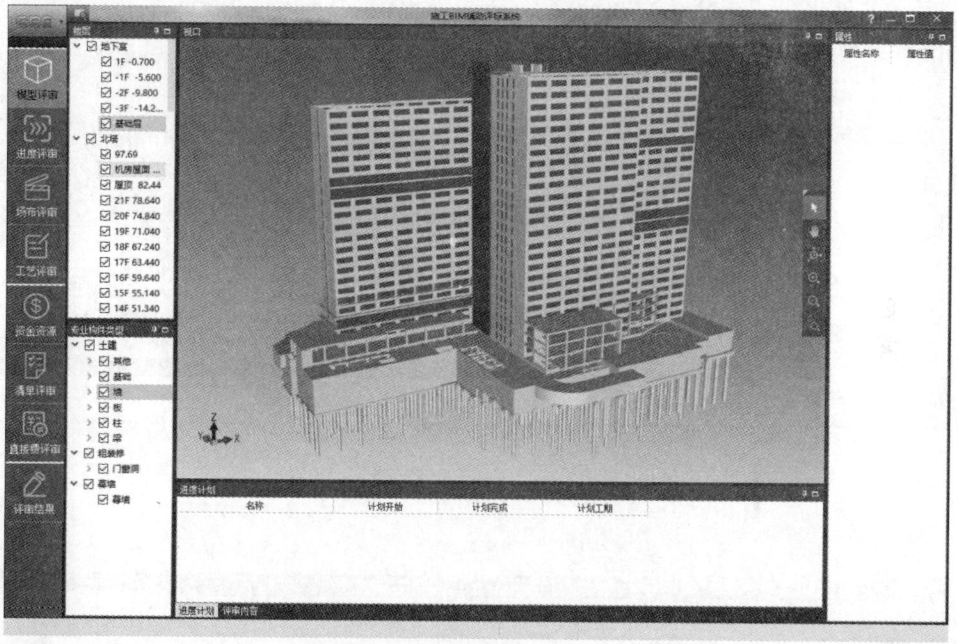

图 5-5 模型评审

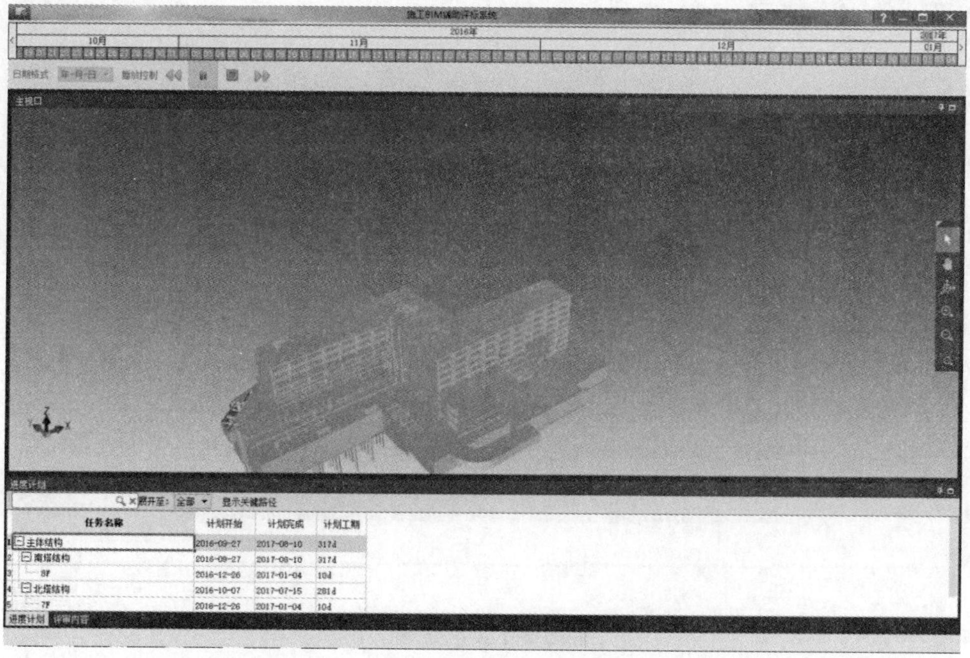

图 5-6 进度评审

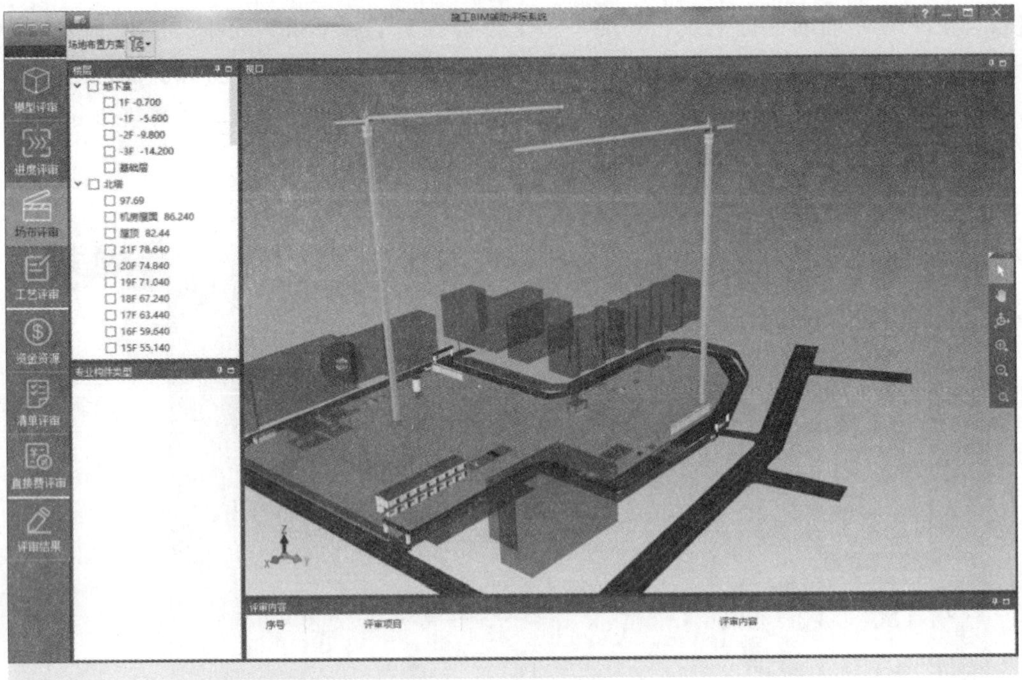

图 5-7　场地布置评审

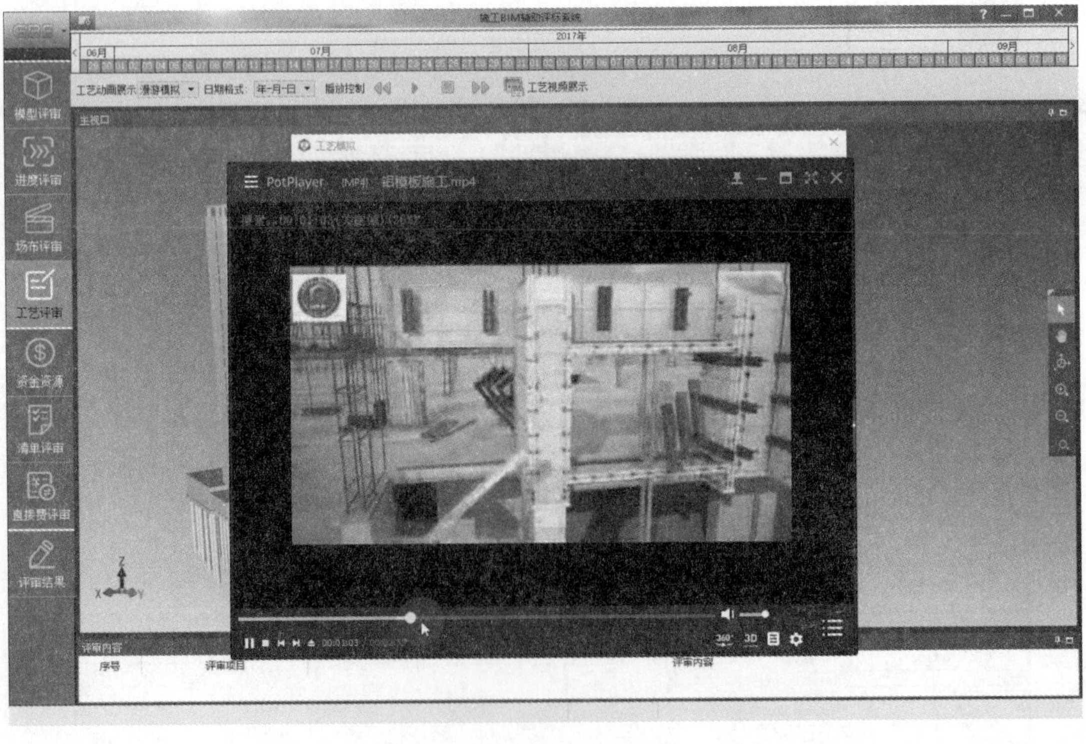

图 5-8　工艺评审

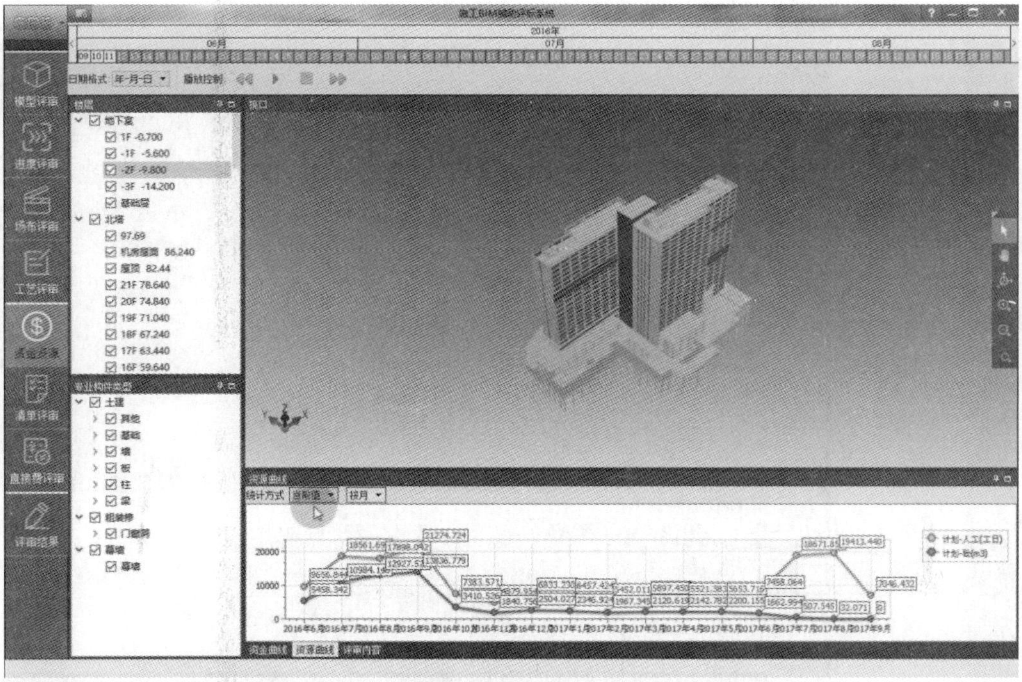

图 5-9　资金资源

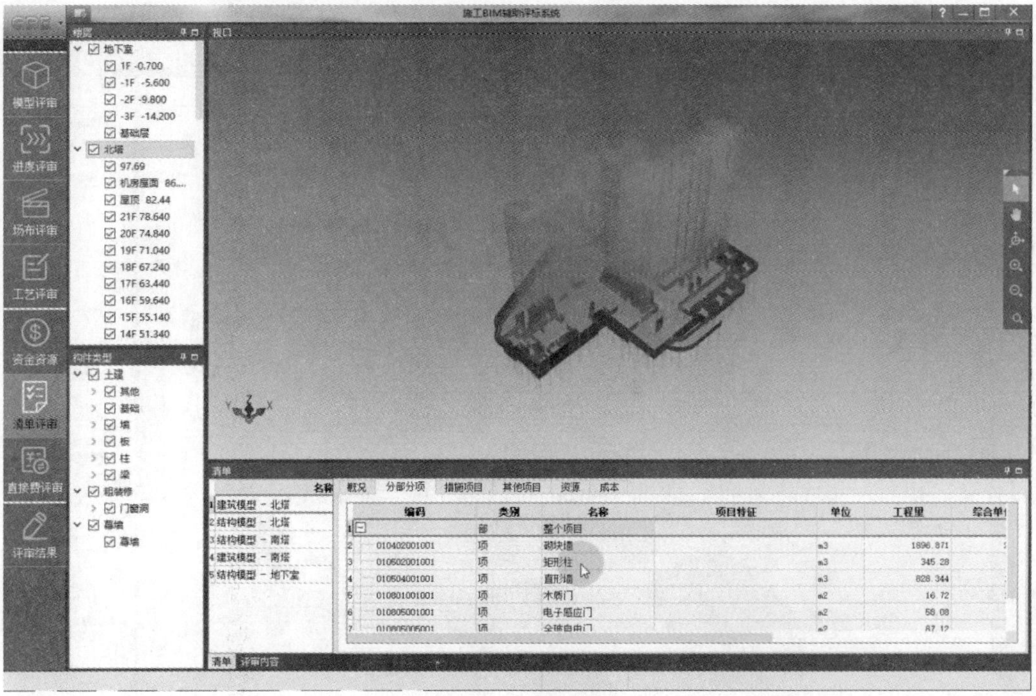

图 5-10　清单评审

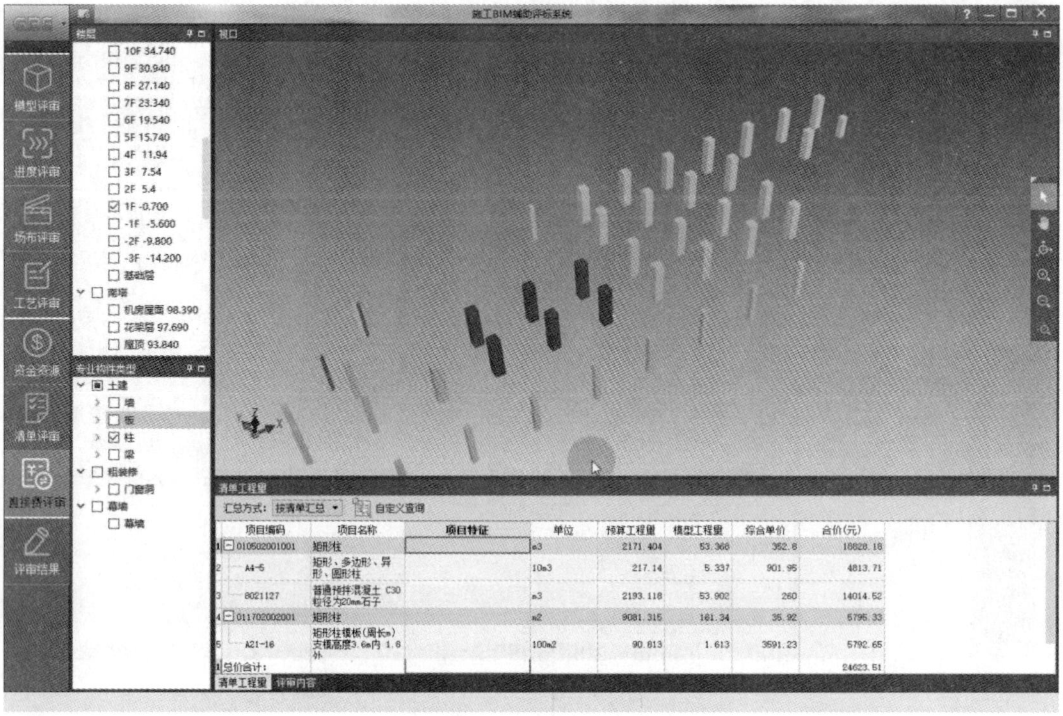

图 5-11 直接费用评审

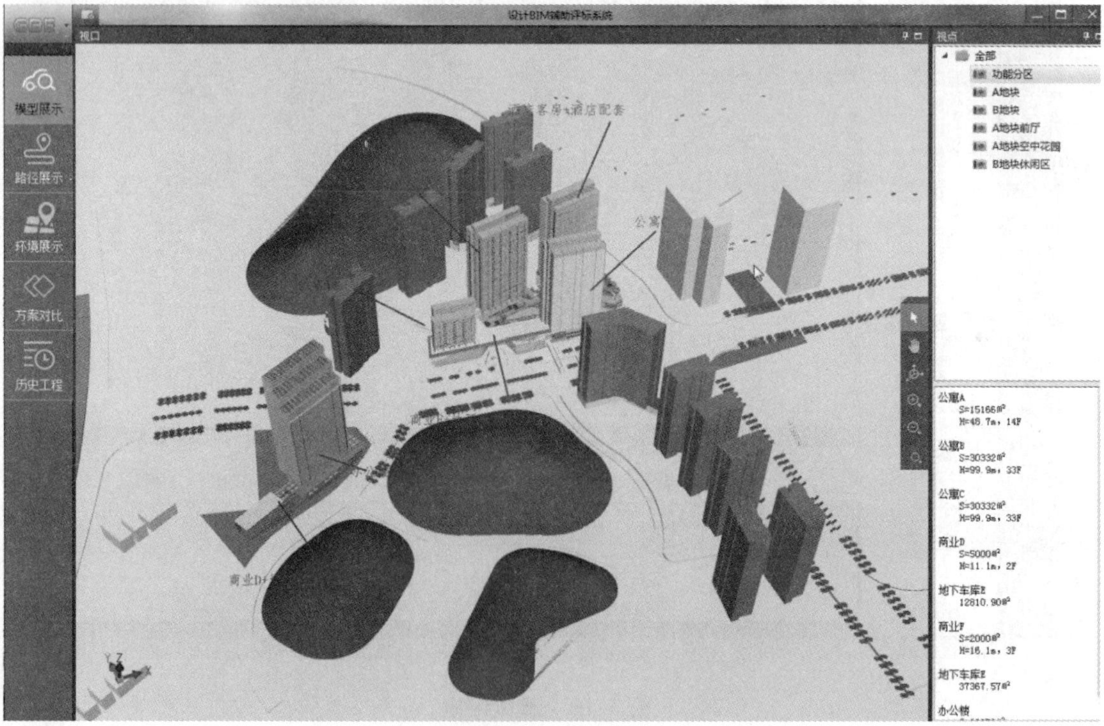

图 5-12 模型展示

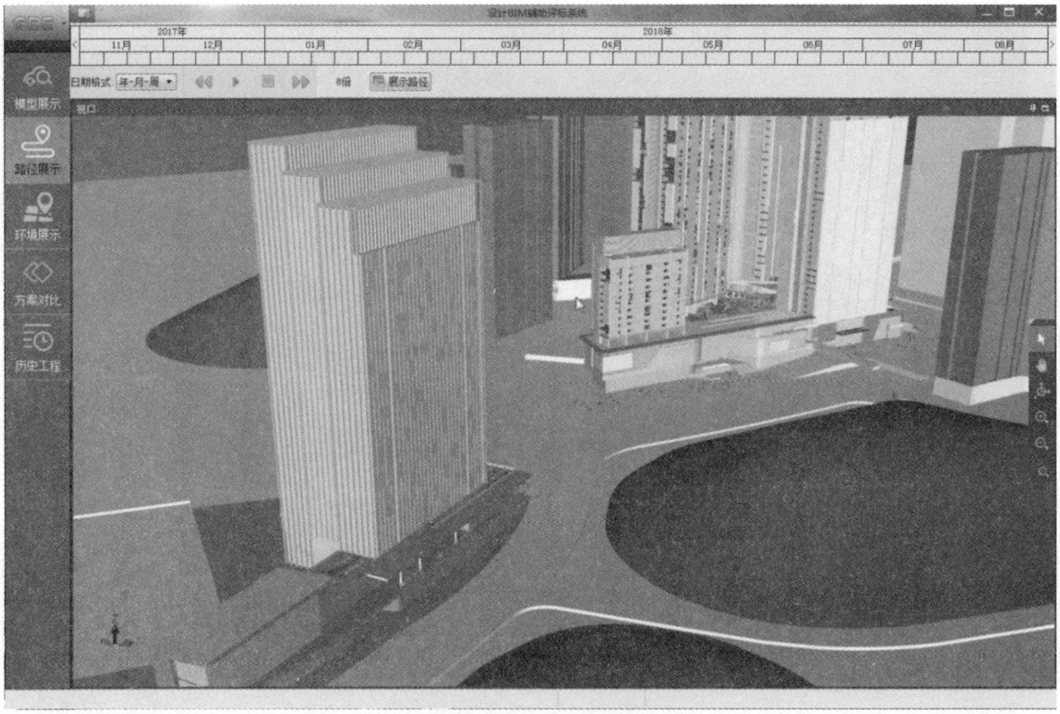

图 5-13　路径展示

图 5-14　环境展示

图 5-15　方案对比

5.2.3　基于 BIM 的电子评标系统

现实中，装配式建筑投标文件评审的难点集中在设计方案、施工方案和投标报价方面。对于装配式建筑招投标来说，基于 BIM 的电子评标将更科学高效。基于 BIM 的投标评审关键在于以下 7 个方面。

（1）模型检查。即直观地对构件信息、时间信息、优化合理性进行审查，选取需要查看的楼层及专业构件类型，通过属性窗口，审查构件参数信息、施工计划、施工优化的合理性。将传统的图表文字转变为可立体观察的三维信息模型，提升评标过程的针对性和深入程度。

（2）进度模拟。进度模拟是对技术标的进度计划进行可视化评审，用 4D 动画形式审查技术标的进度计划，通过多窗口查看施工计划中不同专业模型的建造顺序及合理性，改变文字及图表的进度展现方式，便于评标专家加深对施工组织的理解，做出准确评判。

（3）资金资源检查。这个步骤是多维度显示投标人的资金和资源使用计划。从当前值或累计值角度，以月、周、日不同的时间单位，根据资金呈现的平滑度判断资金计划的合理性。这个步骤便于评标专家对资金资源计划进行全面、深度评估。

（4）场地布置方案评估。这是立体展现施工场地及临时设施布置，通过 3D 场地与实体模型、措施方案模型结合，以漫游方式，从不同的查看视角，对场地布置方案进行评审。可以改变 2D 平面图纸无法直观呈现场地布置与技术方案的情况，提升评审结果的准确性。

（5）关键节点方案评审。这主要是以动画形式呈现重难点施工方案，直接动画播放和播放视频两种途径对重难点部位的施工工艺进行检查，改变传统冗长的文字说明方式，增强了直观体验，便于评标专家对重难点方案的理解，同时降低了动画方案交底门槛。

（6）投标报价评审。利用 BIM 技术提供了工程量清单整体查看功能，从项目整体出发，全面详细地展现投标人商务标内容，可直观展示整体清单组成内容，与大数据应用结合，便于专家发现工程报价中存在的问题。

（7）直接费详查。对专家选择的 BIM 模型区域进行可视化的商务标审查。通过勾选、框选、构件查询等方式，快速筛选出需要评审的构件项，以立体信息模型与数据相结合的方式，从构件级呈现商务标数据，便于评标专家直观、深入地发现存在的问题。

任务练习

1. 基于 BIM 模型，对施工组织设计方案进行论证，就施工中的重要环节进行__________，按时间进度进行施工安装方案的模拟和优化。

2. 建筑施工是一个高度动态和复杂的过程，传统的______________或者______________，可视化程度低，无法清晰描述施工进度以及各种复杂关系，难以形象表达工程施工的动态变化过程。

3. 将 3D 模型和进度计划相结合，模拟出每个施工进度计划任务对应所需的资金和资源，形成进度计划对应的__________________，便于选择更加合理的进度安排。

4. 利用 BIM 的 3D 技术在施工前期、中期可以进行______________，这样既可以优化项目设计，减少在建筑施工阶段可能存在的错误损失和返工的可能性，又加快了施工进度，为业主减低建造成本。

5. 基于 BIM 的电子招投标系统在现有电子招投标系统基础上，将______________引入招标投标过程，建立基于 BIM 的电子评标系统。

6. ______________ 市完成全国首个应用 BIM 技术的电子招标投标系统建设。

7. 深圳市基于 BIM 技术的电子招标投标系统的突破性进展是______________和__________________。

项目小结

电子招投标既全流程电子招投标，就是在计算机和网络上完成招标投标的整个过程，亦即在线完成招标、投标、开标、评标、定标等全部活动。它与依托纸质文件开展的招标投标活动并无本质上的区别。电子招标投标系统由电子招标投标交易平台、电子招标投标公共服务平台、电子招标投标行政监督平台三个部分组成。由于招标投标行政管理体制条块分割，各行业、地方的招标投标流程都有不同程度的差异。招投标逐渐从纸质标书时代经过电子招投标发展到 BIM 招投标的新时代。BIM 在工程招投标管理中的应用体现在招标控制中的应用和投标过程中的应用两个方面。基于 BIM 的电子招投标系统在现有电子招投标系统基础上，将 BIM 技术引入招标投标过程，建立基于 BIM 的电子评标系统。对于装配式建筑招投标来说，基于 BIM 的电子评标将更科学高效。基于 BIM 的投标评审关键在于模型检查、进度模拟、资金资源检查、场地布置方案评估、关键节点方案评审、投标报价评审、直接费用详查。

项目练习

一、选择题

1. 根据《电子招标投标办法》规定，开标时，因投标人之外的原因造成投标文件未解密的，应（　　）其投标文件。

A. 视为投标人撤回　　B. 提交评标委员会裁决

C. 视为招标人拒收　　D. 视为投标人撤销

2. 根据《电子招标投标办法》，关于投标行为的说法，正确的是（　　）。

A. 投标截止时间后送达的投标文件，电子招标投标交易平台可以拒收

B. 投标人可以在投标截止时间后完成投标文件的传输递交

C. 投标人不可补充、修改投标文件，但是可以撤回

D. 投标截止时间前未完成投标文件传输的，视为撤回

3.《电子招标投标办法》规定，电子招标投标系统根据功能的不同，分为（　　）。

A. 结算盈利分析平台　　B. 交易平台

C. 社会监督平台　　D. 公共服务平台

E. 行政监督平台

二、简答题

1. 电子招投标的优势。
2. 电子招投标交易平台的概念和基本功能。
3. 重庆市电子招投标系统招标人办事流程。
4. BIM 在工程招投标管理中的主要应用。
5. 基于 BIM 的投标评审关键有哪些内容。

项目六　装配式建筑招投标

项目目标

发展装配式建筑是建造方式的重大变革，是推进建筑业供给侧结构性改革的重要举措，有利于节约资源能源、减少施工污染、提升劳动生产效率和质量安全水平，有利于促进建筑业与信息化工业化深度融合，使整个装配式建筑的性价比越来越高，更符合绿色建筑的要求。目前，装配式建筑仍处于初级阶段，还没有摸索出一套可行的标准化模式。但了解并读懂装配式招标投标的规则及未来调整的方向，掌握主动权，抢滩装配式建筑市场，才能不成为建筑业改革的出局者。本项目主要介绍装配式建筑招标投标的相关政策以及实践。

教学要求

能力目标	知识要点
掌握装配式建筑招投标方式	（1）装配式建筑招投标存在的问题 （2）装配式建筑的招标方式 （3）装配式建筑的承包模式 （4）装配式建筑承包商的资格和资质
理解装配式建筑招投标计价与评标办法	（1）装配式建筑计价模式 （2）装配式建筑评标办法
了解装配式建筑招投标实践	（1）装配式建筑招投标“三阶段”历程 （2）装配式建筑招投标管理 （3）工程总承包模式下招投标形式

案例导入

【背景】

2016 年 2 月国务院印发了《关于进一步加强城市规划建设管理工作的若干意见》，提出要发展新型建造方式，大力推广装配式建筑。2016 年 9 月 27 日，国务院办公厅发布《关于大力发展装配式建筑的指导意见》（国办发〔2016〕71 号），文件提出装配式建筑原则上应采用工程总承包模式，可按照技术复杂类工程项目招投标。支持大型设计、施工和部品部件生产企业通过调整组织架构、健全管理体系，向具有工程管理、设计、施工、生产、采购能力的工程总承包企业转型。

2017年2月21日，国务院办公厅下发的《关于促进建筑业持续健康发展的意见》(国办发〔2017〕19号)明确提出，加快修订《工程建设项目招标范围和规模标准规定》，缩小并严格界定必须进行招标的工程建设项目范围，放宽有关规模标准，防止工程建设项目实行招标“一刀切”。在民间投资的房屋建筑工程中，探索由建设单位自主决定发包方式。将依法必须招标的工程建设项目纳入统一的公共资源交易平台，遵循公平、公正、公开和诚信的原则，规范招标投标行为。进一步简化招标投标程序，尽快实现招标投标交易全过程电子化，推行网上异地评标。对依法通过竞争性谈判或单一来源方式确定供应商的政府采购工程建设项目，符合相应条件的应当颁发施工许可证。

加快推行工程总承包。装配式建筑原则上应采用工程总承包模式。政府投资工程应完善建设管理模式，带头推行工程总承包。加快完善工程总承包相关的招标投标、施工许可、竣工验收等制度规定。按照总承包负总责的原则，落实工程总承包单位在工程质量安全、进度控制、成本管理等方面的责任。除以暂估价形式包括在工程总承包范围内且依法必须进行招标的项目外，工程总承包单位可以直接发包总承包合同中涵盖的其他专业业务。

2017年3月23日，住房和城乡建设部发出关于印发《“十三五”装配式建筑行动方案》《装配式建筑示范城市管理办法》《装配式建筑产业基地管理办法》的通知(建科〔2017〕77号)，各省、自治区、直辖市住房和城乡建设主管部门要按照“装配式建筑原则上应采用工程总承包模式，可按照技术复杂类工程项目招投标”的要求，制订具体措施，加快推进装配式建筑项目采用工程总承包模式。工程总承包企业要对工程质量、安全、进度、造价负总责。

装配式建筑项目可采用“设计-采购-施工”(EPC)总承包或“设计-施工”(DB)总承包等工程项目管理模式。政府投资工程应带头采用工程总承包模式。设计、施工、开发、生产企业可单独或组成联合体承接装配式建筑工程总承包项目，实施具体的设计、施工任务时应由有相应资质的单位承担。

【问题】

1. 为什么装配式建筑原则上应采用工程总承包模式？
2. 装配式建筑招投标与传统建筑项目招投标有何区别？
3. 装配式建筑招投标采用何种评标方式？

任务6.1 装配式建筑招投标

任务导入

对于装配式建筑招投标来说，当前存在一些问题和困难，如：缺少装配式建筑的国家操作技术规程和省市配套的工程量清单规范，招标投标操作规程处在探索制定中，无成熟的评标办法，掌握施工技术的企业不足，国家及各省市未制定装配式建筑招标投标办法等。因此，关于装配式建筑招投标的问题需要在实际工作中逐步加以研究解决。

6.1.1 装配式建筑招投标存在的问题

目前，我国推进装配式建筑建设还处于试点探索阶段，还存在一些不确定因素，需要一个总结完善的过程。装配式建筑招投标亟待解决的问题有以下一些：

（1）缺少装配式建筑的国家操作技术规程和省市配套的工程量清单规范；

（2）招标投标操作规程处在探索制定中，无成熟的评标办法；

（3）掌握施工技术的企业不足，国家、省市未制定装配式建筑招标投标办法等；

（4）新投产并没有应用案例的企业面临资格门槛；

6.1.2 装配式建筑的招标方式

根据《国务院办公厅关于促进建筑业持续健康发展的意见》（国办发〔2017〕19 号）指出，缩小并严格界定必须进行招标的工程建设项目范围，放宽有关规模标准，防止工程建设项目实行招标“一刀切”。对于民间投资的装配式建筑工程，允许投资人自主选择确定发包方式。对于使用政府财政资金或国有企事业资金的装配式建筑，应当通过公开招标方式发包，通过充分的市场竞争，提升装配式建筑的产品质量，推进装配式建筑行业的健康和快速发展。对于试点期间，基于项目性质和市场实际情况，可以允许邀请招标，但应严格依据招标投标法对邀请招标情形的规定进行审查，且必须经过批准之后才能进行邀请招标。

目前我国对于装配式建筑的发包方式正处于摸索阶段，各地关于装配式建筑的发包方式依据项目性质、建造技术、市场环境和当地政策等因素而有所不同。但是原则上都倾向于应当按照技术复杂类工程，依据《中华人民共和国招标投标法实施条例》的规定分两阶段进行招标，同时也考虑到装配式建筑的技术要求和目前国内装配式建筑尚处于起步推进阶段，较多省市允许邀请招标。

6.1.3 装配式建筑的承包模式

以上国务院办公厅、住建部及各地办公厅的文件虽然用词各有不同，但大都表达出装配式建筑原则上应当采用工程总承包的发包模式，参照技术复杂类工程进行招标，即可分两阶段进行招标。

装配式建筑不同于传统的工程项目对现场的依赖性，部品、部件等需要在工厂预制到现场装配，需要设计、采购、生产、施工的深入融合，采用工程总承包模式发包，通过发挥工程总承包商（尤其是设计牵头的工程总承包商）的设计、采购、生产、施工的全面协调整功能，结合 BIM 等现代信息技术，有利于保证工程的质量、安全，避免或有效降低现场装配的质量通病等问题。同时，通过各阶段相互衔接可以大大缩短建设工期及项目成本控制。

从建筑法和招标投标法及各部委、地方政策看，并不禁止招标人在招标文件中允许联合体投标，为了促进装配式建筑行业的发展，住建部和一些地方政府甚至明确鼓励投标人组成联合体进行标，明确允许有设计或资质的企业与生产企业、开发企业组合联合体承接装配式建筑的工程总承包项目。当然，装配式建筑联合体也应遵守法律对联合体的限制性规定，根据《中华人民共和国招标投标法实施条例》三十七条的规定，对于联合体的成员禁止在同一招标项目中以自己名义单独投标或者参加其他联合体投标，否则将导致所有投标无效。

6.1.4　装配式建筑承包商的资格和资质

《住房和城乡建设部关于进一步推进工程总承包发展的若干意见》（建市〔2016〕93 号）规定："工程总承包企业应当具有与工程规模相适应的工程设计资质或者施工资质，相应的财务、风险承担能力，同时具有相应的组织机构、项目管理体系、项目管理专业人员和工程业绩。"《"十三五"装配式建筑行动方案》（2017 年 3 月 23 日发布）："设计、施工、开发、生产企业可单独或组成联合体承接装配式建筑工程总承包项目，实施具体的设计、施工任务时应由有相应资质的单位承担。"《国务院办公厅关于大力发展装配式建筑的指导意见》（国办发〔2016〕71 号）提出："装配式建筑原则上应采用工程总承包模式"。

根据相关文件的精神，结合勘察、设计、施工企业资质标准的规定，应当允许具备与工程规模相适应的设计或施工资质的企业承接装配式建筑的工程总承包，对于特殊性质的项目如保障房项目，招标人可以要求投标人同时具备设计或施工资质或其他更高要求。同时，考虑到装配式建筑同传统工程总承包的项目相比有着其特殊性，应当允许有资质的企业与部品、部件生产商组成联合体进行装配式建筑投标。

同时，工程总承包模式除了对资质的要求外，因总承包商承担着设计、采购、生产、施工等一体化的协调和管理职责，且装配式建筑还有其工程总承包模式下的特性，投标人还应注意到各地及招标文件对工程总承包投标人资格、能力、业绩的要求。装配式建筑招标对投标人的要求主要包括以下几项：

（1）具有工程总承包管理能力的企业，可以是设计、施工、开发商或其他项目管理单位。

（2）具有相应资质等级的设计、施工或项目管理单位独立或组成联合体投标。

（3）由于目前建筑市场上具有工程总承包业绩的单位较少，在招标时不宜将工程总承包业绩作为投标条件，以促进工程总承包行业的发展。

6.1.5　装配式建筑计价模式

EPC 工程总承包招标在需求统一、明确的前提下，由投标人根据给定的概念方案（或设计方案）、建设规模和建设标准，自行编制估算工程量清单并报价。建议采用总价包干的计价模式，但地下工程不应纳入总价包干范围，而是应采用模拟工程量的单价合同，按实计量。如果需约定材料、人工费用的调整，则建议招标时先固定调差材料、人工在工程总价中的占比，结算时以中标价中的工程建安费用乘以占比作为基数，再根据事先约定的调差方法予以调整。

装配式建筑招投标对评标和定标也有要求。要谨慎认定投标人的工程总承包管理能力与履约能力，投标人深化的设计是否符合招标需求的规定，考核投标报价是否合理。

6.1.6 装配式建筑评标办法

关于装配式建筑招标文件的编制，各文件中尚无具有指导意义的详细规定，有的侧重于资格资质要求，有的侧重于招标价格形式，有的侧重于预制率、装配率，等等。例如，《江西省装配式建筑招标投标管理暂行办法》规定评标办法可以采用报价承诺法、合理低价法和综合评估法。评审因素除执行设计、施工招标相关规定外，可以根据项目特点相应增设装配式建筑项目技术实施方案、构件生产能力、装配式建筑项目设计、施工企业的信誉和业绩等评审因素。

装配式建筑在招标文件中除了传统的分阶段招标文件及房建和市政工程总承包通常招标文件编制的基础上，还应包括或侧重于招标控制价、环保及安全文明施工等措施费、前期地质等勘察设计资料提供、投标人资质、联合体要求、相应构件部品的生产能力、类似工程业绩、信息化管理水平、预制率装配率、建筑功能要求、现场装配质量保证措施、验收量化等内容。

任务 6.2 装配式建筑招投标案例

合肥市装配式建筑按照“政府引导、市场运作”的模式发展，已初步形成建筑产业集群，PC 构件年产能达 6.5×10^{6} m^{2}，传统钢结构企业也开始转型。2006 年 7 月，经开区管委会成为第一个政府引导的“国家级住宅产业化基地”。2014 年 5 月，合肥市成为“国家住宅产业现代化综合试点城市”。

1．合肥市装配式建筑招投标“三阶段”历程

合肥市在装配式建筑招投标发展过程中，完成从单一来源谈判（试点阶段：2008 年至 2012 年）→邀请招标（示范、推广阶段：2012 年至 2015 年）→公开招标（市场化阶段：2015 年至今）招标形式的顺利过渡，逐步完善装配式建筑发展的招投标管理。培育了一批发展装配式建筑的专业企业，实施了大量的装配式建筑。通过示范项目招标引导，企业之间强强联合，提升了实施主体的综合能力；企业间相互参股，倒逼了传统施工企业转型升级；建立总承包项目管理体系，鼓励企业一体化运营管理；为推行 EPC 工程总承包模式，发展装配式建筑奠定了基础。

2．合肥市装配式建筑招投标管理

合肥市在装配式建筑招投标的过程中，通过招标方式的创新，逐步引导规范装配式建筑的发展。有效最低价 A 类、B 类、C 类、D 类评审方法的设置和不同阶段采用不同评审方法以及不同评审方法之间的相互组合，为装配式走向市场化提供可能并降低了装配式项目造价，形成良性的装配式建筑发展势态，具体方法如图 6-1 所示。

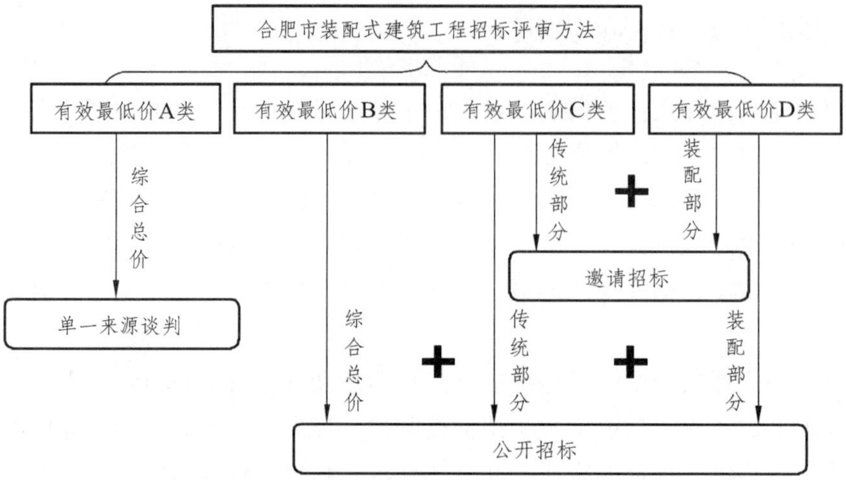

图 6-1　合肥市装配式建筑工程招标评审方法

（1）单一来源谈判阶段：A 类评审法。

该阶段通过试点示范培育投标主体，多技术体系并存，创新招标模式。在天门湖公租房 3#楼项目和中科大先研院人才公寓项目等装配式建筑项目招标中采取单一来源谈判，评标实行有效最低价 A 类（规范性评审法），见图 6-2。

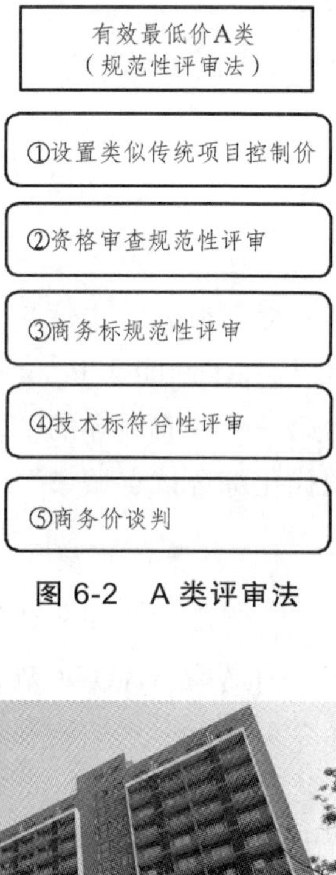

图 6-2　A 类评审法

天门湖公租房 3# 楼项目，安徽省第一栋装配式建筑示范项目（图 6-3），该项目地上 18 层，总建筑面积 1.7×10^4 m^2，采用叠合式剪力墙结构体系。项目造价 2 300 元/平方米。

中科大先研院人才公寓项目，安徽省第一个装配式建筑组团示范项目（图 6-4），该项目地上 6 层及 18 层，采用了内浇外挂和预制剪力墙两种结构体系，首个采用设计、生产、施工总承包模式。项目造价 2 600 元/平方米。

图 6-3　天门湖公租房 3#楼项目

图 6-4　中科大先研院人才公寓项目

（2）邀请招标阶段。

该阶段装配式建筑项目招标模式采用邀请招标方式，评标采用有效最低价 D 类（三阶段评审法）。有效最低价 D 类（三阶段评审法）在实施的过程中，有两种表现形式，见图 6-5 和图 6-6。滨湖桂园安置房和滨河小区二期安置房等项目采用有效最低价 D 类（三阶段评审法一），实现了技术体系遴选，设置合理控制价，提升技术实力。蜀山区三、四期、兰州路公租房和湖畔新城一、二期等项目采用有效最低价 D 类（三阶段评审法二），实现了技术体系统一，设置资格门槛，提升综合实力。

图 6-5 三阶段评审法一

图 6-6 三阶段评审法二

滨湖桂园安置房项目（图 6-7），项目总建筑面积 3.6×10^5 m²，由三家总承包企业承建。装配整体式剪力墙结构、叠合式剪力墙结构、内浇外挂剪力墙结构。预制率不低于 40%。项目造价 2 200 元/平方米。

滨河小区二期安置房项目（图 6-8），项目总建筑面积 2.8×10^5 m²，由两家总承包企业承建。装配整体式剪力墙结构、内浇外挂剪力墙结构。预制率不低于 50%。项目造价 2 140 元/平方米。

图 6-7 滨湖桂园安置房

图 6-8 滨河小区二期安置房

蜀山区三、四期、兰州路公租房项目（图 6-9），项目三个标段总建筑面积分别为 3.6×10^5 m^2、1×10^5 m^2、8×10^4 m^2 由三家总承包企业承建。要求采用装配整体式剪力墙结构。预制率不低于 50%，不设上限，补贴形式鼓励提高。项目造价 2 200 元/平方米。

湖畔新城一、二期项目（图 6-10），项目总建筑面积 3.7×10^5 m^2。由两家总承包承建。统一采用装配整体式剪力墙结构技术。预制率不低于 50%，不设上限。项目造价 2 300 元/平方米。

图 6-9　蜀山区三、四期、兰州路公租房项目

图 6-10　湖畔新城一、二期项目

（3）公开招标阶段 C 和 D 类组合评审法案例分析。

该阶段装配式建筑项目招标模式采用公开招标方式，公开招投标有两种模式，评标分别采用 C、D 类组合评审法以及 B、C、D 类评审法，见图 6-11 和图 6-12。

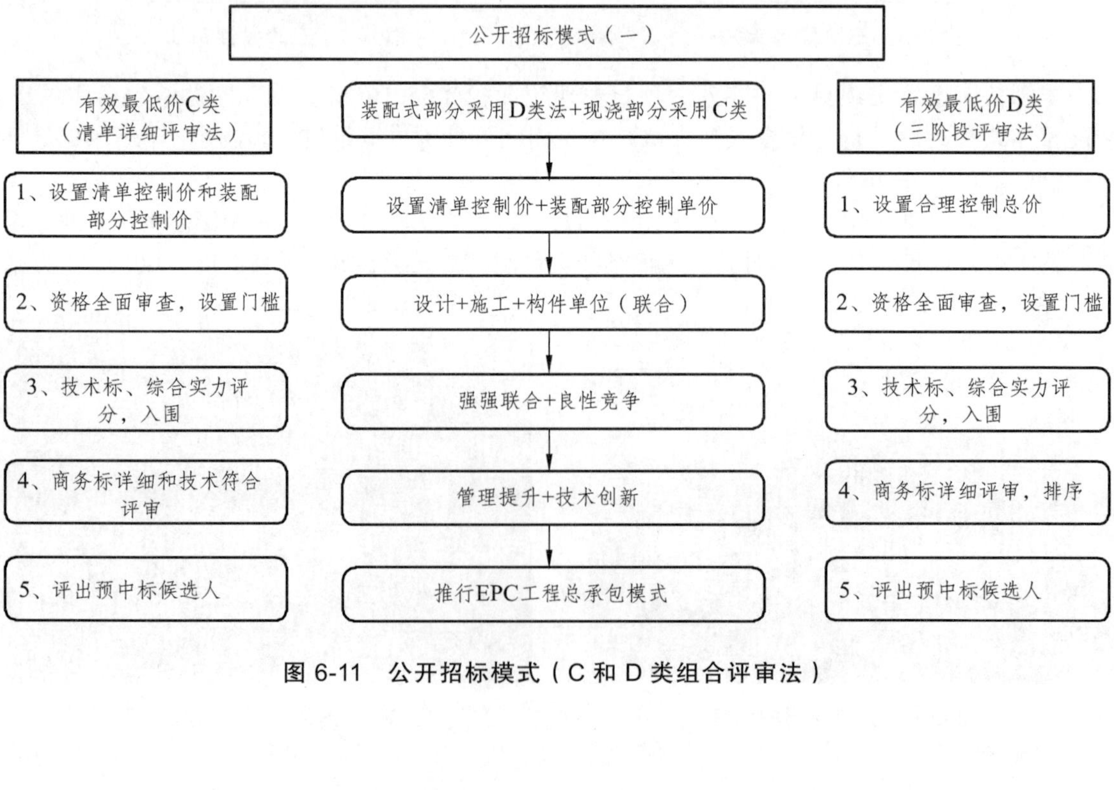

图 6-11　公开招标模式（C 和 D 类组合评审法）

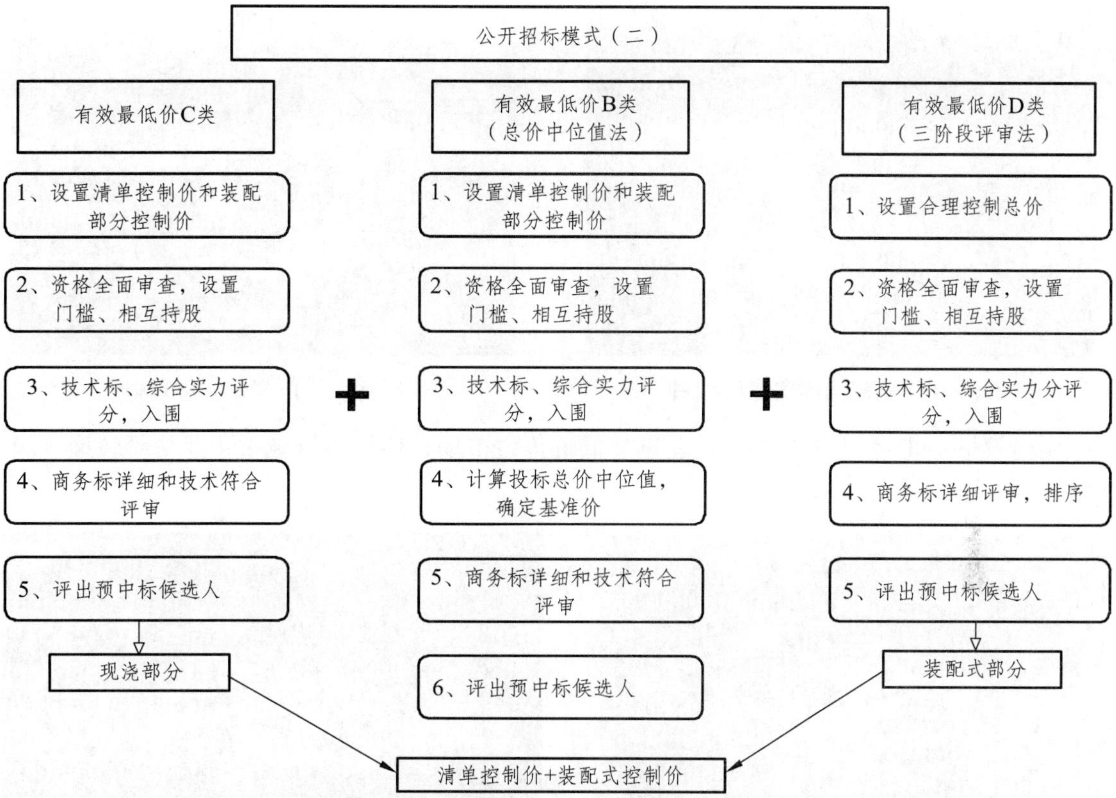

图 6-12　公开招标模式（B. C. D 类评审法）

滨湖润园安置房项目、天门湖公租房项目、滨湖沁园安置房项目、智慧产业园项目等项目，通过 C 和 D 类组合评审法，实现了标准统一、强强联合、良性竞争。本地“龙头”企业迅速崛起，企业之间强强联合，向产业链集群迈进，市场机制逐渐形成。

滨湖润园安置房项目（图 6-13），项目总建筑面积 6×10^5 m²，由三家总承包企业承建。统一采用装配整体式剪力墙结构，预制率不低于 50%。多投单中模式，鼓励企业投标、引入良性竞争。三个标段造价 1 900 ~ 2 200 元/平方米。天门湖公租房项目（图 6-14），项目总建筑面积 8.7×10^4 m²，由一家总承包企业承建。统一采用装配整体式剪力墙结构，预制率不低于 50%。单一标段，多家企业公平竞争，引入市场机制。项目造价 1 990 元/平方米。滨湖沁园安置房项目，项目总建筑面积 92×10^5 m²，由四家总承包企业承建。统一采用装配整体式剪力墙结构，预制率不低于 50%。多投单中模式，企业强强联合，市场机制形成。四个标段造价 1 900 ~ 2 100 元/平方米。

阶段性效果：①“中字头”企业纷纷参加，本地“龙头”企业迅速崛起，企业之间强强联合，向产业链集群迈进，市场机制逐渐形成；② 标准统一，实现强强联合，市场良性竞争。

智慧产业园项目，项目总建筑面积 4.2×10^4 m²，由一家总承包企业承建。统一采用装配整体式剪力墙结构，预制率不低于 50%。单一标段，企业强强联合，多家企业公平竞争，市场竞争机制形成。项目造价 1 740 元/平方米。

图 6-13　滨湖润园安置房项目

图 6-14　天门湖公租房项目

实施效果：① 本地“龙头”企业迅速低价抢占市场，传统建筑施工企业纷纷转型升级；② 市场竞争管理提升了技术创新。

图 6-15　滨湖润园安置房项目

图 6-16　智慧产业园项目

康利园解困房项目（图 6-17），项目总建筑面积 2.25×10^5 m^2，由一家总承包企业承建。统一采用装配整体式剪力墙结构，预制率不低于 50%。单一标段，企业相互持股，一体化运营管理，倒逼传统企业转型，推行 EPC 工程承包模式。项目造价 2 060 元/平方米。临湖四期安置房项目（图 6-18），项目总建筑面积 1.64×10^5 m^2，由一家总承包企业承建。统一采用装配整体式剪力墙结构，预制率不低于 50%。单一标段，企业相互持股，一体化运营管理，倒逼传统企业转型，推行 EPC 工程承包模式。项目造价 2 090 元/平方米。

实施效果：摆脱“形式上的总包，实质上的分包”，推行 EPC 工程总承包模式。

图 6-17　康利园解困房项目

图 12-18　临湖四期安置房项目

黄麓师范学校项目（图 6-19），项目总建筑面积 $7.4\times10^4\ m^2$，由一家总承包企业承建。统一采用装配整体式剪力墙结构，预制率不低于 30%。提高得分，降低处罚。每提高 5 个百分点得 3 分，每降低 1 个百分点，处罚 30 元/平方米。单一标段，企业相互持股，一体化运营管理，推行 EPC 工程承包模式。项目造价 2 100 元/平方米。彩虹中学项目（图 6-20），项目总建筑面积 $1.08\times10^5\ m^2$，由一家总承包企业承建。统一采用装配整体式剪力墙结构，预制率不低于 30%。地下车库要求采用装配式，技术体系不限。单一标段，企业强强联合，提升管理能力，倒逼传统企业转型，推行 EPC 工程承包模式。项目造价 1 980 元/平方米。

效果：提升施工企业综合能力，实施一体化运营管理，采用 EPC 工程总承包模式。

图 6-19　黄麓师范学校项目

图 6-20　彩虹中学项目

3．工程总承包模式下招投标形式

工程总承包模式下招标文件设置三部分：资格审查要求、技术标综合评分、商务标有效最低价。工程总承包模式下招标方式采取 C 类+D 类有效最低价招标方式，见图 6-21。

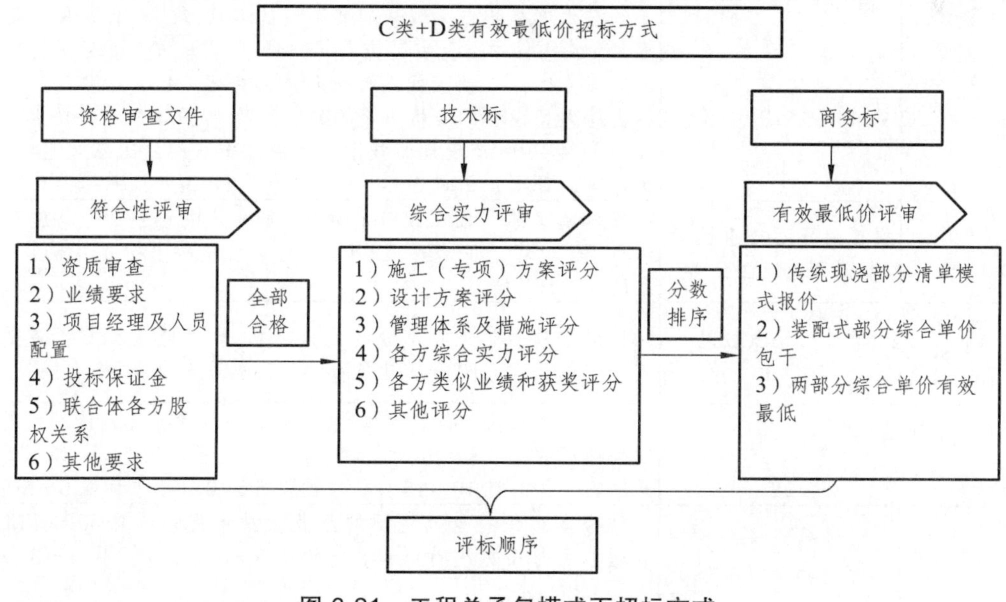

图 6-21　工程总承包模式下招标方式

招标文件重点内容设置

合肥某项目采用 C 和 D 类组合评审法招标文件重点内容。

（1）资格审查重点内容。

① 总包单位：房屋建筑施工总承包一级及以上，建筑施工业绩要求（包括：传统项目和装配式项目）。

② 设计单位：建筑工程设计甲级及以上，设计业绩要求（包括：传统项目和装配式项目以及装配式项目设计业绩的规模、建筑高度等）。

③ 预制构件厂：与总包单位的股权关系，供货业绩以及供货能力证明和承诺。

④ 项目经理：建筑工程专业一级注册建造师，业绩要求。

⑤ 设计负责人：装配式建筑设计业绩。

（2）技术标重点内容。

技术标内容由两部分内容组成，投标人实施方案 90 分，投标人业绩及获奖情况 10 分，评审指标及标准见表 6-1。

表 6-1　技术表评审指标及标准

序号	评审项目	评审指标	评分标准
1	整体评价（5分）	内容完整性、编制水平、针对性、可操作性及项目概述（5分）	承包人实施计划包含的基本内容齐全得 5 分。每缺一个内容扣 1 分，分数扣完为止。优的得 3～5 分，中的得 1～3 分，差的得 0-1 分
2	施工方案（35分）	人员配置（5分）	拟配置的项目管理人员及主要技术人员，根据其产业化项目设计施工经验、技术、业绩等进行评审。0～6 分。优的得 4～5 分，中的得 2～4 分，差的得 0～2 分
		各分部分项工程的主要施工方案与技术措施（3分）	依据各分部分项工程的主要施工方案与技术措施进行评审，每缺一分部分项的内容扣 1 分，分数扣完为止。优的得 2～3 分，中的得 1～2 分，差的得 0～1 分
		专项实施方案（25分）	结合本工程特点，编制切实可行的专项 PC 构件运输及堆放方案和 PC 构件吊装及安装方案（5 分）、测量方案和后浇混凝土施工方案（4 分）、厨卫间及外墙防渗漏方案（4 分）、塔吊、施工升降机等大型设备的安拆方案（4 分）、外防护体系（需提供外防护详图）（4 分）、套筒灌浆技术专项施工方案和施工工艺（4 分）进行评审，每项优的得 3～4 分，中的得 1～3 分，差的得 0～1 分
		施工总平面布置图及临时用地（2分）	依据施工总平面图设计的内容、各种区域划分及进场施工道路满足 PC 进场、吊装要求：0～3 分。优的得 3 分，中的得 2 分，差的得 0～1 分
3	设计方案（10分）	设计思路及概述（10分）	针对本项目产业化部分的设计思路、设计概述及初步简要设计方案优的得 7～10 分，中的得 4～7 分，差的得 0～4 分
4	预制构件厂综合能力（15分）		预制构件厂的综合能力体现，投标人以文字及图片的形式展现预制构件厂的综合能力，如规模、产能、信誉、获奖、业绩（供货合同）等。优的得 10～15 分，中的得 5～10 分，差的得 0～5 分
5	管理体系与措施（25分）	确保工程质量的管理体系与措施（5分）	结合本工程特点及运用的产业化技术提出的确保工程质量的管理体系与措施进行评审，优的得 3～5 分，中的得 1～3 分，差的得 0～1 分
		确保安全生产、文明施工的管理体系与措施（5分）	结合本工程特点，依据投标人提出的确保安全生产、文明施工的管理体系与措施进行评审，优的得 3～5 分，中的得 3～1 分，差的得 0～1 分

续表

序号	评审项目	评审指标	评分标准
5	管理体系与措施（25分）	工程进度计划与措施及施工网络图（5分）	结合本工程节点要求和工期要求，依据投标人提出的细化工程进度网络计划及保证措施进行评审，优的得3～5分，中的得1～3分，差的得0～1分
		与预制构件厂的协作方案及保障项目产业能具体措施及安排（6分）	结合本工程的项目规模、工期等，依据招标文件约定，细化与预制件厂家协作措施，确保深化设计的深度满足结构安全、使用功能、安装要求和环境质量要求并满足工程质量目标和进度要求，构件质量和生产进度满足项目质量和进度目标要求。优的得4～6分，中的得2～4分，差的得0～2分
		农民工工资支付的保证措施及承诺，及产业化工人培训（4分）	根据合政办〔2013〕55号、合建〔2013〕155号文和本工程进度款支付条件提出农民工工资保证措施及承诺。优的得2分，中的得1分，差的得0分
			拟对本项目设置专门产业化工人培训学校，对PC吊装、灌浆、构件支撑等主要工序进行专门培训方案，并有专用培训等进行评审，优的得2分，中的得1分，差的得0分
6	施工企业获奖情况（2分）	2012年1月1日来，承建的住宅工程每获得一个黄山杯（或同等奖项）得2分。本项最高可得2分	（1）该复印件或扫描件或影印件等均应在技术标中体现；应提供原件证明的却未提供原件的或提交原件不全的或原件与技术标不符均不予加分。 （2）近5年指证书颁发时间自开标之日向前追溯5年。 （3）同一项目获奖以最高奖项计算，不重复
	施工企业业绩（4分）	1、2012年1月1日来，完成不少于13万平米的住宅小区，每个项目得1分，最高得4分	（1）合同。 （2）交/竣工验收证明文件：须有建设单位、设计单位、监理单位、施工单位等盖章确认。 （3）中标查询网址及查询截图，或行业主管部门证明文件，或监管部门网站公布的施工许可证办理查询截图，或信用评价体系查询截图
	设计企业业绩（3分）	2012年1月1日来，完成单项合同不少于5万平米的装配式混凝土结构的住宅小区得1分，本项最高可得3分	提供设计合同、施工图审查合格证或者业主出具的证明文件
	项目经理业绩获奖情况（1分）	2012年1月1日来，每获得一个黄山杯（或同等奖项）得1分.本项最高可得1分	（1）须同时提供获奖证书证明原件。同时该复印件或扫描件或影印件等均应在技术标中体现；应提供原件证明的却未提供原件的或提交原件不全的或原件与技术标不符均不予加分。 （2）近5年指证书颁发时间自开标之日向前追溯5年。 （3）同一项目获奖以最高奖项计算，不重复计算

（3）商务标重点内容。

传统现浇部分清单报价：综合管理能力提升，充分发挥市场竞争。

装配式部分综合单价包干：优化生产工艺，降低构件成本；完善安装工法，提高施工效率。

设计费用（包含预制构件深化设计）综合单价：发挥设计龙头作用，提高装配式建筑科技含量。

任务练习

1. 对于民间投资的装配式建筑工程，允许投资人自主选择确定________________。

2. 目前我国对于装配式建筑的发包方式正处于摸索阶段，原则上都倾向于应当按照技术复杂类工程，依据《中华人民共和国招标投标法实施条例》的规定分________________。

3. 住建部和一些地方明确鼓励投标人组成联合体进行标，甚至明确允许有设计或资质的企业与生产企业、开发企业组合______________承接装配式建筑的工程总承包项目。

4. 工程总承包企业应当具有与工程规模相适应的工程设计资质或者施工资质，相应的财务、风险承担能力，同时具有相应的_________________ 、_________________、___________________。

5. 《国务院办公厅关于大力发展装配式建筑的指导意见》（国办发〔2016〕71号）提出："装配式建筑原则上应采用"________________"

6. 《江西省装配式建筑招标投标管理暂行办法》规定评标办法可以采用_____________________、______________和_________________。

7. 装配式建筑评标评审因素除执行设计、施工招标相关规定外，可以根据项目特点相应增设装配式建筑项目技术实施方案、________________、_________________、施工企业的信誉和业绩等评审因素。

项目小结

发展装配式建筑是建造方式的重大变革，是推进建筑业供给侧结构性改革的重要举措。目前，我国推进装配式建筑建设还处于试点探索阶段，还存在一些不确定因素。对于民间投资的装配式建筑工程，允许投资人自主选择确定发包方式。对于使用政府财政资金或国有企事业资金的装配式建筑，应当通过招标方式发包。目前我国对于装配式建筑的发包方式正处于摸索阶段，各地关于装配式建筑的发包方式依据项目性质、建造技术、市场环境和当地政策等因素而有所不同。装配式建筑原则上应当采用工程总承包的发包模式，参照技术复杂类工程进行招标，即可分两阶段进行招标。工程总承包企业应当具有与工程规模相适应的工程设计资质或者施工资质，相应的财务、风险承担能力，同时具有相应的组织机构、项目管理体系、项目管理专业人员和工程业绩。装配式建筑招投标对评标和定标也有要求。要谨慎认定投标人的工程总承包管理能力与履约能力，投标人深化的设计是否符合招标需求的规定，考核投标报价是否合理。

关于装配式建筑招标文件的编制，国家及各地的文件中尚无具有指导意义的详细规定，有的侧重于资格资质要求、有的侧重于招标价格形式、有的侧重于预制率、装配率等。合肥市装配式建筑按照"政府引导、市场运作"的模式发展，已初步形成建筑产业集群，成为第一个政府引导的"国家级住宅产业化基地"，其招投标管理具有借鉴意义。

项目练习

一、思考题

1. 装配式建筑招投标存在的问题。
2. 装配式建筑的招标方式。
3. 配式建筑招标对投标人的要求包括哪些内容？
4. 合肥市装配式建筑招投标管理有何借鉴意义？

二、实训题

实训目的：了解装配式建筑招投标的要求与政策。

准备工作：利用网络搜索我国及各省市装配式建筑招投标相关政策文件；

实训步骤：描述实训目标→划分小组→搜索资料→梳理招投标的各种规定→撰写装配式建筑招投标政策分析报告。

实训结果：

① 装配式建筑的招投标政策综述；

② 装配式建筑的招标方式；

③ 装配式建筑的承包模式；

④ 装配式建筑承包商的资格和资质；

⑤ 装配式建筑计价模式；

⑥ 装配式建筑评标办法。

项目七　建设工程施工合同

项目目标

建设工程施工合同是承发包双方为完成双方商定的建设工程，明确双方权利义务关系之协议。具有“标的物”特殊，履行周期长，条款内容多，涉及面广等繁复特点。而《建设工程施工合同（示范文本）》既有助于合同规范化，有助于主管部门加强监督管理，有助于法院及仲裁及时解决合同争议。至今，《建设工程施工合同（示范文本）》一共经历了四个版本，分别是1991年版（GF-91-0201）、1999年版（GF-1999-0201）、2013年版（GF-2013-0201）以及2017年版（GF-2017-0201）。通过本项目的学习，熟悉《建设工程施工合同（示范文本）》，为建设工程施工合同的管理的打下基础。

教学要求

能力目标	知识要点
了解合同的相关概念	（1）合同的主要内容和形式 （2）合同的履行 （3）合同的变更和转让
了解建设工程合同	（1）勘察设计合同 （2）建设工程施工合同 （3）监理合同 （4）物资采购合同
熟悉《建设工程施工合同（示范文本）》	（1）建设工程施工合同的概念、特点和作用 （2）合同协议书 （3）专用合同条款 （4）通用合同条款

案例导入

【背景】

某施工单位根据领取的某2 000 m^2两层厂房工程项目招标文件和全套施工图纸，采用低报价策略编制了投标文件，并中标。该施工单位（乙方）于某年某月某日与建设单位（甲方）签订了该工程项目的固定价格施工合同，合同工期为8个月。甲方在乙方进入施工现场后，因资金紧缺，口头要求乙方暂停施工一个月。乙方亦口头答应。工程按合同规定期限验收时，甲方发现工程质量有问题，要求返工。两个月后，返工完毕。结算时甲方认为乙方迟延交付工程，应按合同约定偿付逾期违约金。乙方认为临时停工是甲方要求的，乙方为抢工期，加快施工进度才出现了质量问题，因此迟延交付的责任不在乙方。甲方则认为临时停工和不顺延工期是当时乙方答应的，乙方应履行承诺，承担违约责任。

【问题】

1. 该工程采用固定价格合同是否合适？
2. 该施工合同的变更形式是否妥当？此合同争议依据合同法律规范应如何处理？

任务 7.1　合同概述

任务导入

合同是当事人双方之间设立、变更、终止民事关系的协议。依法成立的合同，受法律保护。广义合同指所有法律部门中确定权利、义务关系的协议。狭义合同指一切民事合同。还有最狭义合同仅指民事合同中的债权合同。合同（Contract），又称为契约、协议，是平等的当事人之间设立、变更、终止民事权利义务关系的协议。合同作为一种民事法律行为，是当事人协商一致的产物，是两个以上的意思表示相一致的协议。只有当事人所作出的意思表示合法，合同才具有法律约束力。依法成立的合同从成立之日起生效，具有法律约束力。

7.1.1　合同的概念

合同是当事人双方之间设立、变更、终止民事关系的协议。依法成立的合同，受法律保护。广义合同指所有法律部门中确定权利、义务关系的协议。狭义合同指一切民事合同。还有最狭义合同仅指民事合同中的债权合同。

7.1.2　合同的类型

1．单务合同和双务合同

单务合同，是指合同当事人仅有一方承担义务。双务合同，是指合同的双方当事人互负对待给付义务的合同关系。

2．有偿合同和无偿合同

有偿合同，是指一方通过履行合同规定的义务而给付对方某种利益，对方要得到该利益必须为此支付相应代价的合同。

无偿合同，是指一方给付某种利益，对方取得该利益时并不支付任何报酬的合同。

3．有名合同和无名合同

有名合同，又称典型合同，是指法律上已经确定了一定的名称及规则的合同。

无名合同，又称非典型合同，是指法律上并未确定一定的名称及规则的合同。

4．要式合同和不要式合同

要式合同，是指法律规定或当事人约定必须采取特殊形式订立的合同。

不要式合同，是指依法无须采取特定形式订立的合同。

5．主合同和从合同

主合同，是指不依赖其他合同而能独立存在的合同。

从合同，是指以其他合同的存在为前提的合同，又称为附属合同。

6．实践合同和诺成合同

实践合同，是指除当事人双方意思表示一致以外尚须交付标的物才能成立的合同。在这种合同中，除双方当事人的意思表示一致之外，还必须有一方实际交付标的物的行为，才能产生法律效果。实践合同必须有法律特别规定，比如定金合同、保管合同等。

诺成合同，是指当事人一方的意思表示一旦经对方同意即能产生法律效果的合同，即“一诺即成”的合同。特点在于当事人双方意思表示一致，合同即告成立。

7.1.3 合同的主要内容和形式

合同人可以参照各类合同的示范文本订立合同，但一般应包括以下的内容和形式。

1．合同的内容

合同的内容由当事人约定，一般包括以下条款：当事人的名称或者姓名和住所；标的；数量；质量；价款或者报酬；履行期限、地点和方式；违约责任；解决争议的方法。

2．合同的形式

合同形式，是指当事人合意的外在表现形式，是合同内容的载体。我国《合同法》第 10 条：当事人订立合同，有书面形式、口头形式和其他形式。法律、行政法规规定采用书面形式的，应该采用书面形式。当事人约定采用书面形式的，应当采用书面形式。

合同的口头形式指当事人只有口头语言为意思表示订立合同，而不用文字表达协议内容的合同形式。口头形式优点在于方便快捷，缺点在于发生合同纠纷时难以取证，不易分清责任。口头形式适用于能即时清结的合同关系。

书面形式是指当事人以合同书或者电报、电传、电子邮件等数据电文形式等各种可以有形地表现所载内容的形式订立合同。书面形式有利于交易的安全，重要的合同应该采用书面形式。书面形式又可分为下列几种形式：

① 由当事人双方依法就合同的主要条款协商一致并达成书面协议，并由双方当事人的法定代表人或其授权的人签字并盖章。

② 格式合同。

③ 双方当事人来往的信件、电报、电传等也是合同的组成部分。

现代各国对合同形式采用以不要式为原则，一般不加限制，法律只规定特定种类的合同必须具备书面形式或其他形式。

7.1.4　合同订立的原则和条件

1．订立建设工程合同应遵循的原则

合同的订立，应当遵循平等原则、自愿原则、公平原则、诚实信用原则和合法原则等。

（1）平等原则。《合同法》规定，合同当事人的法律地位平等，一方不得将自己的意志强加给另一方。这一原则包括三方面的内容：

1）合同当事人的法律地位一律平等。不论所有制性质、单位大小和经济实力强弱，其法律地位都是平等的。

2）合同中的权利义务对等。这就是说，享有权利的同时就应当承担义务，而且彼此的权利、义务是对等的。

3）合同当事人必须就合同条款充分协商，在互利互惠基础上取得一致，合同方能成立。任何一方都不得将自己的意志强加给另一方，更不得以强迫命令、胁迫等手段签订合同。

（2）自愿原则。《合同法》规定，当事人依法享有自愿订立合同的权利，任何单位和个人不得非法干预。

自愿原则体现了民事活动的基本特征，是民事法律关系区别于行政法律关系、刑事法律关系的特有原则。自愿原则贯穿于合同活动的全过程，包括是否订立合同自愿，与谁订立合同自愿，合同内容由当事人在不违法的情况下自愿约定，在合同履行过程中当事人可以协议补充、协议变更有关内容，双方也可以协议解除合同，可以约定违约责任，以及自愿选择解决争议的方式。总之，只要不违背法律、行政法规强制性的规定，合同当事人有权自愿决定，任何其他单位和个人不得非法干预。

（3）公平原则。《合同法》规定，当事人应当遵循公平原则确定各方的权利和义务。公平原则主要包括以下几点：

① 订立合同时，要根据公平原则确定双方的权利和义务。不得欺诈，不得假借订立合同恶意进行磋商；

② 根据公平原则确定风险的合理分配；

③ 根据公平原则确定违约责任。

公平原则作为合同当事人的行为准则，可以防止当事人滥用权利，保护当事人的合法权益，维护和平衡当事人之间的利益。

（4）诚实信用原则。《合同法》规定，当事人行使权利、履行义务应当遵循诚实信用原则。诚实信用原则主要包括以下几点：

① 订立合同时，不得有欺诈或其他违背诚实信用的行为；

② 履行合同义务时，当事人应当根据合同的性质、目的和交易习惯，履行及时通知、协助、提供必要条件、防止损失扩大、保密等义务；

③ 合同终止后，当事人应当根据交易习惯，履行通知、协助、保密等义务，也称为后契约义务。

（5）合法原则。《合同法》规定，当事人订立、履行合同，应当遵守法律、行政法规，尊重社会公德，不得扰乱社会经济秩序，损害社会公共利益。

一般来讲，合同的订立和履行，属于合同当事人之间的民事权利义务关系，只要当事人的意愿不与法律规范、社会公共利益和社会公德相抵触，即承认合同的法律效力。但是，合同绝不仅仅是当事人之间的问题，有时可能会涉及社会公共利益、社会公德和经济秩序。为此，对于损害社会公共利益、扰乱社会经济秩序的行为，国家应当予以干预。但是，这种干预要依法进行，由法律、行政法规做出规定。

2．订立建设工程合同应具备的条件

（1）初步设计已经批准；

（2）工程项目已经列入年度建设计划；

（3）有能够满足施工需要的设计文件和有关技术资料；

（4）建设资金和主要建筑材料设备来源已经落实；

（5）招投标工程中标通知书已经下达。

7.1.5　合同订立的程序

根据我国《合同法》《招标投标法》及《房屋建筑和市政基础设施工程施工招标投标管理办法》的规定，工程合同的订立程序如下。

1．要约邀请

要约邀请即发包人采取招标通知或公告的方式，向不特定人发出的，以吸引或邀请相对人发出要约为目的的意思表示。根据《房屋建筑和市政基础设施工程施工招标投标管理办法》的规定，招标文件应当包括以下内容：

（1）投标须知，包括工程概况、工程资金来源或者落实情况、标段划分、工期要求、质量标准、现场踏勘和答疑安排、投标文件编制提交修改撤回的要求、投标报价的要求、投标有效期、开标的时间和地点、评标的方法和标准等；

（2）招标工程的技术要求和设计文件；

（3）采用工程量清单招标的，应当提供工程量清单；

（4）投标函的格式及附录；

（5）拟签订合同的主要条款；

（6）要求投标人提供的其他材料。

要约邀请也称“要约引诱”，是指行为人做出的邀请他方向自己发出要约的意思表示。要约邀请虽然也是为订立合同做准备，但是为了引发要约，而本身不是要约，例如招标公告、拍卖公告、一般商业广告、寄送价目表、招股说明书等。

2．要　约

要约即投标，指投标人按照招标人提出的要求，在规定的期间内向招标人发出的，以订立合同为目的的，包括合同的主要条款的意思表示。根据《房屋建筑和市政基础设施工程施工招标投标管理办法》的规定，投标人应当按照招标文件的要求编制投标文件，对招标文件提出的实质性要求和条件作出响应。投标文件应当包括投标函、施工组织设计或者施工方案、投标报价及招标文件要求提供的其他材料。

3．承 诺

承诺即中标通知，指由招标人通过评标后，在规定期间内发出的，表示愿意按照投标人所提出的条件与投标人订立合同的意思表示。

承诺也是一种法律行为，“要约”一经“承诺”，就被认为当事人双方已协商一致，达成协议。

承诺一般以通知的方式作出，承诺通知到达要约人时承诺生效；承诺生效时合同成立。

承诺也可以撤回。但承诺人撤回承诺的通知应在承诺通知到达要约人之前，或应与承诺通知同时到达要约人。

通常在合同订立过程中，当事人双方对合同条款要反复磋商、谈判，其中可能存在多次“新要约”，最终才达成一致，签订合同。

具体到建设工程施工合同来说，合同订立一般经历以下环节：

（1）建设单位发布招标公告、发售招标文件。

（2）施工企业递交投标文件。

（3）建设单位发出中标通知书。

（4）合同谈判，即在合同签订前对合同内容进行审查，在法律许可范围内就某些具体条款进行磋商。

（5）合同签订，中标通知书发出后30日内，双方应签订合同。

（6）合同备案，施工合同签订后15日内应报县级以上建设行政主管部门备案。

与其他合同的订立程序相同，建设工程合同的订立也要采取要约和承诺方式。根据《招标投标法》对招标、投标的规定，招标、投标、中标的过程实质就是要约、承诺的一种具体方式。招标人通过媒体发布招标公告，或向符合条件的投标人发出招标文件，为要约邀请；投标人根据招标文件内容在约定的期限内向招标人提交投标文件，为要约；招标人通过评标确定中标人，发出中标通知书，为承诺；招标人和中标人按照中标通知书、招标文件和中标人的投标文件等订立书面合同时，合同成立并生效。建设工程施工合同的订立往往要经历一个较长的过程。在明确中标人并发出中标通知书后，双方即可就建设工程施工合同的具体内容和有关条款展开谈判，直到最终签订合同。

7.1.6 合同的变更和转让

1．合同变更

合同变更是指当事人约定的合同的内容发生变化和更改，即权利和义务变化的民事法律行为。合同变更有广义与狭义之分。广义的合同变更，包括合同内容的变更与合同主体的变更。前者是指当事人不变，合同的权利义务予以改变的现象；后者是指合同关系保持同一性，仅改换债权人或债务人的现象。无论是改换债权人，还是改换债务人，都发生合同权利、义务的移转，移转给新的债权人或者债务人，因此合同主体的变更实际上是合同权利、义务的转让。

2．合同转让

合同转让是指当事人一方将其合同权利、合同义务或者合同权利和义务，全部或者部分转让给第三人。合同的转让，也就是合同主体的变更，准确地说是合同权利、义务的转让，即在不改变合同关系内容的前提下，使合同的权利主体或者义务主体发生变动。

7.1.7 建设工程合同的分类

1．勘察设计合同

勘察设计合同是委托方与承包方为完成一定的勘察设计任务，明确相互权利义务关系的协议。勘察设计合同属于诺成合同，合同当事人意思达成一致即可。

勘察设计合同其实是由勘察合同和设计合同经过一定的逻辑组合而成。一个标准的勘察设计合同的基本结构分为合同协议书、合同条款及合同附件三大部分。从适用效力的角度来看，合同协议书的效力要高于合同条款，而合同条款的效力要高于合同附件，当三大部分所约定的条文出现前后不一致时，适用效力高的部分要优先适用于效力低的部分。

（1）合同协议书。所谓合同协议书，即对这份合同所相对应的特定项目（即标的项目）进行总括性的约定，并对一些特别事项进行约定所订立的合同。

合同协议书一般包括工程概况、勘察设计的范围、内容及方式、合同的价款、整份勘察设计合同的组成文件及适用优先顺序、其他特别规定。

（2）合同条款。所谓合同条款，即标的项目的正常进行所需的通常性约定。在这里，可以认为合同条款是对合同协议书约定内容的细化和补充。

合同条款包括总则、一般规定、勘察-设计总承包、设计工作内容、设计质量、合同价款、勘察条款、合同双方权利义务、违约责任等。

（3）合同附件。合同附件即合同协议书与合同条款中所涉及的附件内容。

合同附件一般包括勘察设计计费表、履约保函、勘察设计任务书、中标通知书等。

2．建设工程施工合同

建设工程施工合同是工程建设单位与施工单位，即发包方与承包方以完成商定的建设工程为目的，明确双方相互权利义务的协议。建设工程施工合同的发包方可以是法人，也可以是依法成立的其他组织或公民，而承包方必须是法人。

3．监理合同

建设工程监理合同的全称为建设工程委托监理合同，也简称为监理合同，是指工程建设单位聘请监理单位代其对工程项目进行管理，明确双方权利、义务的协议。建设单位称为委托人，监理单位称为受托人。“合同”是一个总的协议，是纲领性文件，主要内容是当事人双方确认的委托监理工程的概况（工程名称、地点、规模及总投资）；合同签订、生效、完成时间；双方愿意履行约定的各项义务的承诺，以及合同文件的组成。

监理合同是委托任务履行过程中当事人双方的行为准则，因此内容应全面、用词要严谨。合同条款的组成结构包括以下几个方面：

（1）合同内所涉及的词语定义和遵循的法规；

（2）监理人的义务；
（3）委托人的义务；
（4）监理人的权利；
（5）委托人的权利；
（6）监理人的责任；
（7）委托人的责任；
（8）合同生效、变更与终止；
（9）监理报酬；
（10）其他；
（11）争议的解决。

监理合同除“合同”之外还应包括以下内容：
（1）监理投标书或中标通知书；
（2）监理委托合同标准条件；
（3）监理委托合同专用条件；
（4）在实施过程中双方共同签署的补充与修正文件。

“合同”是一份标准的格式文件，经当事人双方在有限的空格内填写具体规定的内容并签字盖章后，即发生法律效力。在签订时应注意以下问题：

（1）严把开工报告审查关，要求各承包商详细划分各分项工程，并按此申请开工。

（2）严把材料质量关及试验检测关，不合格材料坚决清出现场，减少材料不良引起的质量隐患，对每一分项工程及工序严格按规范要求的检测频率检测，做到质量好坏及能否验收用数据说话。

（3）建立高精度控制测量网。

（4）严格督促承包商履约，尤其对承包商的主要技术管理人员、主要机构设备、实验设备要求按合同要求强制到位。对人员、设备建立符合审查制、进出请假制、进场报告制。

（5）认真审查承包商对分项工程的施工技术方案和施工组织设计，对重大施工技术方案报总监代表审批。

（6）严格按分项工程监理主要检查项目进行施工过程中的质量检查，认真、求实地填写检查表，对合格部分签字，不合格部分坚决要求整改、返工甚至拆除，严把工序质量及分项工程质量关。

（7）严把计量支付关，做到计量须量测确定，支付须质量合格。

（8）进行施工中安全因素检查，督促整改。

（9）配合好业主外围的重点、关键工程部位的检测，如基桩超声波检测，并钻芯取样等。

（10）认真处理好每项变更和签证。

4．物资采购合同

物资采购合同是指具有平等主体的自然人、法人、其他组织之间为实现生产、工程物资的买卖，设立、变更、终止相互权利义务关系的协议，它属于买卖合同，依照协议，出卖人转移生产、工程物质的所有权于买受人，买受人接受生产、工程物质并支付价款。物资采购合同一般分为材料采购合同和设备采购合同。它具有买卖合同的一般特点，即以转移财产的所有权为目的，以支付价款为结价。

任务练习

1. 某工程招标时，甲施工单位委派的项目经理没有取得建造师的执业资格，所提供的资格证书复印件是伪造的。则甲施工单位违背了合同签订中的（　　）。

A. 平等原则　　B. 诚实信用原则　　C. 公平原则　　D. 自愿原则

2. 下列选项中属于要约的是（　　）。

A. 招股说明书　　B. 投标书　　C. 招标公告　　D. 商品价目表

3. 在缔约过程中，受要约人对要约的主要条款部分同意，部分作出变更的答复，性质上是（　　）。

A. 部分承诺　　B. 承诺　　C. 拒绝承诺　　D. 新要约

4. 下列关于承诺的表述中，错误的是（　　）。

A. 承诺是受要约人完全同意要约的意思表示

B. 承诺是一种法律行为

C. 承诺可以撤回

D. 承诺可以撤销

5. 一方希望和他人订立合同的意思表示，在性质上属于（　　）。

A. 要约邀请　　B. 要约　　C. 承诺　　D. 合同

6. 下列（　　），不属于订立建设工程合同应遵循的原则。

A. 平等自愿原则　　B. 公平原则　　C. 合法原则　　D. 公开原则

7. 下列关于合同的分类说法不正确的是（　　）。

A. 无名合同是法律未规定内容和名称的合同

B. 有偿合同中，债务人的责任相对比较重，而在无偿合同中，债务人的责任相对比较轻

C. 附义务的赠与合同是单务合同

D. 有偿合同即双务合同，无偿合同即单务合同

8. 甲公司于 12 月 5 日以普通信件向乙公司发出要约，要约中表示以 2 000 元一吨的价格卖给乙公司某种型号钢材 100 吨，甲公司随即又发了一封快件给乙公司，表示原要约中的价格作废，现改为 2 100 元一吨，其他条件不变。普通信件于 2 月 8 日到达，快信于 12 月 7 日到达，乙公司均已收到两封信，但秘书忘了把第二封信交给董事长，乙公司董事长回信对普通信件发出的要约予以承诺。请问：甲、乙之间的合同是否成立。（　　）

A. 合同未成立，原要约被撤销　　B. 合同未成立，原要约被新要约撤回

C. 合同成立，快件的意思表示未生效　　D. 合同成立，要约与承诺取得了一致

9. 乙公司向甲公司发出要约，旋即又发出一份“要约作废”的函件。甲公司的董事长助理收到乙公司“要约作废”的函件后，忘记交给董事长。第三天，甲公司董事长发函给乙公司，提出只要将交货日期推迟 2 个星期，其他条件都可以接受。后甲、乙公司未能缔约，双方缔约没能成功的原因是（　　）。

A. 要约已被撤回　　B. 要约已被撤销

C. 甲公司对要约做了实质性改变　　D. 甲公司承诺超过了有效期间

任务 7.2 建设工程施工合同

任务导入

建设工程施工合同是指发包方（建设单位）和承包方（施工单位）为完成商定的施工工程，明确相互权利、义务的协议。依照施工合同，施工单位应完成建设单位交给的施工任务，建设单位应按照规定提供必要条件并支付工程价款。建设工程施工合同是承包人进行工程建设施工，发包人支付价款的合同，是建设工程的主要合同，同时也是工程建设质量控制、进度控制、投资控制的主要依据。

7.2.1 建设工程施工合同概述

1. 建设工程施工合同的概念

建设工程施工合同是指发包方（建设单位）和承包方（施工单位）为完成商定的施工工程，明确相互权利、义务的协议。依照施工合同，施工单位应完成建设单位交给的施工任务，建设单位应按照规定提供必要条件并支付工程价款。

2. 建设工程施工合同的特点

（1）合同的标的物仅限于基本建设工程。即标的物主要作为基本建设工程的各类建筑物、地下设施、附属设施的建筑，以及对线路、管道、设备进行的安装建设。

（2）合同的主体存在限制。建设工程合同的主体是有限制的，承包人只能是具有从事勘察、设计、建筑、安装资格的人。根据法释〔2004〕14 号第 1 条的规定，承包人未取得建筑施工企业资质或者超越资质等级的，或没有资质的实际施工人借用有资质的建筑施工企业名义的，建设工程施工合同认定无效。但该司法解释第 5 条确认，承包人超越资质等级许可的业务范围签订建设工程施工合同，在建设工程竣工前取得相应资质等级的，当事人请求按照无效合同处理的，不予支持。

（3）建设工程合同具有较强的国家管理性。由于建设工程的标的物为不动产，工程建设对国家和社会生活的方方面面影响较大，在建设工程合同的订立和履行上，就具有强烈的国家干预的色彩。

（4）建设工程合同的要式性。即法律对建设工程合同的形式要件有特殊要求，其应当采取书面形式。

3. 建设工程施工合同的作用

建设工程施工合同是承包人进行工程建设施工，发包人支付价款的合同，是建设工程的主要合同，同时也是工程建设质量控制、进度控制、投资控制的主要依据。施工合同的当事人是发包方和承包方，双方是平等的民事主体。

7.2.2 我国现行的建设项目工程合同文本的种类及法律效力

1．投资体制改革后形成的两套合同范本

经过几年发展，目前已形成双轨制的合同文本体系：政府投资的基础设施领域的合同范本由国家发改委牵头制定，非政府投资的房屋建筑领域的合同范本由住建部牵头制定。

国家发改委牵头制定的合同文本包括以下一些：

（1）《标准施工招标资格预审文件》和《标准施工招标文件》（国家发改委牵头，九部委联合制定，2011 年 12 月 20 日发布，2012 年 5 月 1 日实施）。

（2）《简明标准施工招标文件》（国家发改委牵头，九部委联合制定，2011 年 12 月 20 日发布，2012 年 5 月 1 日实施）。

（3）《标准设计施工总承包招标文件》（国家发改委牵头，九部委联合制定，2011 年 12 月 20 日发布，2012 年 5 月 1 日实施）。

（4）《标准设备采购招标文件》《标准材料采购招标文件》《标准勘察招标文件》《标准设计招标文件》《标准监理招标文件》（国家发改委牵头，九部委联合制定，2017 年 9 月 4 日发布，2018 年 1 月 1 日起实施）。

住建部牵头制定的合同文本包括：

（1）《建设工程施工合同示范文本》（住建部、国家工商总局制定，先后有 1991 版、1999 版、2013 版、2017 版）。

（2）《房屋建筑和市政工程标准施工招标资格预审文件》和《房屋建筑和市政工程标准施工招标文件》（住建部制定，2010 年 6 月 9 日发布，发布之日实施）。

（3）《建设项目工程总承包合同示范文本（试行）》（住建部、国家工商总局制定，2011 年 9 月 7 日发布，2011 年 11 月 1 日试行）。

2．两套合同文本的法律效力

国家发改委文本具有强制性，必须使用。招标人编制的施工招标资格预审文件、施工招标文件，应不加修改地引用《标准施工招标资格预审文件》中的“申请人须知”“资格审查办法”，以及《标准施工招标文件》中的“投标人须知”“评标办法”“通用合同条款”。“专用合同条款”可对《标准施工招标文件》中的“通用合同条款”进行补充、细化，除“通用合同条款”明确“专用合同条款”可作出不同约定外，补充和细化的内容不得与“通用合同条款”强制性规定相抵触，否则抵触内容无效。

住建部文本为非强制性文本。合同当事人可结合建设工程具体情况，根据《示范文本》订立合同，并按照法律法规规定和合同约定承担相应的法律责任及合同权利义务。

基于住建部文本非强制性特征，房屋建筑工程施工总承包可以适用各省、自治区、直辖市建设行政机关制定的文本，也可参考适用国际通用的 FIDIC 合同条款。

7.2.3 建设工程施工合同（示范文本）（GF-2017-0201）介绍

1．《示范文本》适用范围

为了指导建设工程施工合同当事人的签约行为，维护合同当事人的合法权益，依据《中华人民共和国合同法》《中华人民共和国建筑法》《中华人民共和国招标投标法》以及相关法律法规，住房城乡建设部、国家工商行政管理总局对《建设工程施工合同（示范文本）》（GF-2013-0201）进行了修订，制定了《建设工程施工合同（示范文本）》（GF-2017-0201）（以下简称《示范文本》）。《示范文本》适用于房屋建筑工程、土木工程、线路管道和设备安装工程、装修工程等建设工程的施工承发包活动，合同当事人可结合建设工程具体情况，根据《示范文本》订立合同，并按照法律法规规定和合同约定承担相应的法律责任及合同权利义务。

2.《示范文本》的组成

《示范文本》由合同协议书、通用合同条款和专用合同条款三部分组成，并附有11个附件。

（1）合同协议书。《示范文本》合同协议书共计13条，主要包括：工程概况、合同工期、质量标准、签约合同价和合同价格形式、项目经理、合同文件构成、承诺以及合同生效条件等重要内容，集中约定了合同当事人基本的合同权利义务。

（2）通用合同条款。通用合同条款是合同当事人根据《中华人民共和国建筑法》《中华人民共和国合同法》等法律法规的规定，就工程建设的实施及相关事项，对合同当事人的权利义务作出的原则性约定。

通用合同条款共计20条，具体条款分别为：一般约定、发包人、承包人、监理人、工程质量、安全文明施工与环境保护、工期和进度、材料与设备、试验与检验、变更、价格调整、合同价格、计量与支付、验收和工程试车、竣工结算、缺陷责任与保修、违约、不可抗力、保险、索赔和争议解决。前述条款安排既考虑了现行法律法规对工程建设的有关要求，也考虑了建设工程施工管理的特殊需要。

（3）专用合同条款。专用合同条款是对通用合同条款原则性约定的细化、完善、补充、修改或另行约定的条款。合同当事人可以根据不同建设工程的特点及具体情况，通过双方的谈判、协商对相应的专用合同条款进行修改补充。

（4）附件。协议书附件包括以下内容。

附件1：承包人承揽工程项目一览表

专用合同条款附件：

附件2：发包人供应材料设备一览表

附件3：工程质量保修书

附件4：主要建设工程文件目录

附件5：承包人用于本工程施工的机械设备表

附件6：承包人主要施工管理人员表

附件7：分包人主要施工管理人员表

附件8：履约担保格式

附件9：预付款担保格式

附件10：支付担保格式

附件11：暂估价一览表

3．合同文件构成及优先顺序

组成合同的各项文件应互相解释，互为说明。除专用合同条款另有约定外，解释合同文件的优先顺序如下所示。

（1）合同协议书；

（2）中标通知书（如果有）；

（3）投标函及其附录（如果有）；

（4）专用合同条款及其附件；

（5）通用合同条款；

（6）技术标准和要求；

（7）图纸；

（8）已标价工程量清单或预算书；

（9）其他合同文件。

上述各项合同文件包括合同当事人就该项合同文件所作出的补充和修改，属于同一类内容的文件，应以最新签署的为准。在合同订立及履行过程中形成的与合同有关的文件均构成合同文件组成部分，并根据其性质确定优先解释顺序。

7.2.4 《示范文本》主要通用合同条款

1．发包人

（1）许可或批准。发包人应遵守法律，并办理法律规定由其办理的许可、批准或备案。发包人应协助承包人办理法律规定的有关施工证件和批件。因发包人原因未能及时办理完毕前述许可、批准或备案，由发包人承担由此增加的费用和（或）延误的工期，并支付承包人合理的利润。

（2）发包人代表。发包人应在专用合同条款中明确其派驻施工现场的发包人代表的姓名、职务、联系方式及授权范围等事项。发包人代表在发包人的授权范围内，负责处理合同履行过程中与发包人有关的具体事宜。发包人代表在授权范围内的行为由发包人承担法律责任。发包人更换发包人代表的，应提前 7 天书面通知承包人。发包人代表不能按照合同约定履行其职责及义务，并导致合同无法继续正常履行的，承包人可以要求发包人撤换发包人代表。不属于法定必须监理的工程，监理人的职权可以由发包人代表或发包人指定的其他人员行使。

（3）发包人人员。发包人应要求在施工现场的发包人人员遵守法律及有关安全、质量、环境保护、文明施工等规定，并保障承包人免于承受因发包人人员未遵守上述要求给承包人造成的损失和责任。发包人人员包括发包人代表及其他由发包人派驻施工现场的人员。

（4）施工现场、施工条件和基础资料的提供。

① 提供施工现场。

除专用合同条款另有约定外，发包人应最迟于开工日期 7 天前向承包人移交施工现场。

② 提供施工条件。

除专用合同条款另有约定外，发包人应负责提供施工所需要的条件，包括：将施工用水、电力、通信线路等施工所必需的条件接至施工现场内；保证向承包人提供正常施工所需要的进入施工现场的交通条件；协调处理施工现场周围地下管线和邻近建筑物、构筑物、古树名木的保护工作，并承担相关费用；按照专用合同条款约定应提供的其他设施和条件。

③ 提供基础资料。

发包人应当在移交施工现场前向承包人提供施工现场及工程施工所必需的毗邻区域内供水、排水、供电、供气、供热、通信、广播电视等地下管线资料，气象和水文观测资料，地质勘察资料，相邻建筑物、构筑物和地下工程等有关基础资料，并对所提供资料的真实性、准确性和完整性负责。

按照法律规定确需在开工后方能提供的基础资料，发包人应尽其努力及时地在相应工程施工前的合理期限内提供，合理期限应以不影响承包人的正常施工为限。

（5）资金来源证明及支付担保。除专用合同条款另有约定外，发包人应在收到承包人要求提供资金来源证明的书面通知后28天内，向承包人提供能够按照合同约定支付合同价款的相应资金来源证明。

除专用合同条款另有约定外，发包人要求承包人提供履约担保的，发包人应当向承包人提供支付担保。支付担保可以采用银行保函或担保公司担保等形式，具体由合同当事人在专用合同条款中约定。

（6）支付合同价款。发包人应按合同约定向承包人及时支付合同价款。

（7）组织竣工验收。发包人应按合同约定及时组织竣工验收。

（8）现场统一管理协议。发包人应与承包人、由发包人直接发包的专业工程的承包人签订施工现场统一管理协议，明确各方的权利义务。施工现场统一管理协议作为专用合同条款的附件。

2．承包人

（1）承包人的一般义务。

承包人在履行合同过程中应遵守法律和工程建设标准规范，并履行以下义务：

① 办理法律规定应由承包人办理的许可和批准，并将办理结果书面报送发包人留存。

② 按法律规定和合同约定完成工程，并在保修期内承担保修义务。

③ 按法律规定和合同约定采取施工安全和环境保护措施，办理工伤保险，确保工程及人员、材料、设备和设施的安全。

④ 按合同约定的工作内容和施工进度要求，编制施工组织设计和施工措施计划，并对所有施工作业和施工方法的完备性和安全可靠性负责。

⑤ 在进行合同约定的各项工作时，不得侵害发包人与他人使用公用道路、水源、市政管网等公共设施的权利，避免对邻近的公共设施产生干扰。承包人占用或使用他人的施工场地，影响他人作业或生活的，应承担相应责任。

⑥ 按照环境保护条款的约定负责施工场地及其周边环境与生态的保护工作。

⑦ 按安全文明施工条款的约定采取施工安全措施，确保工程及其人员、材料、设备和设施的安全，防止因工程施工造成的人身伤害和财产损失。

⑧ 将发包人按合同约定支付的各项价款专用于合同工程，且应及时支付其雇用人员工资，并及时向分包人支付合同价款。

⑨ 按照法律规定和合同约定编制竣工资料，完成竣工资料立卷及归档，并按专用合同条

款约定的竣工资料的套数、内容、时间等要求移交发包人。

⑩ 应履行的其他义务。

（2）项目经理。

① 项目经理应为合同当事人所确认的人选，并在专用合同条款中明确项目经理的姓名、职称、注册执业证书编号、联系方式及授权范围等事项，项目经理经承包人授权后代表承包人负责履行合同。项目经理应是承包人正式聘用的员工，承包人应向发包人提交项目经理与承包人之间的劳动合同，以及承包人为项目经理缴纳社会保险的有效证明。承包人不提交上述文件的，项目经理无权履行职责，发包人有权要求更换项目经理，由此增加的费用和（或）延误的工期由承包人承担。

项目经理应常驻施工现场，且每月在施工现场时间不得少于专用合同条款约定的天数。项目经理不得同时担任其他项目的项目经理。项目经理确需离开施工现场时，应事先通知监理人，并取得发包人的书面同意。项目经理的通知中应当载明临时代行其职责的人员的注册执业资格、管理经验等资料，该人员应具备履行相应职责的能力。

承包人违反上述约定的，应按照专用合同条款的约定，承担违约责任。

② 项目经理按合同约定组织工程实施。在紧急情况下为确保施工安全和人员安全，在无法与发包人代表和总监理工程师及时取得联系时，项目经理有权采取必要的措施保证与工程有关的人身、财产和工程的安全，但应在 48 小时内向发包人代表和总监理工程师提交书面报告。

③ 承包人需要更换项目经理的，应提前 14 天书面通知发包人和监理人，并征得发包人书面同意。通知中应当载明继任项目经理的注册执业资格、管理经验等资料，继任项目经理继续履行约定的职责。未经发包人书面同意，承包人不得擅自更换项目经理。承包人擅自更换项目经理的，应按照专用合同条款的约定承担违约责任。

④ 包人有权书面通知承包人更换其认为不称职的项目经理，通知中应当载明要求更换的理由。承包人应在接到更换通知后 14 天内向发包人提出书面的改进报告。发包人收到改进报告后仍要求更换的，承包人应在接到第二次更换通知的 28 天内进行更换，并将新任命的项目经理的注册执业资格、管理经验等资料书面通知发包人。

⑤ 项目经理因特殊情况授权其下属人员履行其某项工作职责的，该下属人员应具备履行相应职责的能力，并应提前 7 天将上述人员的姓名和授权范围书面通知监理人，并征得发包人书面同意。

（3）承包人人员。

① 除专用合同条款另有约定外，承包人应在接到开工通知后 7 天内，向监理人提交承包人项目管理机构及施工现场人员安排的报告，其内容应包括合同管理、施工、技术、材料、质量、安全、财务等主要施工管理人员名单及其岗位、注册执业资格等，以及各工种技术工人的安排情况，并同时提交主要施工管理人员与承包人之间的劳动关系证明和缴纳社会保险的有效证明。

② 承包人派驻到施工现场的主要施工管理人员应相对稳定。施工过程中如有变动，承包人应及时向监理人提交施工现场人员变动情况的报告。承包人更换主要施工管理人员时，应提前 7 天书面通知监理人，并征得发包人书面同意。通知中应当载明继任人员的注册执业资格、管理经验等资料。特殊工种作业人员均应持有相应的资格证明，监理人可以随时检查。

③ 发包人对于承包人主要施工管理人员的资格或能力有异议的，承包人应提供资料证明被质疑人员有能力完成其岗位工作或不存在发包人所质疑的情形。发包人要求撤换不能按照合同约定履行职责及义务的主要施工管理人员的，承包人应当撤换。承包人无正当理由拒绝撤换的，应按照专用合同条款的约定承担违约责任。

④ 除专用合同条款另有约定外，承包人的主要施工管理人员离开施工现场每月累计不超过 5 天的，应报监理人同意；离开施工现场每月累计超过 5 天的，应通知监理人，并征得发包人书面同意。主要施工管理人员离开施工现场前应指定一名有经验的人员临时代行其职责，该人员应具备履行相应职责的资格和能力，且应征得监理人或发包人的同意。

⑤ 承包人擅自更换主要施工管理人员，或前述人员未经监理人或发包人同意擅自离开施工现场的，应按照专用合同条款约定承担违约责任。

（5）分包。

① 分包的一般约定。

承包人不得将其承包的全部工程转包给第三人，或将其承包的全部工程肢解后以分包的名义转包给第三人。承包人不得将工程主体结构、关键性工作及专用合同条款中禁止分包的专业工程分包给第三人，主体结构、关键性工作的范围由合同当事人按照法律规定在专用合同条款中予以明确。

承包人不得以劳务分包的名义转包或违法分包工程。

② 分包的确定。

承包人应按专用合同条款的约定进行分包，确定分包人。已标价工程量清单或预算书中给定暂估价的专业工程，按照暂估价条款确定分包人。按照合同约定进行分包的，承包人应确保分包人具有相应的资质和能力。工程分包不减轻或免除承包人的责任和义务，承包人和分包人就分包工程向发包人承担连带责任。除合同另有约定外，承包人应在分包合同签订后 7 天内向发包人和监理人提交分包合同副本。

③ 分包管理。

承包人应向监理人提交分包人的主要施工管理人员表，并对分包人的施工人员进行实名制管理，包括但不限于进出场管理、登记造册以及各种证照的办理。

④ 分包合同价款。

a. 除本项第 b 目约定的情况或专用合同条款另有约定外，分包合同价款由承包人与分包人结算，未经承包人同意，发包人不得向分包人支付分包工程价款；

b. 生效法律文书要求发包人向分包人支付分包合同价款的，发包人有权从应付承包人工程款中扣除该部分款项。

⑤ 分包合同权益的转让。

分包人在分包合同项下的义务持续到缺陷责任期届满以后的，发包人有权在缺陷责任期届满前，要求承包人将其在分包合同项下的权益转让给发包人，承包人应当转让。除转让合同另有约定外，转让合同生效后，由分包人向发包人履行义务。

（6）工程照管与成品、半成品保护。

① 除专用合同条款另有约定外，自发包人向承包人移交施工现场之日起，承包人应负责照管工程及工程相关的材料、工程设备，直到颁发工程接收证书之日止。

② 在承包人负责照管期间，因承包人原因造成工程、材料、工程设备损坏的，由承包人

负责修复或更换，并承担由此增加的费用和（或）延误的工期。

③ 对合同内分期完成的成品和半成品，在工程接收证书颁发前，由承包人承担保护责任。因承包人原因造成成品或半成品损坏的，由承包人负责修复或更换，并承担由此增加的费用和（或）延误的工期。

（7）履约担保。

发包人需要承包人提供履约担保的，由合同当事人在专用合同条款中约定履约担保的方式、金额及期限等。履约担保可以采用银行保函或担保公司担保等形式，具体由合同当事人在专用合同条款中约定。因承包人原因导致工期延长的，继续提供履约担保所增加的费用由承包人承担；非因承包人原因导致工期延长的，继续提供履约担保所增加的费用由发包人承担。

3．监理人

（1）监理人的一般规定。

工程实行监理的，发包人和承包人应在专用合同条款中明确监理人的监理内容及监理权限等事项。监理人应当根据发包人授权及法律规定，代表发包人对工程施工相关事项进行检查、查验、审核、验收，并签发相关指示，但监理人无权修改合同，且无权减轻或免除合同约定的承包人的任何责任与义务。

除专用合同条款另有约定外，监理人在施工现场的办公场所、生活场所由承包人提供，所发生的费用由发包人承担。

（2）监理人员。

发包人授予监理人对工程实施监理的权利由监理人派驻施工现场的监理人员行使，监理人员包括总监理工程师及监理工程师。监理人应将授权的总监理工程师和监理工程师的姓名及授权范围以书面形式提前通知承包人。更换总监理工程师的，监理人应提前 7 天书面通知承包人；更换其他监理人员，监理人应提前 48 小时书面通知承包人。

（3）监理人的指示。

监理人应按照发包人的授权发出监理指示。监理人的指示应采用书面形式，并经其授权的监理人员签字。紧急情况下，为了保证施工人员的安全或避免工程受损，监理人员可以口头形式发出指示，该指示与书面形式的指示具有同等法律效力，但必须在发出口头指示后 24 小时内补发书面监理指示，补发的书面监理指示应与口头指示一致。

监理人发出的指示应送达承包人项目经理或经项目经理授权接收的人员。因监理人未能按合同约定发出指示、指示延误或发出了错误指示而导致承包人费用增加和（或）工期延误的，由发包人承担相应责任。除专用合同条款另有约定外，总监理工程师不应将商定或确定条款的约定应由总监理工程师作出确定的权力授权或委托给其他监理人员。

承包人对监理人发出的指示有疑问的，应向监理人提出书面异议，监理人应在 48 小时内对该指示予以确认、更改或撤销，监理人逾期未回复的，承包人有权拒绝执行上述指示。

监理人对承包人的任何工作、工程或其采用的材料和工程设备未在约定的或合理期限内提出意见的，视为批准，但不免除或减轻承包人对该工作、工程、材料、工程设备等应承担的责任和义务。

（4）商定或确定。

合同当事人进行商定或确定时，总监理工程师应当会同合同当事人尽量通过协商达成一致，不能达成一致的，由总监理工程师按照合同约定审慎做出公正的确定。

总监理工程师应将确定以书面形式通知发包人和承包人，并附详细依据。合同当事人对总监理工程师的确定没有异议的，按照总监理工程师的确定执行。任何一方合同当事人有异议，按照争议解决条款约定处理。争议解决前，合同当事人暂按总监理工程师的确定执行；争议解决后，争议解决的结果与总监理工程师的确定不一致的，按照争议解决的结果执行，由此造成的损失由责任人承担。

4．工程质量

（1）质量要求。

① 工程质量标准必须符合现行国家有关工程施工质量验收规范和标准的要求。有关工程质量的特殊标准或要求由合同当事人在专用合同条款中约定。

② 因发包人原因造成工程质量未达到合同约定标准的，由发包人承担由此增加的费用和（或）延误的工期，并支付承包人合理的利润。

③ 因承包人原因造成工程质量未达到合同约定标准的，发包人有权要求承包人返工直至工程质量达到合同约定的标准为止，并由承包人承担由此增加的费用和（或）延误的工期。

（2）质量保证措施。

① 发包人的质量管理。

发包人应按照法律规定及合同约定完成与工程质量有关的各项工作。

② 承包人的质量管理。

承包人按照施工组织设计条款约定向发包人和监理人提交工程质量保证体系及措施文件，建立完善的质量检查制度，并提交相应的工程质量文件。对于发包人和监理人违反法律规定和合同约定的错误指示，承包人有权拒绝实施。

承包人应对施工人员进行质量教育和技术培训，定期考核施工人员的劳动技能，严格执行施工规范和操作规程。

承包人应按照法律规定和发包人的要求，对材料、工程设备以及工程的所有部位及其施工工艺进行全过程的质量检查和检验，并作详细记录，编制工程质量报表，报送监理人审查。此外，承包人还应按照法律规定和发包人的要求，进行施工现场取样试验、工程复核测量和设备性能检测，提供试验样品、提交试验报告和测量成果以及其他工作。

③ 监理人的质量检查和检验。

监理人按照法律规定和发包人授权对工程的所有部位及其施工工艺、材料和工程设备进行检查和检验。承包人应为监理人的检查和检验提供方便，包括监理人到施工现场，或制造、加工地点，或合同约定的其他地方进行察看和查阅施工原始记录。监理人为此进行的检查和检验，不免除或减轻承包人按照合同约定应当承担的责任。

监理人的检查和检验不应影响施工正常进行。监理人的检查和检验影响施工正常进行的，且经检查检验不合格的，影响正常施工的费用由承包人承担，工期不予顺延；经检查检验合格的，由此增加的费用和（或）延误的工期由发包人承担。

（3）隐蔽工程检查。

① 承包人自检。承包人应当对工程隐蔽部位进行自检，并经自检确认是否具备覆盖条件。

② 检查程序。除专用合同条款另有约定外，工程隐蔽部位经承包人自检确认具备覆盖条

件的，承包人应在共同检查前 48 小时书面通知监理人检查，通知中应载明隐蔽检查的内容、时间和地点，并应附有自检记录和必要的检查资料。

监理人应按时到场并对隐蔽工程及其施工工艺、材料和工程设备进行检查。经监理人检查确认质量符合隐蔽要求，并在验收记录上签字后，承包人才能进行覆盖。经监理人检查质量不合格的，承包人应在监理人指示的时间内完成修复，并由监理人重新检查，由此增加的费用和（或）延误的工期由承包人承担。

除专用合同条款另有约定外，监理人不能按时进行检查的，应在检查前 24 小时向承包人提交书面延期要求，但延期不能超过 48 小时，由此导致工期延误的，工期应予以顺延。监理人未按时进行检查，也未提出延期要求的，视为隐蔽工程检查合格，承包人可自行完成覆盖工作，并作相应记录报送监理人，监理人应签字确认。

③ 重新检查。

承包人覆盖工程隐蔽部位后，发包人或监理人对质量有疑问的，可要求承包人对已覆盖的部位进行钻孔探测或揭开重新检查，承包人应遵照执行，并在检查后重新覆盖恢复原状。经检查证明工程质量符合合同要求的，由发包人承担由此增加的费用和（或）延误的工期，并支付承包人合理的利润；经检查证明工程质量不符合合同要求的，由此增加的费用和（或）延误的工期由承包人承担。

④ 承包人私自覆盖。

承包人未通知监理人到场检查，私自将工程隐蔽部位覆盖的，监理人有权指示承包人钻孔探测或揭开检查，无论工程隐蔽部位质量是否合格，由此增加的费用和（或）延误的工期均由承包人承担。

（4）不合格工程的处理。

① 因承包人原因造成工程不合格的，发包人有权随时要求承包人采取补救措施，直至达到合同要求的质量标准，由此增加的费用和（或）延误的工期由承包人承担。

② 因发包人原因造成工程不合格的，由此增加的费用和（或）延误的工期由发包人承担，并支付承包人合理的利润。

（5）质量争议检测。

合同当事人对工程质量有争议的，由双方协商确定的工程质量检测机构鉴定，由此产生的费用及因此造成的损失，由责任方承担。

合同当事人均有责任的，由双方根据其责任分别承担。

5．工程进度

（1）施工进度计划。

① 施工进度计划的编制。

承包人应提交详细的施工进度计划，施工进度计划的编制应当符合国家法律规定和一般工程实践惯例，施工进度计划经发包人批准后实施。施工进度计划是控制工程进度的依据，发包人和监理人有权按照施工进度计划检查工程进度情况。

② 施工进度计划的修订。

施工进度计划不符合合同要求或与工程的实际进度不一致的，承包人应向监理人提交修订的施工进度计划，并附具有关措施和相关资料，由监理人报送发包人。除专用合同条款另有约定外，发包人和监理人应在收到修订的施工进度计划后 7 天内完成审核和批准或提出修改意见。发包人和监理人对承包人提交的施工进度计划的确认，不能减轻或免除承包人根据法律规定和合同约定应承担的任何责任或义务。

（2）开工。

① 开工准备。

除专用合同条款另有约定外，承包人应按照约定的期限，向监理人提交工程开工报审表，经监理人报发包人批准后执行。开工报审表应详细说明按施工进度计划正常施工所需的施工道路、临时设施、材料、工程设备、施工设备、施工人员等落实情况以及工程的进度安排。除专用合同条款另有约定外，合同当事人应按约定完成开工准备工作。

② 开工通知。

发包人应按照法律规定获得工程施工所需的许可。经发包人同意后，监理人发出的开工通知应符合法律规定。监理人应在计划开工日期 7 天前向承包人发出开工通知，工期自开工通知中载明的开工日期起算。

除专用合同条款另有约定外，因发包人原因造成监理人未能在计划开工日期之日起 90 天内发出开工通知的，承包人有权提出价格调整要求，或者解除合同。发包人应当承担由此增加的费用和（或）延误的工期，并向承包人支付合理利润。

（3）工期延误。

① 因发包人原因导致工期延误。

在合同履行过程中，因下列情况导致工期延误和（或）费用增加的，由发包人承担由此延误的工期和（或）增加的费用，且发包人应支付承包人合理的利润：

发包人未能按合同约定提供图纸或所提供图纸不符合合同约定的；

发包人未能按合同约定提供施工现场、施工条件、基础资料、许可、批准等开工条件的；

发包人提供的测量基准点、基准线和水准点及其书面资料存在错误或疏漏的；

发包人未能在计划开工日期之日起 7 天内同意下达开工通知的；

发包人未能按合同约定日期支付工程预付款、进度款或竣工结算款的；

监理人未按合同约定发出指示、批准等文件的；

专用合同条款中约定的其他情形。

因发包人原因未按计划开工日期开工的，发包人应按实际开工日期顺延竣工日期，确保实际工期不低于合同约定的工期总日历天数。

② 因承包人原因导致工期延误。

因承包人原因造成工期延误的，可以在专用合同条款中约定逾期竣工违约金的计算方法和逾期竣工违约金的上限。承包人支付逾期竣工违约金后，不免除承包人继续完成工程及修补缺陷的义务。

（4）暂停施工。

① 发包人原因引起的暂停施工。

因发包人原因引起暂停施工的，监理人经发包人同意后，应及时下达暂停施工指示。情况紧急且监理人未及时下达暂停施工指示的，按照紧急情况下的暂停施工的条款执行。因发包人原因引起的暂停施工，发包人应承担由此增加的费用和（或）延误的工期，并支付承包人合理的利润。

② 承包人原因引起的暂停施工。

因承包人原因引起的暂停施工，承包人应承担由此增加的费用和（或）延误的工期，且承包人在收到监理人复工指示后84天内仍未复工的，视为承包人违约的情形条款约定的承包人无法继续履行合同的情形。

③ 指示暂停施工。

监理人认为有必要时，并经发包人批准后，可向承包人做出暂停施工的指示，承包人应按监理人指示暂停施工。

④ 紧急情况下的暂停施工。

因紧急情况需暂停施工，且监理人未及时下达暂停施工指示的，承包人可先暂停施工，并及时通知监理人。监理人应在接到通知后24小时内发出指示，逾期未发出指示，视为同意承包人暂停施工。监理人不同意承包人暂停施工的，应说明理由，承包人对监理人的答复有异议，按照争议解决条款约定处理。

⑤ 暂停施工后的复工。

暂停施工后，发包人和承包人应采取有效措施积极消除暂停施工的影响。在工程复工前，监理人会同发包人和承包人确定因暂停施工造成的损失，并确定工程复工条件。当工程具备复工条件时，监理人应经发包人批准后向承包人发出复工通知，承包人应按照复工通知要求复工。

承包人无故拖延和拒绝复工的，承包人承担由此增加的费用和（或）延误的工期；因发包人原因无法按时复工的，按照因发包人原因导致工期延误的约定条款办理。

⑥ 暂停施工持续56天以上。

监理人发出暂停施工指示后56天内未向承包人发出复工通知，除该项停工属于承包人原因引起的暂停施工及不可抗力条款约定的情形外，承包人可向发包人提交书面通知，要求发包人在收到书面通知后28天内准许已暂停施工的部分或全部工程继续施工。发包人逾期不予批准的，承包人可将工程受影响部分视为按变更的范围条款中的可取消工作。

暂停施工持续84天以上不复工的，且不属于承包人原因引起的暂停施工及不可抗力条款约定的情形，并影响到整个工程以及合同目的实现的，承包人有权提出价格调整要求，或者解除合同。解除合同的，按照因发包人违约解除合同条款的执行。

⑦ 暂停施工期间的工程照管。

暂停施工期间，承包人应负责妥善照管工程并提供安全保障，由此增加的费用由责任方承担。

⑧ 暂停施工的措施。

暂停施工期间，发包人和承包人均应采取必要的措施确保工程质量及安全，防止因暂停施工扩大损失。

6．价格调整、合同价格、计量与支付

（1）市场价格波动引起的调整。

除专用合同条款另有约定外，市场价格波动超过合同当事人约定的范围，合同价格应当调整。合同当事人可以在专用合同条款中约定选择以下一种方式对合同价格进行调整：

第1种方式：采用价格指数进行价格调整。

① 价格调整公式。

因人工、材料和设备等价格波动影响合同价格时，根据专用合同条款中约定的数据，按以下公式计算差额并调整合同价格：

$$\Delta P = P_0\left[A + \left(B_1 \times \frac{F_{t1}}{F_{01}} + B_2 \times \frac{F_{t2}}{F_{02}} + B_3 \times \frac{F_{t3}}{F_{03}} + \cdots + B_n \times \frac{F_{tn}}{F_{0n}}\right) - 1\right]$$

式中：ΔP——需调整的价格差额。

P_0——约定的付款证书中承包人应得到的已完成工程量的金额。此项金额应不包括价格调整、不计质量保证金的扣留和支付、预付款的支付和扣回。约定的变更及其他金额已按现行价格计价的，也不计在内。

A——定值权重（即不调部分的权重）。

B_1; B_2; $B_3 \cdots B_n$——各可调因子的变值权重（即可调部分的权重），为各可调因子在签约合同价中所占的比例。

F_{t1}; F_{t2}; $F_{t3} \cdots F_{tn}$——各可调因子的现行价格指数，指约定的付款证书相关周期最后一天的前 42 天的各可调因子的价格指数。

F_{01}; F_{02}; $F_{03} \cdots F_{0n}$——各可调因子的基本价格指数，指基准日期的各可调因子的价格指数。

以上价格调整公式中的各可调因子、定值和变值权重，以及基本价格指数及其来源在投标函附录价格指数和权重表中约定，非招标订立的合同，由合同当事人在专用合同条款中约定。价格指数应首先采用工程造价管理机构发布的价格指数，无前述价格指数时，可采用工程造价管理机构发布的价格代替。

② 暂时确定调整差额。

在计算调整差额时无现行价格指数的，合同当事人同意暂用前次价格指数计算。实际价格指数有调整的，合同当事人进行相应调整。

③ 权重的调整。

因变更导致合同约定的权重不合理时，按照商定或确定的条款执行。

④ 因承包人原因工期延误后的价格调整。

因承包人原因未按期竣工的，对合同约定的竣工日期后继续施工的工程，在使用价格调整公式时，应采用计划竣工日期与实际竣工日期的两个价格指数中较低的一个作为现行价格指数。

第 2 种方式：采用造价信息进行价格调整。

合同履行期间，因人工、材料、工程设备和机械台班价格波动影响合同价格时，人工、机械使用费按照国家或省、自治区、直辖市建设行政管理部门、行业建设管理部门或其授权的工程造价管理机构发布的人工、机械使用费系数进行调整；需要进行价格调整的材料，其单价和采购数量应由发包人审批，发包人确认需调整的材料单价及数量，作为调整合同价格的依据。

① 人工单价发生变化且符合省级或行业建设主管部门发布的人工费调整规定，合同当事人应按省级或行业建设主管部门或其授权的工程造价管理机构发布的人工费等文件调整合同价格，但承包人对人工费或人工单价的报价高于发布价格的除外。

② 材料、工程设备价格变化的价款调整按照发包人提供的基准价格，按以下风险范围规

定执行：

承包人在已标价工程量清单或预算书中载明材料单价低于基准价格的：除专用合同条款另有约定外，合同履行期间材料单价涨幅以基准价格为基础超过 5%时，或材料单价跌幅以在已标价工程量清单或预算书中载明材料单价为基础超过 5%时，其超过部分据实调整。

承包人在已标价工程量清单或预算书中载明材料单价高于基准价格的：除专用合同条款另有约定外，合同履行期间材料单价跌幅以基准价格为基础超过 5%时，材料单价涨幅以在已标价工程量清单或预算书中载明材料单价为基础超过 5%时，其超过部分据实调整。

承包人在已标价工程量清单或预算书中载明材料单价等于基准价格的：除专用合同条款另有约定外，合同履行期间材料单价涨跌幅以基准价格为基础超过 ± 5%时，其超过部分据实调整。

承包人应在采购材料前将采购数量和新的材料单价报发包人核对，发包人确认用于工程时，发包人应确认采购材料的数量和单价。发包人在收到承包人报送的确认资料后 5 天内不予答复的视为认可，作为调整合同价格的依据。未经发包人事先核对，承包人自行采购材料的，发包人有权不予调整合同价格。发包人同意的，可以调整合同价格。

前述基准价格是指由发包人在招标文件或专用合同条款中给定的材料、工程设备的价格，该价格原则上应当按照省级或行业建设主管部门或其授权的工程造价管理机构发布的信息价编制。

③ 施工机械台班单价或施工机械使用费发生变化超过省级或行业建设主管部门或其授权的工程造价管理机构规定的范围时，按规定调整合同价格。

第 3 种方式：专用合同条款约定的其他方式。

（2）法律变化引起的调整。

基准日期后，法律变化导致承包人在合同履行过程中所需要的费用发生除市场价格波动引起的调整的条款约定以外的增加时，由发包人承担由此增加的费用；减少时，应从合同价格中予以扣减。基准日期后，因法律变化造成工期延误时，工期应予以顺延。

因法律变化引起的合同价格和工期调整，合同当事人无法达成一致的，由总监理工程师按商定或确定条款的约定处理。

因承包人原因造成工期延误，在工期延误期间出现法律变化的，由此增加的费用和（或）延误的工期由承包人承担。

（3）合同价格形式。

发包人和承包人应在合同协议书中选择下列一种合同价格形式：

① 单价合同。

单价合同是指合同当事人约定以工程量清单及其综合单价进行合同价格计算、调整和确认的建设工程施工合同，在约定的范围内合同单价不做调整。合同当事人应在专用合同条款中约定综合单价包含的风险范围和风险费用的计算方法，并约定风险范围以外的合同价格的调整方法，其中因市场价格波动引起的调整按市场价格波动引起的调整的条款约定执行。

② 总价合同。

总价合同是指合同当事人约定以施工图、已标价工程量清单或预算书及有关条件进行合同价格计算、调整和确认的建设工程施工合同，在约定的范围内合同总价不做调整。合同当事人应在专用合同条款中约定总价包含的风险范围和风险费用的计算方法，并约定风险范围以外的合同价格的调整方法，其中因市场价格波动引起的调整按市场价格波动引起的调整条款、因法律变化引起的调整条款约定执行。

③ 其他价格形式。

合同当事人可在专用合同条款中约定其他合同价格形式。

（4）预付款.

① 预付款的支付。

预付款的支付按照专用合同条款约定执行，但至迟应在开工通知载明的开工日期 7 天前支付。预付款应当用于材料、工程设备、施工设备的采购及修建临时工程、组织施工队伍进场等。

除专用合同条款另有约定外，预付款在进度付款中同比例扣回。在颁发工程接收证书前，提前解除合同的，尚未扣完的预付款应与合同价款一并结算。

发包人逾期支付预付款超过 7 天的，承包人有权向发包人发出要求预付的催告通知，发包人收到通知后 7 天内仍未支付的，承包人有权暂停施工，并按发包人违约的情形的条款执行。

② 预付款担保。

发包人要求承包人提供预付款担保的，承包人应在发包人支付预付款 7 天前提供预付款担保，专用合同条款另有约定除外。预付款担保可采用银行保函、担保公司担保等形式，具体由合同当事人在专用合同条款中约定。在预付款完全扣回之前，承包人应保证预付款担保持续有效。

发包人在工程款中逐期扣回预付款后，预付款担保额度应相应减少，但剩余的预付款担保金额不得低于未被扣回的预付款金额。

（5）计量。

① 计量原则。

工程量计量按照合同约定的工程量计算规则、图纸及变更指示等进行计量。工程量计算规则应以相关的国家标准、行业标准等为依据，由合同当事人在专用合同条款中约定。

② 计量周期。

除专用合同条款另有约定外，工程量的计量按月进行。

③ 单价合同的计量。

除专用合同条款另有约定外，单价合同的计量按照本项约定执行：

承包人应于每月 25 日向监理人报送上月 20 日至当月 19 日已完成的工程量报告，并附具进度付款申请单、已完成工程量报表和有关资料。

监理人应在收到承包人提交的工程量报告后 7 天内完成对承包人提交的工程量报表的审核并报送发包人，以确定当月实际完成的工程量。监理人对工程量有异议的，有权要求承包人进行共同复核或抽样复测。承包人应协助监理人进行复核或抽样复测，并按监理人要求提供补充计量资料。承包人未按监理人要求参加复核或抽样复测的，监理人复核或修正的工程量视为承包人实际完成的工程量。

监理人未在收到承包人提交的工程量报表后的 7 天内完成审核的，承包人报送的工程量报告中的工程量视为承包人实际完成的工程量，据此计算工程价款。

④ 总价合同的计量与支付。

除专用合同条款另有约定外，按月计量支付的总价合同，按照本项约定执行：

承包人应于每月 25 日向监理人报送上月 20 日至当月 19 日已完成的工程量报告，并附具进度付款申请单、已完成工程量报表和有关资料。

监理人应在收到承包人提交的工程量报告后 7 天内完成对承包人提交的工程量报表的审核并报送发包人，以确定当月实际完成的工程量。监理人对工程量有异议的，有权要求承包人进行共同复核或抽样复测。承包人应协助监理人进行复核或抽样复测并按监理人要求提供补充计量资料。承包人未按监理人要求参加复核或抽样复测的，监理人审核或修正的工程量视为承包人实际完成的工程量。

监理人未在收到承包人提交的工程量报表后的 7 天内完成复核的，承包人提交的工程量报告中的工程量视为承包人实际完成的工程量。

总价合同采用支付分解表计量支付的，可以按照上述总价合同的计量约定进行计量，但合同价款按照支付分解表进行支付。

（6）工程进度款支付。

① 付款周期。

除专用合同条款另有约定外，付款周期应按照计量周期条款的约定与计量周期保持一致。

② 进度付款申请单的编制。

除专用合同条款另有约定外，进度付款申请单应包括下列内容：

截至本次付款周期已完成工作对应的金额；

根据变更条款应增加和扣减的变更金额；

根据预付款条款约定应支付的预付款和扣减的返还预付款；

根据质量保证金条款约定应扣减的质量保证金；

根据索赔条款应增加和扣减的索赔金额；

对已签发的进度款支付证书中出现错误的修正，应在本次进度付款中支付或扣除的金额；

根据合同约定应增加和扣减的其他金额。

③ 进度付款申请单的提交。

单价合同进度付款申请单的提交。单价合同的进度付款申请单，按照单价合同的计量条款约定的时间按月向监理人提交，并附上已完成工程量报表和有关资料。单价合同中的总价项目按月进行支付分解，并汇总列入当期进度付款申请单。

总价合同进度付款申请单的提交。总价合同按月计量支付的，承包人按照总价合同的计量条款约定的时间按月向监理人提交进度付款申请单，并附上已完成工程量报表和有关资料。

总价合同按支付分解表支付的，承包人应按照支付分解表条款及进度付款申请单的编制条款的约定向监理人提交进度付款申请单。

④ 进度款审核和支付。

除专用合同条款另有约定外，监理人应在收到承包人进度付款申请单以及相关资料后 7 天内完成审查并报送发包人，发包人应在收到后 7 天内完成审批并签发进度款支付证书。发包人逾期未完成审批且未提出异议的，视为已签发进度款支付证书。发包人和监理人对承包人的进度付款申请单有异议的，有权要求承包人修正和提供补充资料，承包人应提交修正后的进度付款申请单。监理人应在收到承包人修正后的进度付款申请单及相关资料后 7 天内完成审查并报送发包人，发包人应在收到监理人报送的进度付款申请单及相关资料后 7 天内，向承包人签发无异议部分的临时进度款支付证书。存在争议的部分，按照争议解决条款的约定处理。

除专用合同条款另有约定外，发包人应在进度款支付证书或临时进度款支付证书签发后 14 天内完成支付，发包人逾期支付进度款的，应按照中国人民银行发布的同期同类贷款基准利率支付违约金。

发包人签发进度款支付证书或临时进度款支付证书，不表明发包人已同意、批准或接受了承包人完成的相应部分的工作。

（7）进度付款的修正。

在对已签发的进度款支付证书进行阶段汇总和复核中发现错误、遗漏或重复的，发包人和承包人均有权提出修正申请。经发包人和承包人同意的修正，应在下期进度付款中支付或扣除。

（8）支付分解表。

① 总价合同支付分解表的编制与审批。

除专用合同条款另有约定外，承包人应根据施工进度计划条款约定的施工进度计划、签约合同价和工程量等因素对总价合同按月进行分解，编制支付分解表。承包人应当在收到监理人和发包人批准的施工进度计划后 7 天内，将支付分解表及编制支付分解表的支持性资料报送监理人。

监理人应在收到支付分解表后 7 天内完成审核并报送发包人。发包人应在收到经监理人审核的支付分解表后 7 天内完成审批，经发包人批准的支付分解表为有约束力的支付分解表。

发包人逾期未完成支付分解表审批的，也未及时要求承包人进行修正和提供补充资料的，则承包人提交的支付分解表视为已经获得发包人批准。

② 单价合同的总价项目支付分解表的编制与审批。

除专用合同条款另有约定外，单价合同的总价项目，由承包人根据施工进度计划和总价项目的总价构成、费用性质、计划发生时间和相应工程量等因素按月进行分解，形成支付分解表，其编制与审批参照总价合同支付分解表的编制与审批执行。

任务练习

1. 发包人的义务不包括（　　）。

　A. 提供施工现场　　B. 提供施工条件

　C. 提供基础资料　　D. 分包管理

2. 施工合同文本由三部分组成，其中不包括（　　）。

　A. 协议书　　B. 通用条款

　C. 专用条款　　D. 工程质量保修书

3. 下列建设工程施工合同文件出现矛盾时，应优先考虑执行的文件是（　　）。

　A. 工程量清单　　B. 工程预算书

　C. 工程变更协议　　D. 施工图纸

4. 承包人更换主要施工管理人员时，应提前（　　）天书面通知监理人，并征得发包人书面同意。

A. 1　B. 7　C. 14　D. 28

5. 监理人未在收到承包人提交的工程量报表后的（　　）内完成复核的，承包人提交的工程量报告中的工程量视为承包人实际完成的工程量。

A. 1　B. 7　C. 14　D. 28

6. 除专用合同条款另有约定外，工程隐蔽部位经承包人自检确认具备覆盖条件的，承包人应在共同检查前（　　）小时书面通知监理人检查，通知中应载明隐蔽检查的内容、时间和地点，并应附有自检记录和必要的检查资料。

A. 12　B. 24　C. 48　D. 72

7. 在合同履行过程中，除下列（　　）情况以外导致工期延误和（或）费用增加的，由发包人承担由此延误的工期和（或）增加的费用，且发包人应支付承包人合理的利润。

A. 发包人未能按合同约定提供图纸或所提供图纸不符合合同约定的

B. 发包人未能按合同约定提供施工现场、施工条件、基础资料、许可、批准等开工条件的

C. 发包人提供的测量基准点、基准线和水准点及其书面资料存在错误或疏漏的

D. 发包人未能在计划开工日期之日起 14 天内同意下达开工通知的

8. 发包人应在双方计量确认后（　　）天内，向承包人支付工程进度款。

A. 7　B. 10　C. 14　D. 28

9. 发包人逾期支付预付款超过（　　）天的，承包人有权向发包人发出要求预付的催告通知，发包人收到通知后 7 天内仍未支付的，承包人有权暂停施工，并按发包人违约的情形的条款执行。

A. 7　B. 14　C. 28　D. 56

10. 监理单位更换总监理工程师的，监理人应提前（　　）天书面通知承包人。

A. 7　B. 14　C. 28　D. 56

项目小结

本项目对建设工程施工合同做了详细的阐述，其中包括合同的概述和建设工程施工合同的主要内容。我国已形成双轨制的合同文本体系：政府投资的基础设施领域的合同范本由国家发改委牵头制定，非政府投资的房屋建筑领域的合同范本由住建部牵头制定。《建设工程施工合同（示范文本）》（GF-2017-0201）由合同协议书、通用合同条款和专用合同条款三部分组成，并附有 11 个附件。建设工程施工合同的主要内容包括关于业主和承包商双方享有的权利和应尽的义务。

项目练习

一、单项选择题

1. 合同法律关系的（　　），是参加合同法律关系，享有相应权利、承担相应义务的当事人。

A. 主体　B. 客体　C. 内容　D. 事实

2. 工程建设中，甲施工企业的乙项目经理在行使职权时产生的法律后果应当由（　　）承担。

A. 乙项目经理　B. 甲施工企业　C. 建设单位　D. 具体施工人员

3. 能够引起合同法律关系、产生、变更和消灭的客观现象是（　　）。

A. 法律关系主体　B. 法律事实　C. 法律关系客体　D. 法律关系内容

4. 在施工合同中，（　　）是承包人的义务。

A. 提供施工场地　B. 办理土地征用

C. 在保修期内负责照管工程现场　D. 工程施工期内对施工现场的照管负责

5. 在施工合同中，项目经理是（　　）授权的，派驻施工场地的承包人的总负责人。

A. 发包人单位法定代表人　B. 承包人单位法定代表人

C. 总监理工程师　D. 发包人代表

二、多项选择题

1. 在施工合同中，（　　）属于发包人应当完成的工作。

A. 使施工现场具备施工条件

B. 提供施工场地的工程地质资料

C. 提供工程进度计划

D. 向工程师提供在施工现场办公的设施

E. 开通施工场地与城乡公共道路的通道

2. 在下列几种情形中，（　　）合同是可变更的合同。

A. 损害公共利益的

B. 以合法活动掩盖非法目的的

C. 恶意串通，损害国家、集体或第三人利益的

D. 因重大误解而订立的

E. 在订立合同时显失公平的

3. 在下列行为中，（　　）属于要约邀请。

A. 价目表的寄送　B. 招标公告

C. 投标　D. 招股说明书

E. 不含价格的商业广告

4. 合同法律关系由（　　）等要素构成。

A. 主体　B. 客体　C. 行为　D. 事件　E. 内容

5.《建设工程施工合同（示范文本）》的附件包括（　　）等。

A. 协议书　B. 通用条款

C. 工程质量保修书　D. 专用条款

E. 发包人供应材料设备一览表

6. 某施工合同的履行中，监理工程师于 2018 年 4 月 1 日指令承包商增加某工作的工作量，承包商于 2018 年 5 月 1 日将此工作增加的工程量完成，并于 2018 年 5 月 20 日向监理工程师递交了索赔意向通知，监理工程师应（　　）。

A. 拒绝接收索赔意向　B. 接收索赔意向

C. 提交发包人审核　D. 与承包商协商索赔事项

7. 邀请招标的邀请对象的数目以（ ）家为宜。

A. 3　B. 5　C. 7　D. 5～7

8. 赠与合同与无偿委托合同属于：（ ）

A. 双方法律行为、诺成法律行为

B. 双方法律行为、实践法律行为

C. 单方法律行为、实践法律行为

D. 双方法律行为、无偿法律行为、诺成法律行为

9. 在投标文件的报价单中，如果出现总价金额同分项单价与工程量乘积之和的金额不一致时，应当（ ）。

A. 以总价金额为准，由评标委员会直接修正即可

B. 以总价金额为准，由评标委员会修正后请该标书的投标授权人予以签字确认

C. 以分项单价与工程量乘积之和为准，由评标委员会直接修正即可

D. 以分项单价与工程量乘积之和为准，由评标委员会修正后请该标书的投标授权人予以签字确认

10. 合同法律关系是指合同法律规范规定而形成的（ ）关系。

A. 债权人与债务人　B. 代理人与被代理人

C. 权利与义务　D. 法人与自然人

11. 下列关于合同文件的表述，不正确的是（ ）。

A. 专用条款的内容比通用条款更明确、具体

B. 合同文件中专用条款的解释优先于通用条款

C. 合同文件之间应能相互解释、互为说明

D. 专用条款与通用条款是相对立的

12. 施工合同通用条款规定，当施工合同文件中出现含糊不清或不一致时，下列中解释顺序排列正确的为（ ）。

A. 专用条款、通用条款、中标通知书、图纸

B. 中标通知书、协议书、专用条款、通用条款

C. 中标通知书、投标书、协议书、图纸

D. 中标通知书、专用条款、通用条款、图纸

13. 当事人可以参照各类合同和示范文本订立合同。（ ）

A. 示范文本与格式合同是同一概念

B. 示范文本与格式条款是同一概念

C. 示范文本可供参照，当事人能够改变其中的内容

D. 对示范文本有不同理解的，应对提供示范文本的一方作不利的解释

14. 通过招标选择的承包人，在合同协议书内明确的工期总天数应为（ ）。

A. 招标文件要求的天数

B. 投标书内承包人承诺的天数

C. 发包人和承包人协商的天数

D. 承包人提交的施工组织设计中的天数

三、实训题

实训目的：能够利用《建设工程施工合同（示范文本）》（GF-2017-0201）编写施工合同文本。

准备工作：

①《建设工程施工合同（示范文本）》（GF-2017-0201）；

② 建筑单体全套图纸；

③ 招标文件。

实训步骤：描述实训目标→划分小组→分发设计图纸和招标文件→编写施工合同→进行资料整理→撰写走访报告。

实训结果：

① 熟悉《建设工程施工合同（示范文本）》（GF-2017-0201）；

② 掌握施工合同的编制依据和程序；

③ 编制施工合同。

项目八　建设工程施工合同管理

项目目标

建设工程合同管理，是市场经济和工程建设管理中一项十分重要的内容。在工程项目的建筑过程中，其主体的行为的社会关系除了政府管理机关是依据法律、法规对工程建设主体行使行政心监督管理外，其他各方面社会关系却是通过“合同”这一契约关系来完成的。工程建活动的质量、投资和进度都是在合同管理的调整、保护和制约下进行的。合同当事人必须加强对合同订立前、合同订立中以及合同履行中的管理。通过本项目的学习，具备一定的合同管理能力，能够对合同各阶段的管理打下基础。

教学要求

能力目标	知识要点
掌握建设工程施工合同基础知识	（1）工程施工合同管理的概念 （2）工程施工合同的目标与内容 （3）工程施工合同管理参与方
熟悉施工合同准备阶段	（1）工程施工合同审查分析的目的和内容 （2）工程施工合同谈判的主要内容和程序 （3）工程施工合同签订的依据、条件及主要内容
熟悉施工合同实施阶段	（1）工程施工合同履约概念和原则 （2）工程施工合同实施控制 （3）工程施工合同变更管理 （4）签证管理
了解风险管理	（1）承包商风险管理的任务 （2）承包工程的风险 （3）风险分析及防范

案例导入

【背景】

2018 年 8 月 10 日，某钢厂与某市政工程公司签订该厂地下排水工程总承包合同，总长 5 000 m，市政工程公司将任务下达给该公司第四施工队。事后，第四施工队又与成立仅半年、尚未取得从业资质等级认证的某乡建筑工程队签订了建筑分包合同，由乡建筑工程队分包其中3 000 m排水工程施工任务，合同价45万元，9月10日正式施工，2018年9月20日市建委主管部门在检查该项工程施工时，发现乡建筑工程队承包工程手续不符合有关规定，责令停工。某乡建筑工程队不予理睬。10月3日，市政工程公司下达了停工文件，乡建筑队不服，以合同经双方自愿签订并有营业执照为由，于10月10日诉至人民法院，要求第四工程队继续履行合同，否则应承担毁约责任并赔偿其经济损失。

【问题】

1. 请依法确认总包及分包合同的法律效力。
2. 该合同的法律效力应由哪个机构确认？
3. 某市建委主管部门是否有权责令停工？
4. 合同纠纷的法律责任应如何裁决？

任务8.1　建设工程施工合同管理概述

任务导入

合同管理是项目管理的纽带，项目的参与者及与项目有关的组织都有合同管理工作。对于施工合同来说，发包人、承包人和监理人根据在工程项目中角色的不同有不同角度、不同性质、不同内容和不同侧重点的合同管理工作。

8.1.1　施工合同管理概念

建设工程施工合同管理是指各级工商行政管理机关、建设行政主管机关，以及发包单位、监理单位、承包单位依据法律法规，采取法律的、行政的手段，对施工合同关系进行组织、指导、协调及监督，保护施工合同当事人的合法权益，处理施工合同纠纷，防止和制裁违法行为，保证施工合同贯彻实施的一系列活动。

施工合同管理分为两个层次：第一个层次是国家行政机关对施工合同的监督管理；第二个层次则是建设工程施工合同当事人及监理单位对施工合同的管理。各级工商行政管理机关、建设行政主管机关对施工合同属于宏观管理，建设单位（业主或监理单位）、承包单位对施工合同进行具体的微观管理。

8.1.2　施工合同管理特点

工程合同管理者不仅要懂得与合同有关的法律知识，还需要懂得工程技术、工程经济，特别是工程管理方面的知识，而且工程合同管理有很强的实践性，只懂得理论知识是远远不够的，还需要丰富的实践经验。只有具备这些素质，才能管理好工程合同。工程合同管理的特点如下。

（1）工程合同管理涉及经济法律关系的多元性。多元性主要表现在合同签订和实施过程中会涉及多方面的关系，建设单位委托监理单位进行工程监理，而承包单位则涉及专业分包材料的供应和设备加工，以及银行、保险等众多单位，因而产生错综复杂的关系，这些关系都要通过经济合同来体现。

（2）工程合同管理的复杂性。工程建设合同是按照建设程序展开的，勘察、设计合同先行，监理施工采购合同在后，工程合同呈现出串联、并联和搭接的关系，工程合同管理也是随着项目的进展逐步展开的，因此工程合同复杂的界面决定了工程合同管理的复杂性，项目参建单位和协建单位多，通常涉及业主、勘察设计单位、监理单位、总包单位、分包单位、材料设备供应单位等，各方面责任界限的划分，合同权利和义务的定义非常复杂，合同在时间上和空间上的衔接协调很重要，合同管理必须协调和处理好各方面的关系，使相关的各合同和合同规定的各工作内容不相矛盾，使各合同在内容上、技术上，组织上、时间上协调一致，才能形成一个完整的、周密的有序体系，以保证工程有秩序、按计划地实施，因此，复杂的合同关系，决定了工程合同管理的复杂性。

（3）工程合同管理的协作性。工程合同管理不是一个人的事，往往需要设立一个专门的管理班子。在某种程度上，业主管理班子是工程合同的管理者，以业主为例，业主项目管理班子中的每个部门，甚至是每个岗位、每个人的工作都与合同管理有关，如业主的招标部门是合同的订立部门，工程管理部门是合同的履行部门等。工程合同管理不仅需要专职的合同管理人员和部门，而且要求参与工程管理的其他各种人员或部门都必须精通合同，熟悉合同管理工作。正是因为工程合同管理是通过项目管理班子内部各部门、全员的分工协作、相互配合下使工程进行的，所以合同管理过程中的相互沟通与协调显得尤为重要，体现出了合同管理需各部门全员分工协作的协作性特点。

（4）工程合同管理的风险性。工程合同实施时间长，涉及面广，受外界环境如经济、社会、法律和自然条件等的影响，这些因素一般被称为工程风险，工程风险难以被预测，也难以控制，一旦发生往往会影响合同的正常履行，造成合同延期和经济损失，因此工程风险管理成为工程合同管理的重要内容，由于建筑市场竞争激烈，承包商除依靠其他评标指标外，投标报价也是施工投标中能否中标的关键性指标，因此导致施工合同价格偏低，同时业主也经常利用在建筑市场中的买方优势，提出一些苛刻的条件。加之我国还处于市场经济的初级阶段，因此合同双方的信用风险也是工程合同管理的重要内容。

（5）合同管理的动态性、多变性。由于工程持续时间长，这使得相关的合同，特别是工程施工合同的生命期长，工程价值量大，合同价格高，由于合同履行过程中内外干扰事件多，合同变更频繁，合同管理必须按照变化了的情况不断调整，这就要求合同管理必须是动态的，必须加强合同控制工作，项目管理人员必须加强对合同变更的管理，做好记录，将其作为索赔、变更或终止合同的依据。

8.1.3　施工合同管理的目标

由于合同在工程中的特殊作用，项目的参与者以及与项目有关的组织都有合同管理工作。对于施工合同来说，发包人、承包人和监理人根据在工程项目中角色的不同有不同角度、不同性质、不同内容和不同侧重点的合同管理工作。

施工合同管理是对施工合同的策划、签订、履行、变更、索赔和争议解决的管理，是施工项目管理的重要组成部分。施工合同管理是为项目目标和企业目标服务的，以保证项目目标和企业目标的实现。具体地说，施工合同管理的目标包括以下内容。

（1）使整个施工项目在预定的成本（投资）、预定的工期范围内完成，达到预定的质量和功能要求，实现项目的三大目标。

（2）使施工项目的实施过程顺利，合同争议较少，合同双方当事人能够圆满地履行合同义务。

（3）保证整个施工合同的签订和实施过程符合法律的要求。

（4）工程竣工时使双方满意，发包人按计划获得一个合格的工程，达到投资目的，对工程、承包人以及双方的合作感到满意；承包人不但获得合理的价格和利润，还赢得了信誉，建立双方友好合作关系。这也是企业经营管理和发展战略对合同管理的要求。

8.1.4　施工合同管理参与方

施工合同管理涉及的主要参与方包括合同当事人、监理人和分包人。

1．合同当事人

（1）发包人。发包人指专用合同条款中指明并与承包人在合同协议书中签字的当事人以及取得该当事人资格的合法继承人。

（2）承包人。承包人指与发包人签订合同协议书的当事人以及取得该当事人资格的合法继承人。

施工合同签订后，当事人任何一方均不允许转让合同。因为承包人是发包人通过复杂的招标选中的实施者；发包人则是承包人在投标前出于对其信誉和支付能力的信任才参与竞争取得合同。因此，按照诚实、信用原则，订立合同后，任何一方都不能将合同转让给第三者。所谓合法继承人是指因资产重组后，合并或分立后的法人或组织可以作为合同的当事人。

2．监理人

监理人指在专用合同条款中指明的，受发包人委托对合同履行实施管理的法人或其他组织。

监理人作为发包人委托的合同管理人，其职责主要有两个方面：一是作为发包人的代理人，负责发出指示、检查工程质量、进度等现场管理工作；二是作为公正的第三方，负责商定或确定有关事项，如合理调整单价、变更估价、索赔等。

3．分包人

分包人指从承包人处分包合同中的某一部分工程，并与其签订分包合同的分包人。

在工程中，由于工程总承包商通常是技术密集型和管理型的，而专业工程施工往往由分包人完成，所以分包人在工程中起重要作用。在工程合同体系中，分包合同是施工合同的从合同。

8.1.5 施工合同管理的内容

1. 施工合同的行政监管工作内容

行政主管部门要宣传贯彻国家有关经济合同方面的法律、法规和方针政策；组织培训合同管理人员，指导合同管理工作，总结交流工作经验；对建设工程施工合同签订进行审查，监督检查施工合同的签订、履行，依法处理存在的问题，查处违法行为。主要做好下列几个方面的监管工作。

（1）加强合同主体资格认证工作。

（2）加强招标投标的监督管理工作。

（3）规范合同当事人签约行为。

（4）做好合同的登记、备案和签证工作。

（5）加强合同履行的跟踪检查。

（6）加强合同履行后的审查。

2. 业主（监理工程师）施工合同管理的主要工作内容

业主的主要工作是对合同进行总体策划和总体控制，对授标及合同的签订进行决策，为承包商的合同实施提供必要的条件，委托监理工程师负责监督承包商履行合同。

对实行监理的工程项目，监理工程师的主要工作由建设单位（业主）与监理单位通过《监理合同》约定，监理工程师必须站在公正的第三者的立场上对施工合同进行管理。其工作内容包括建筑工程施工合同实施全过程的进度管理、质量管理、投资管理和组织协调的全部或部分。

（1）协助业主起草合同文件和各种相关文件，参加合同谈判。

（2）解释合同，监督合同的执行，协调业主、承包商、供应商之间的合同关系。

（3）站在公正的立场上正确处理索赔与合同争议。

（4）在业主的授权范围内，处理工程变更，对工程项目进行进度控制、质量控制和费用控制。

3. 承包商施工合同管理的主要工作内容

承包商施工合同管理需要建立合同实施的保证体系，确保合同实施过程中的一切日常事务性工作有秩序地进行，使工程项目的全部合同事件处于控制中，保证合同目标的实现。

（1）合同订立前的管理：投标方向的选择、合同风险的总评价、合作方式的选择等。

（2）合同订立中的管理：合同审查、合同文本分析、合同谈判等。

（3）合同履行中的管理：合同分析、合同交底、合同实施控制、合同档案资料管理、合同变更管理等。

（4）合同发生纠纷时的管理。索赔管理和反索赔。包括与业主之间的索赔和反索赔，与分包商、材料供应商及其他方面之间的索赔和反索赔。

4. 金融机构对施工合同的管理

金融机构对施工合同的管理，是通过对信贷管理、结算管理和当事人的账户管理进行的。金融机构还有义务协助执行已生效的法律文书，保护当事人的合法权益。依据合同范本订立合同时，应注意通用条款及专用条款需明确说明的内容。

8.1.5　建设施工合同争议解决

在《建设工程施工合同（示范文本）》（GF-2017-0201）中，争议解决方法有和解、调解、争议评审、仲裁或诉讼。

1．和　解

合同当事人可以就争议自行和解，自行和解达成协议的经双方签字并盖章后作为合同补充文件，双方均应遵照执行。

2．调　解

合同当事人可以就争议请求建设行政主管部门、行业协会或其他第三方进行调解，调解达成协议的，经双方签字并盖章后作为合同补充文件，双方均应遵照执行。

3．争议评审

合同当事人在专用合同条款中约定采取争议评审方式解决争议以及评审规则，并按下列约定执行：

（1）争议评审小组的确定。合同当事人可以共同选择一名或三名争议评审员，组成争议评审小组。除专用合同条款另有约定外，合同当事人应当自合同签订后 28 天内，或者争议发生后 14 天内，选定争议评审员。

选择一名争议评审员的，由合同当事人共同确定；选择三名争议评审员的，各自选定一名，第三名成员为首席争议评审员，由合同当事人共同确定或由合同当事人委托已选定的争议评审员共同确定，或由专用合同条款约定的评审机构指定第三名首席争议评审员。

除专用合同条款另有约定外，评审员报酬由发包人和承包人各承担一半。

（2）争议评审小组的决定。合同当事人可在任何时间将与合同有关的任何争议共同提请争议评审小组进行评审。争议评审小组应秉持客观、公正原则，充分听取合同当事人的意见，依据相关法律、规范、标准、案例经验及商业惯例等，自收到争议评审申请报告后 14 天内做出书面决定，并说明理由。合同当事人可以在专用合同条款中对本项事项另行约定。

（3）争议评审小组决定的效力。争议评审小组做出的书面决定经合同当事人签字确认后，对双方具有约束力，双方应遵照执行。

任何一方当事人不接受争议评审小组决定或不履行争议评审小组决定的，双方可选择采用其他争议解决方式。

4．仲裁或诉讼

因合同及合同有关事项产生的争议，合同当事人可以在专用合同条款中约定以下一种方式解决争议。

（1）向约定的仲裁委员会申请仲裁；

（2）向有管辖权的人民法院起诉。

任务练习

一、选择题

1. 施工合同管理的特点是（　　）。

A. 工程合同管理涉及经济法律关系的多元性

B. 工程合同管理的复杂性

C. 工程合同管理的协作性

D. 工程合同管理的风险性

E. 合同管理的动态性、多变性

2. 施工合同的行政监管工作内容包括（　　）。

A. 加强合同主体资格认证工作　　B. 加强招标投标的监督管理工作

C. 规范合同当事人签约行为　　D. 做好合同的登记、备案和签证工作

E. 加强合同履行的跟踪检查　　F. 加强合同签订前的审查

3. 业主（监理工程师）施工合同管理的工作内容包括（　　）。

A. 协助业主起草合同文件和各种相关文件，参加合同谈判

B. 解释合同，监督合同的执行，协调业主、承包商、供应商之间的合同关系

C. 站在公正的立场上正确处理索赔与合同争议

D. 在业主的授权范围内，处理工程变更，对工程项目进行进度控制、质量控制和费用控制

4.（　　）是受发包人委托对合同履行实施管理的法人或其他组织。

A. 发包人　　B. 承包人　　C. 监理人　　D. 分包人

5. 合同管理的目标有（　　）。

A. 实现项目的三大目标　　B. 履行合同义务

C. 合同管理符合法律要求　　D. 当事人双方满意

6. 建设工程施工合同管理是指________，以及________依据法律法规，采取法律的、行政的手段，对施工合同关系进行组织、指导、协调及监督，保护施工合同当事人的合法权益，处理施工合同纠纷，防止和制裁违法行为，保证施工合同贯彻实施的一系列活动。（　　）

A. 各级工商行政管理机关、建设行政主管机关；　发包单位、监理单位、承包单位

B. 各级工商行政管理机关、建设行政主管机关；　发包单位、分包单位、承包单位

C. 发包单位、分包单位、承包单位；各级工商行政管理机关、建设行政主管机关

D. 发包单位、监理单位、承包单位；各级工商行政管理机关、建设行政主管机关

7. 施工合同管理分为两个层次：第一个层次是__________对施工合同的监督管理；第二个层次则是建设工程施工合同____________对施工合同的管理。（　　）

A. 国家行政机关；监理单位　　B. 国家行政机关；　当事人及监理单位

C. 建设监管部门；监理单位　　D. 建设监管部门；当事人及监理单位

8. 施工合同管理是对施工合同的______、______、______、变更、索赔和争议解决的管理，是施工项目管理的重要组成部分。（　　）

A. 变更　　B. 索赔　　C. 签订　　D. 纠纷

9. 施工合同管理涉及的主要参与方包括（　　）

A. 合同发包人、承包人和分包人　　B. 合同发包人、承包人和分包人
C. 合同发包人、承包人和转包人　　D. 合同当事人、监理人和分包人

10.（　　）是与发包人签订合同协议书的当事人以及取得该当事人资格的合法继承人。
A. 分包人　　B. 承包人　　C. 转包人　　D. 监理人

11. 建设工程合同争议解决方法包括（　　）。
A. 和解　　B. 调解　　C. 争议评审　　D. 仲裁　　E. 诉讼

二、填空题

1. 施工合同管理分为两个层次：第一个层次是_________对施工合同的监督管理；第二个层次则是建设工程施工合同____________对施工合同的管理。

2. 施工合同管理是对施工合同的______、______、______、______、______和争议解决的管理，是施工项目管理的重要组成部分。

3. 施工合同管理涉及的主要参与方包括合同______、______、和______。

任务 8.2　建设工程施工合同签约管理

任务导入

建设工程合同是订立合同的当事人在建筑工程项目实施建设过程当中的最高行为准则，是规范双方的经济活动、协调双方工作关系、解决合同纠纷的法律依据。加强建筑工程执法力度，确保建设工程的质量控制、投资控制、进度控制“三控”目标的实现，提高合同履约率，维护合同双方当事人的合法权益，促进行业发展诸方面起到了十分重要的作用。签订好建设工程施工合同，无论对发包人（建设单位）还是对承包人（施工单位）都是十分重要的。

8.2.1　施工合同审查分析

8.2.1.1　合同审查分析的目的

工程合同确定了合同当事人在工程项目建设和相关交易过程中的义务权利和责任关系。合同中的每项条款都与双方的利益息息相关，影响到双方的成本、费用和合同收益。在工程合同正式签订前，合同双方有必要对即将签署的合同认真、细致地进行全面的审查、分析。

合同审查分析的目的在于以下几点：
（1）判断合同内容是否完整、各项合同条款表述是否准确无歧义；
（2）明确自己的权利、义务；
（3）分析合同中的问题和风险，提出相应的对策；
（4）通过合同谈判，对合同条款进行修改、补充、完善。

8.2.1.2 合同审查分析的内容

合同必须在合同依据的法律基础的范围内签订和实施，否则会导致合同全部或部分无效，从而给合同当事人带来不必要的损失。这是合同审查分析的最基本也是最重要的工作。合同效力的审查与分析主要从以下几方面入手。

1．合同的合法性审查

保证合同的合法性是合同审查人的重要工作，也是合同审查的核心。

（1）审查合同主体是否合法。即审查合同当事人的主体资格是否合法。

① 对法人的资格审查。对法人的资格审查主要是《企业法人营业执照》的经营期限和年检问题。

② 对其他组织的资格审查。主要应审查其是否按规定登记并取得营业执照，有些法人单位设立的分支机构或经营单位，可以在授权范围内，以其所从属的法人单位的名义签订合同，产生的权利、义务由该法人单位承受，对这类组织，主要审查其所从属的法人单位的资格及其授权。

③ 对自然人个人的资格审查。自然人的资格审查主要是对自然人的自然状况的了解，要具有相应的民事行为能力，主要审查其身份证、户口本、资质等级证书等基本身份证明。在我国，承包人要承包工程，不仅必须具备相应的民事权利能力（营业执照、许可证），而且必须具备相应的民事行为能力（资质等级证书）。

（2）审查合同形式是否合法。当事人订立合同，有书面、口头和其他形式，法律、行政法规规定采取书面形式的，应当采用书面形式，订立合同时，如果当事人约定采用书面形式，也应当采用书面形式。

（3）工程项目合法性审查。即合同客体资格的审查。主要审查工程项目是否具备招标投标、签订和实施合同的一切条件。

① 是否具备工程项目建设所需要的各种批准文件；

② 工程项目是否已经列入年度建设计划；

③ 建设资金和主要建筑材料和设备来源是否已经落实。

（4）审查合同内容是否合法。应以《合同法》第 52 条的规定为根据，判断合同内容中是否存在会导致合同被认定为无效的情形，并认真分析合同无效情况下产生的法律后果。应当重点审查是否存在采用欺诈、胁迫手段订立合同，损害国家利益；是否存在恶意串通，损害国家、集体或者第三人的利益；是否有以合法形式掩盖非法目的的情况；是否有损害社会公共利益，违反法律、行政法规的强制性规定。例如，主要审查合同条款和所指的行为是否符合法律规定，如分包转包的规定、劳动保护的规定、环境保护的规定、赋税和免税的规定、外汇额度条款、劳务进出口等条款是否符合相应的法律规定。

（5）合同订立过程的审查。如审查招标人是否有规避招标行为和隐瞒工程真实情况的现象；投标人是否有串通作弊、哄抬标价的以行贿的手段谋取中标的现象；招标代理机构是否有违法泄露应当保密的与招标投标活动有关的情况和资料现象；其他违反公开、公平、公正原则的行为。

有些合同需要公证，或由官方批准后才能生效，这应当在招标文件中说明。在国际工程中，有些国家项目、政府工程，在合同签订后，或业主向承包商发出中标通知书后，还应经过政府批准后，合同才能生效。对此，应当特别注意。

2．合同的完备性审查

根据《合同法》规定，合同应包括合同当事人、合同标的、标的的数量和质量、合同价款或酬金、履行期限、地点和方式、违约责任和解决争议的方法。一份完整的合同应包括上述所有条款。由于建设工程的工程活动多，涉及面广，合同履行中不确定性因素多，从而给合同履行带来很大风险。如果合同不够完备，就可能会给当事人造成重大损失。因此，必须对合同的完备性进行审查。合同的完备性审查包括：

（1）合同文件完备性审查。即审查属于该合同的各种文件是否齐全。如发包人提供的技术文件等资料是否与招标文件中规定的相符，合同文件是否能够满足工程需要等。

（2）合同条款完备性审查。这是合同完备性审查的重点，即审查合同条款是否齐全，对工程涉及的各方面问题是否都有规定，合同条款是否存在漏项等。合同条款完备性程度与采用何种合同文本有很大关系。

① 如果采用的是合同示范文本，如 FIDIC 条件，或我国施工合同示范文本等，则一般认为该合同条款较完备。此时，应重点审查专用合同条款是否与通用合同条款相符，是否有遗漏等。

② 如果未采用合同示范文本，但合同示范文本存在。在审查时应当以示范文本为样板，将拟签订的合同与示范文本的对应条款一一对照，从中寻找合同漏洞。

③ 无标准合同文本，如联营合同等。无论是发包人还是承包人，在审查该类合同的完备性时，应尽可能多地收集实际工程中的同类合同文本，并进行对比分析，以确定该类合同的范围和合同文本结构形式。再将被审查的合同按结构拆分开，并结合工程的实际情况，从中寻找合同漏洞。

3．合同条款的审查

对施工合同而言，应当重点审查以下内容。

（1）工作范围。即承包人所承担的工作范围，包括施工，材料和设备供应，施工人员的提供，工程量的确定，质量、工期要求及其他义务。工作范围是制定合同价格的基础，因此是合同审查与分析中一项极其重要而不可忽视的问题。招标文件中往往有一些含混不清的条款，故有必要进一步明确工作范围。在这方面，经常出现的问题有以下几点。

① 因工作范围和内容规定不明确，或承包人未能正确理解而出现报价漏项，从而导致成本增加甚至整个项目出现亏损。

② 由于工作范围不明确，对一些应包括进去的工程量没有进行计算而导致施工成本上升。

③ 规定工作内容时，对于规格、型号、质量要求、技术标准文字表达不清楚，从而在实施过程中易产生合同纠纷。

④ 对于承包的国际工程，在将外文标书翻译成中文时出现错误，如将金扶手翻译成镀金扶手，将发电机翻译成发动机等，这必然导致报价失误。

因此，合同审查一定要认真仔细，规定工作内容时一定要明确具体，责任分明。特别是在固定总价合同中，根据双方已达成的价格，查看承包人应完成哪些工作，界面划分是否明确，对追加工程能否另计费用。对招标文件中已经体现，工程质量也已列入，但总价中未计入者，是否已经逐项指明不包括在本承包范围内，否则，要补充计价并相应调整合同价格。为现场监理工程师提供的服务如包含在报价内，分析承包人应提供的办公及住房的建筑面积、标准，工作、生活设备数量和标准等是否明确。合同中有否诸如“除另有规定外的一切工程”“承包人可以合理推知需要提供的为本工程服务所需的一切工程”等含混不清的词句。

（2）权利和责任。合同应公平合理地分配双方的责任和权益。因此，在合同审查时，一定要列出双方各自的责任和权利，在此基础上进行权利义务关系分析，检查合同双方责、权、利是否平衡，合同有否逻辑问题等。同时，还必须对双方责任和权力的制约关系进行分析。如在合同中规定一方当事人有一项权力，则要分析该权力的行使会对对方当事人产生什么影响，该权力是否需要制约，权力方是否会滥用该权力，使用该权力权力方应承担什么责任等。据此可以提出对该项权力的反制约。例如，合同中规定“承包商在施工中随时接受工程师的检查”条款。作为承包商，为了防止工程师滥用检查权，应当相应增加“如果检查结果符合合同规定，则业主应当承担相应的损失（包括工期和费用赔偿）”条款，以限制工程师的检查权。

同时，如合同中规定一方当事人必须承担一项责任，则要分析要承担该责任应具备什么前提条件，以及相应享有什么权力，如果对方不履行相应的义务应承担什么责任等。例如，合同规定承包商必须按时开工，则在合同中应相应地规定业主应按时提供现场施工条件，及时支付预付款等。

在审查时，还应当检查双方当事人的责任和权益是否具体、详细明确，责权范围界定是否清晰等。例如，对不可抗力的界定必须清晰，如风力为多少级，降雨量为多少毫米，地震的震级为多少等。如果招标文件提供的气象、水文和地质资料明显不全，则应争取列入非正常气象、水文和地质情况下业主提供额外补偿的条款，或在合同价格中约定对气象、水文和地质条件的估计，如超过该假定条件，则需要增加额外费用。

（3）工期和施工进度计划。

① 工期。工期的长短直接与承发包双方利益密切相关。对发包人而言，工期过短，则不利于工程质量，还会造成工程成本增加；而工期过长，则影响发包人正常使用，不利于发包人及时收回投资。因此，发包人在审查合同时，应当综合考虑工期、质量和成本三者的制约关系，以确定最佳工期。对承包人来说，应当认真分析自己能否在发包人规定的工期内完工，为保证自己按期竣工，发包人应当提供什么条件，承担什么义务，如发包人不履行义务应承担什么责任，以及承包人不能按时完工应当承担什么责任等。如果根据分析，很难在规定工期内完工，承包人应在谈判过程中，依据施工规划，在最优工期的基础上，考虑各种可能的风险影响因素，争取确定一个承发包双方都能够接受的工期，以保证施工的顺利进行。

② 开工。主要审查开工日期是已经在合同中约定，还是以工程师在规定时间发出开工通知为准，从签约到开工的准备时间是否合理，发包人提交的现场条件的内容和时间能否满足施工需要，施工进度计划提交及审批的期限，发包人延误开工、承包人延误进点各应承担什么责任等。

③ 竣工。主要审查竣工验收应当具备什么条件，验收的程序和内容；对单项工程较多的

工程，能否分批分栋验收交付，已竣工交付部分，其维修期是否从出具该部分工程竣工证书之日算起；工程延期竣工罚款是否有最高限额；对于工程变更、不可抗力及其他发包人原因而导致承包人不能按期竣工的，承包人是否可延长竣工时间等。

（4）工程质量。主要审查工程质量标准的约定能否体现优质优价的原则；材料设备的标准及验收规定；工程师的质量检查权力及限制；工程验收程序及期限规定；工程质量瑕疵责任的承担方式；工程保修期期限及保修责任等。

（5）工程款及支付问题。工程造价条款是工程施工合同的必备和关键条款，但通常会发生约定不明或设而不定的情况，往往为日后争议和纠纷的发生埋下隐患。实际情况表明，业主与承包商之间发生的争议、仲裁和诉讼等，大都集中在付款上，承包工程的风险或利润，最终也都要在付款中表现出来。因此，无论发包人还是承包人都必须花费相当多的精力来研究与付款有关的各种问题。包括：

① 合同价格。包括合同的计价方式，如采用固定价格方式，则应检查在合同中是否约定合同价款风险范围及风险费用的计算方法，价格风险承担方式是否合理；如采用单价方式，则应检查在合同中是否约定单价随工程量的增减而调整的变更限额百分比（如 15%、20%或25%）；如采用成本加酬金方式，则应检查合同中成本构成和酬金的计算方式是否合理。还应分析工程变更对合同价格的影响。

同时，还应检查合同中是否约定工程最终结算的程序、方式和期限。对单项工程较多的工程，是否约定按各单项工程竣工日期分批结算；对“三边”工程，能否设定分阶段决算程序；以及当合同当事人对结算工程最终造价有异议时应当如何处理等。

② 工程款支付。主要包括如下几个方面。

a. 预付款。由于施工初期承包人的投入较大，因此如在合同中约定预付款以支付承包人初期准备费用是公平合理的。对承包人来说，争取预付款既可以使自己减少垫付的周转资金及利息；也可以表明业主的支付信用，减少部分风险。因此，承包人应当力争取得预付款，甚至可适当降低合同价款以换取部分预付款。同时还要分析预付款的比例、支付时间及扣还方式等。在没有预付款时，通过合同，分析能否要求发包人按照工程初期的准备工作的完成情况给付一定的初期付款。

b. 付款方式。对于采用根据工程进度按月支付的，主要审查工程计量及工程款的支付程序，以及检查合同中是否有中期支付的支付期限及延期支付的责任。对于采用按工程形象进度付款的，应重点分析各付款阶段付款额对工程资金现金流的影响，以合理确定各阶段的付款比例。

c. 支付保证。支付保证包括承包人预付款保证和发包人工程款支付保证。对预付款保证，应重点审查保证的方式及预付款保证的保值是否随被扣还的预付款金额而相应递减。业主支付能力直接影响到承包商资金风险是否会发生及风险发生后影响程度的大小。承包商事先必须详细调查业主的资信状况好坏，并尽可能要求业主提供银行出具的资金到位的证明或资金支付担保。

d. 保留金。主要检查合同中规定的保留金限额是否合理，保留金的退还时间，分析能否以维修保函代替扣留的应付款。对于分批交工的工程，是否可分批退还保留金。

（6）违约责任。订立违约责任条款的目的在于促使合同双方严格履行合同义务，防止违约行为的发生。发包人拖欠工程款、承包人不能保证工程质量或不按期竣工，均会给对方以及第三人带来不可估量的损失。因此，违约责任条款的约定必须具体、完整。在审查违约责任条款时，要注意以下内容。

① 对双方违约行为的约定是否明确，违约责任的约定是否全面。在工程施工合同中，双方的义务繁多，因此一些违反非合同主要义务的责任承担往往容易被忽视。而违反这些义务极可能影响到整个合同的履行。因此，应当注意必须在合同中明确违约行为，否则很难追究对方的违约责任。

② 违约责任的承担是否公平。针对自己的关键性权利，即对方的主要义务，应向对方规定违约责任，如对承包人必须按期完工、发包人必须按规定付款等，都要详细规定各自的履行义务和违约责任。在对自己确定违约责任时，一定要同时规定对方的某些行为是自己履约的先决条件，否则自己不应当承担违约责任。

③ 对违约责任的约定不应笼统化，而应区分情况作相应约定。有的合同不论违约的具体情况，笼统约定一笔违约金，这很难与因违约而造成的实际损失相匹配，从而出现违约金过高或过低等不合理现象。因此，应当根据不同的违约行为，如工程质量不符合约定、工期延误等分别约定违约责任。同时，对同一种违约行为，应视违约程度，承担不同的违约责任。

④ 虽然规定了违约责任，在合同中还要强调，对双方当事人发生争执而又解决不了的违约行为及由此而造成的损失可用协商调解和仲裁（或诉讼）办法来解决，以作为督促双方履行各自的义务和承担违约责任的一种保证措施。

此外，在合同审查时，还必须注意合同中关于保险、担保、工程保修、变更、索赔、争议的解决及合同的解除等条款的约定是否完备、公平合理。

8.2.2 合同谈判

由于建设工程标的规模大、金额高、履行时间长、技术复杂，再加上可能由于时间紧工程招标投标工作较仓促，从而可能会导致合同条款完备性不够，甚至合法性不足，给今后合同履行带来很大困难。因此，中标后，发包人和承包人在不背离原合同实质性内容的原则下，还必须通过合同谈判，将双方在招投标过程中达成的协议具体化或做某些增补或删减，对价格等所有合同条款进行法律认证，最终订立一份对双方均有法律约束力的合同文件。

1．谈判的主要内容

合同谈判的内容因项目和合同性质、招标文件规定、业主的要求等不同而有所不同。决标前的谈判主要进行两方面的谈判：技术性谈判（也叫作技术答辩）和经济性谈判（主要是价格问题）。在国际招标活动中，有时在决标前的谈判中允许招标人提出压价的要求，在利用世界银行贷款项目和我国国内项目的招标活动中，开标后不许压低标价，但在付款条件、付款期限、贷款和利率，以及外汇比率等方面是可以谈判的。候选中标单位还可以探询招标人的意图，投其所好，以许诺使用当地劳务或分包、免费培训施工和生产技术工人以及竣工后无偿赠送施工机械设备等优惠条件，增强自己的竞争力，争取最后中标。

决标后的谈判一般会涉及合同的商务和技术的所有条款。下面是可能涉及的主要内容。

（1）承包内容和范围的确认。

（2）技术要求，技术规范和技术方案。

（3）价格调整条款。

（4）合同价款支付方式。

（5）施工工期和维修期限。

（6）合同争端的解决方法。

（7）其他有关改善合同条款的问题。

2．合同谈判的准备

合同谈判是业主与承包商面对面的直接较量，谈判的结果直接关系到合同条款的订立是否与己有利。谈判的成功与否，通常取决于谈判准备工作的充分程度和谈判过程中策略与技巧的使用。

（1）谈判资料准备。谈判准备工作的首要任务就是要收集整理有关合同双方及工程项目的各种基础资料和背景资料。这些资料包括对方的资信状况、履约能力、发展阶段、项目由来及资金来源，土地获得情况、项目目前进展情况等，以及在前期接触过程中已经达成的意向书、会议纪要、备忘录等。

（2）谈判背景分析。承包人在接到中标函后，应当详细分析项目的合法性与有效性，项目的自然条件和施工条件，己方在承包该项目有哪些优势，存在哪些不足，以确立己方在谈判中的地位。同时，必须熟悉合同审查表中的内容，以确立己方的谈判原则和立场。对业主的基本情况的分析，首先要分析对方主体的合法性，资信情况如何，必须确认对方是履约能力强、资信情况好的合法主体，否则，就要慎重考虑是否与对方签订合同；其次，要摸清谈判对手的真实意图。只有在充分了解对手的谈判诚意和谈判动机后，并对此做好充分的思想准备，才能在谈判中始终掌握主动权；再者，要分析对方谈判人员的基本情况。包括对方谈判人员的组成，谈判人员的身份、年龄、健康状况、性格、资历、专业水平、谈判风格等，以便己方有针对性地安排谈判人员并做好思想上和技术上的准备；另外，必须了解对方各谈判人员对谈判所持的态度、意见，从而尽量分析并确定谈判的关键问题和关键人物的意见和倾向。

（3）谈判目标分析。分析自身设置的谈判目标是否正确合理、是否切合实际、是否能为对方所接受，以及对方设置的谈判目标是否正确合理。如果自身设置的目标错误，或者盲目接受对方的不合理目标，同样会造成合同实施过程中的无穷后患。如接受业主带资垫资、工期极短等不合理要求，将会造成回收资金、获取工程款、工期索赔等方面的困难。

（4）谈判方案拟定。在上述在确立己方的谈判目标及认真分析己方和对手情况的基础上，拟定谈判提纲。根据谈判目标，准备几个不同的谈判方案，还要研究和考虑其中哪个方案较好以及对方可能倾向于哪个方案。这样，当对方不易接受某一方案时，就可以改换另一种方案，通过协商就可以选择一个为双方都能够接受的最佳方案。谈判中切忌只有一个方案，当对方拒不接受时，易使谈判陷入僵局。

3．谈判程序

（1）一般讨论。谈判开始阶段通常都是先广泛交换意见，各方提出自己的设想方案，探讨各种可能性，经过商讨逐步将双方意见综合并统一起来，形成共同的问题和目标，为下一步详细谈判做好准备。不要一开始就使会谈进入实质性问题的争论，或逐条讨论合同条款。

要先搞清基本概念和双方的基本观点，在双方相互了解基本观点之后，再逐条逐项仔细地讨论。

（2）技术谈判。包括工程范围、技术规范、标准、施工条件、施工方案、施工进度、质量检查、竣工验收等。在一般讨论之后，就要进入技术谈判阶段。主要对原合同中技术方面的条款进行讨论。

（3）商务谈判。商务谈判主要是对原合同中商务方面的条款进行讨论，包括工程合同价款、支付条件、支付方式、预付款、履约保证、保留金、货币风险的防范、合同价格的调整等。需要注意的是，技术条款与商务条款往往是密不可分的，因此，在进行技术谈判和商务谈判时，不能将两者分割开来。

（4）合同拟定。谈判进行到一定阶段后，在双方都已表明了观点，对原则问题双方意见基本一致的情况下，相互之间就可以交换书面意见或合同稿。然后以书面意见或合同稿为基础，逐条逐项审查讨论合同条款。先审查一致性问题，后审查讨论不一致的问题。对双方不能确定、达不成一致意见的问题，再请示上级，或留给下次谈判继续解决，直至双方对新形成的合同条款一致同意并形成合同草案为止。

4．合同谈判的策略与技巧

合同谈判是一门综合的艺术，需要经验，讲求技巧。在合同谈判中投标人往往处于防守的下风位，因此除了做好谈判的准备外，更需要在谈判过程中确定和掌握自己一方的谈判策略和技巧，抓住重点问题，适时地控制谈判气氛，掌握谈判局势，以便最终实现谈判目标。

（1）掌握谈判议程，合理分配议题。工程合同谈判涉及诸多需要讨论的事项，各事项的重要性不同，谈判的各方对同一事项的关注程度也不相同。成功的谈判者善于掌控谈判的进程，在充满合作气氛的阶段，展开自己所关注的议题的商讨，从而抓住时机，达成有利于己方的协议；而在气氛紧张时，则引导谈判进入双方具有共识的议题，一方面缓和气氛，另一方面缩小双方差距，推进谈判进程。同时，谈判者应懂得合理分配谈判时间。对于各议题的商讨时间应该得当，不要过多拘泥于细节问题，以达到缩短交易时间，降低交易成本的目的。

（2）创造良好的谈判氛围。承包商承包工程是将承包工程作为盈利手段，他的目标是为了获取利润；而业主则恰好相反，是期望支付最少的工程价款，获得所希望的工程。因此，谈判双方的立场、观点和方法必然存在较大的差异，要想轻易取得谈判的成功并不容易。但有经验的谈判者在会谈各方分歧严重，谈判气筑激烈的时候采取润滑措施，舒缓压力，进而在和谐的氛围中重新回到议题。

（3）高起点战略。

谈判的过程是各方妥协的过程，通过谈判，各方都或多或少会放弃部分利益以求得项目的进展。有经验的谈判者则会在谈判之初有意识的向对方提出背求的谈判条件。使得对方高估本方的谈判底线，从而在谈判中过多让步。

（4）避实就虚。谈判各方都有自己的优势和弱点。谈判者应在充分分析形势的情况下，做出正确判断，利用对方的弱点，迫其就范，做出妥协。而对于己方的弱点，则要尽量注意回避。

（5）调和折中。这是最终确定价格时常用到的一种方法。谈判中，当双方就价格问题谈到一定程度以后，虽然各方都做了让步，但并没有达成一致的协议，这时只要各方再作一点让步，就很有可能拍板成交，在这种情况下往往要采用折中的办法，即在双方所提的价格之间，取一大约的平均数。

（6）先成交后抬价。这是某些有经验的谈判者常采用的手法，即先做出某种许诺，或采取让对方能够接受的合作行动。一旦对方接受并做出相应的行动而无退路时，此时再以种种理由抬价，迫使对方接受自己更高的条件。因此，在谈判中，不要轻易接受对方的许诺，要看到许诺背后的真实意图，以防被诱进其圈套而上当。

（7）拖延和休会。当谈判遇到障碍、陷入僵局时，拖延和休会可以使明智的谈判方有时间冷静思考，在客观分析形势后提出替代性方案。在一段时间冷处理后，各方都可以进一步考虑整个项目的意义，进而弥合分歧，将谈判引出低谷。

（8）充分利用专家作用。现代科技发展使个人不可能成为各方面的专家。而工程项目谈判又涉及广泛的学科领域。充分发挥各领域专家的作用，既可以在专业问题上获得技术支持，又可以用技术专家的权威给对方以心理压力。

8.2.3　施工合同签订

1. 施工合同签订的依据

签订施工合同必须依据《合同法》《建筑法》《招标投标法》《建设工程质量管理条例》等有关法律、法规，按照《建设工程施工合同示范文本》的“合同条件”，明确规定合同双方的权利、义务，并各尽其责，共同保证工程项目按合同规定的工期、质量、造价等要求完成。

2. 施工合同签订的条件

签订施工合同必须具备以下条件。

（1）初步设计已经批准。

（2）工程项目已列入年度建设计划。

（3）有能够满足施工需要的设计文件和有关技术资料。

（4）建设资金和主要建筑材料、设备来源已经落实。

（5）招投标工程中标通知书已经下达。

（6）建筑场地、水源、电源、气源及运输道路已具备或在开工前完成等。

只有上述条件成立时，施工合同才具有有效性，并能保证合同双方都能正确履行合同，以免在实施过程中引起不必要的违约和纠纷，从而圆满地完成合同规定的各项要求。

3. 合同签订的主要内容

经过合同谈判，双方对新形成的合同条款一致同意并形成合同草案后，即进入合同签订阶段，这是确立承发包双方权利义务关系的最后一步工作。一个符合法律规定的合同一经签订，即对合同当事人双方产生法律约束力。因此无论发包人还是承包人，应当抓住这最后的机会，再认真审查分析合同草案，检查其合法性、完备性和公正性，争取改变合同草案中的某些内容，以最大限度地维护自己的合法权益。工程施工合同应当具备以下主要条款：

（1）承包范围。施工合同应明确哪些内容属于承包方的承包范围，哪些内容发包方另行发包。

（2）工期。承发包双方在确定工期的时候，根据承发包双方的具体情况，并结合工程的具体特点，确定合理的工期；工期是指自开工日期至竣工日期的期限，双方应对开工日期及竣工日期进行精确的定义，否则日后易起纠纷。

（3）开工和竣工时间。中间交工工程的工期，需与工程合同确定的总工期相一致。

（4）工程质量等级。工程质量等级标准分为不合格、合格和优良，不合格的工程不得交付使用。承发包双方可以约定工程质量等级达到优良或更高标准，但是应根据优质优价原则确定合同价款。

（5）合同价款。又称工程造价，通常采用国家或者地方定额的方法进行计算确定。随着市场经济的发展，承发包双方可以协商自主定价。

（6）施工图纸的交付时间。施工图纸的交付时间必须满足工程施工进度要求。为了确保工程质量，严禁随意性的边设计、边施工、边修改的“三边”工程。

（7）材料和设备供应责任。承发包双方需明确约定哪些材料和设备由发包方供应，以及在材料和设备供应方面双方各自的义务和责任。

（8）付款和结算。发包人一般应在工程开工前，支付一定的备料款（又称预付款），工程开工后按工程进度按月支付工程款，工程竣工后应当及时进行结算，扣除保修金后应按合同约定的期限支付尚未支付的工程款。

（9）竣工验收。竣工验收是工程合同重要条款之一，实践中常见有些发包人为了达到拖欠工程款的目的，迟迟不组织验收或者验而不收。因此，承包人在拟订本条款时应设法预防上述情况的发生，争取主动。

（10）质量保修范围和期限。对建设工程的质量保修范围和保修期限，应当符合《建设工程质量管理条例》的规定。

（11）其他条款。工程合同还包括隐蔽工程验收、安全施工、工程变更、工程分包、合同解除、违约责任、争议解决方式等条款，双方均要在签订合同时加以明确约定。

任务练习

一、选择题（单选或多选）

1. 合同审查分析的目的是（　　）。

① 判断合同内容是否完整、各项合同条款表述是否准确无歧义；

② 明确自己的权利、义务；

③ 明确他人的权利义务；

④ 分析合同中的问题和风险，提出相应的对策；

⑤ 通过合同谈判，对合同条款进行修改、补充、完善。

A. ①③④⑤　　B. ②③④⑤　　C. ①②④⑤　　D. ①②③④

2. 合同的订立必须遵守法律法规，否则会导致合同全部或部分无效。合同的合法性审查通常包括以下几个方面（　　）。

A. 合同双方当事人的缔约资格

B. 建设工程项目是否具备招标投标、订立和实施合同的条件

C. 合同当事人的姓名

D. 合同的内容、合同所要求的实施行为及其后果是否符合法律法规的要求

3. 合同审查分析的内容有（ ）。

① 合同的合法性审查； ② 合同的完备性审查；

③ 合同条款的审查； ④ 合同的详细性审查。

A. ①③④ B. ②③④ C. ①②③ D. ①②④

4. 在进行合同谈判时，需要收集对手的资料，主要包括（ ）。

A. 对手资信情况 B. 谈判双方实力

C. 对手的谈判期限 D. 贸易客商类型

E. 对方的履约能力

5. 谈判方案的主要内容有（ ）。

A. 确定谈判目标 B. 拟定谈判议程

C. 安排谈判人员 D. 选择谈判地点

E. 选择谈判失败后的方案

6. 在审查合同内容是否合法时，应重点审查的内容（ ）。

A. 是否存在采用欺诈、胁迫手段订立合同，损害国家利益

B. 是否存在恶意串通，损害国家、集体或者第三人的利益

C. 是否有以合法形式掩盖非法目的的情况

D. 是否有损害社会公共利益，违反法律、行政法规的强制性规定

7. 合同谈判的准备工作内容包括（ ）

A. 谈判资料准备 B. 谈判背景分析 C. 谈判目标分析 D. 谈判方案拟定

8. 签订施工合同必须具备的条件包括（ ）。

A. 初步设计已经批准

B. 工程项目已列入年度建设计划

C. 有能够满足施工需要的设计文件和有关技术资料

D. 建设资金和主要建筑材料、设备来源已经落实

E. 招投标工程中标通知书已经下达

9. 合同谈判是一门综合的艺术，需要经验，讲求技巧。合同谈判的策略和技巧有（ ）。

A. 掌握谈判议程，合理分配议题 B. 创造良好的谈判氛围

C. 先成交后降价 D. 充分利用专家作用

E. 避实就虚

10. 谈判程序为（ ）。

① 一般讨论； ② 技术谈判； ③ 商务谈判； ④ 合同拟定。

A. ①②③④ B. ④①②③ C. ①④②③ D. ②③④①

11. 合同审查分析建设施工合审查合同形式是否合法，订立合同时，如果当事人约定采用（ ）。

A. 书面合同 B. 口头合同 C. 有偿合同 D. 施工合同

12. 决标前的谈判主要进行哪两方面的谈判（ ）。

A. 技术性谈判 B. 经济性谈判 C. 投标函

D. 示范文本 E. 合同拟定

任务 8.3 建设工程施工合同履约管理

任务导入

合同实施控制应立足于现场，在工程施工中，合同管理对项目管理的各个方面起总协调和总控制作用，合同实施控制包括合同交底、合同跟踪与诊断、合同变更管理和索赔管理等工作。

8.3.1 合同履约

1．合同履约的概念

合同履约，是指债务人全面地、适当地完成其合同义务，债权人的合同债权得到完全实现，如交付约定的标的物，完成约定的工作成果并交付工作成果，提供约定的服务等。

合同生效以后，当事人就质量、价款或报酬、履行地点等内容没有约定或约定不明的，可以协议补充；不能达成补充协议的，按合同有关条款或交易惯例确定；按有关条款或交易惯例仍不能确定的，按法定规则履行。

2．合同履约的原则

合同履约的原则，是当事人在履行合同债务时所应遵循的基本准则。如实际履行原则、诚实信用原则、经济合理原则、情事变更原则等。

（1）实际履行原则。当事人订立合同的目的是为了满足一定的经济利益，满足特定的生产经营活动的需要。当事人一定要按合同约定履行义务，对于有效成立的合同，其标的规定是什么，义务人就应当履行什么。不能用违约金或赔偿金来代替合同的标的。

（2）诚实信用原则。合同履行中的诚实信用原则具体来说，包括了适当履行原则和协作履行原则。适当履行原则，是指当事人按照合同规定的标的及其质量、数量，由适当的主体在适当的履行期限、履行地点以适当的履行方式，全面完成合同义务的履行原则。协作履行原则，是指当事人不仅适当履行自己的合同债务，而且应协助对方当事人履行债务的履行原则。

对施工合同来说，发包人在合同实施阶段应当按合同规定向承包人提供施工场地，及时支付工程款，聘请工程师进行公正的现场协调和监理；承包人应当认真计划，组织好施工，努力按质、按量在规定时间内完成施工任务，并履行合同所规定的其他义务。在遇到合同文件没有做出具体规定，或规定矛盾、含糊时，双方应当善意地对待合同，在合同规定的总体目标下公正行事。

（3）经济合理原则。经济合理原则要求在履行合同时，讲求经济效益，以最小的成本付出，取得最佳的合同利益。

（4）情事变更原则。在合同订立后，如果发生了订立合同时当事人不能预见且不能克服的情况，改变了订立合同时的基础，使合同的履行失去意义或者履行合同将使当事人之间的利益发生重大失衡，应当允许受不利情况影响的当事人变更合同或者解除合同。情事变更原则实质上是按诚实信用原则履行合同的延伸，其目的在于消除合同因情事变更所产生的不公平后果。

8.3.2 建设工程施工合同实施控制

合同实施控制应立足于现场，在工程施工中，合同管理对项目管理的各个方面起总协调和总控制作用，合同实施控制包括合同交底、合同跟踪与诊断、合同变更管理和索赔管理等工作。在合同实施前，合同谈判人员应进行合同交底。合同交底应包括合同的主要内容、合同实施的主要风险、合同签订过程中的特殊问题、合同实施计划和合同实施责任分配等内容。组织管理层应监督项目经理部的合同执行行为，并协调各分包人的合同实施工作。

8.3.2.1 合同日常控制

（1）把好合同签订关，合同签订审核规范化。

签订工程合同时，最重要的是要根据各工程的特点，选择恰当的发包方式和价款调整条件（指工程设计变更或工程签证导致工程增减的结算条件和结算方法），因为不同的发包方式和价款调整条件，直接关系工程造价的控制效果。

合同文本应尽可能选用由国家颁发的通用性合同文本，再根据拟建工程的特点和招标文件以及发包人承包商双方谈判结果来起草。合同文本必须准确表达双方谈判确定的意思，做到条款不漏项；标的物表达清楚、标的额计算准确；质量有标准，检验有方法；包装物、提（交）货或移交工程成品、运输方式和结算方式明确；违约责任及违约金（或赔偿金）计算方法准确；文字表达严谨，不使用模棱两可、含混不清的词语。

在合同正式签订前应进行严格的审查把关。其要点是：施工合同是否合法，业主的审批手续是否完备健全，合同是否需要公证和批准；合同是否完整无误，包括合同文件的完备和合同条款的完备；合同是否采取了示范文本，与其对照有无差异；合同双方责任和权益是否失衡，确定如何制约；合同实施会带来什么后果，未完成的法律责任是什么以及如何补救；双方对合同的理解是否一致，发现歧义及时沟通。

建设单位应组织技术经济等各方面的专家，审核合同条款是否真实、齐全，并对承包方投标文件进行了解。通过审核了解，对不合理、不合法的条款及时予以纠正，不齐全的条款要补齐，使建设工程施工合同在实施中减少合同纠纷和违约，避免对建设单位造成不必要的损失。

（2）动态管理合同履行，合同实施交底制度化。

在施工项目合同管理中，合同交底更为重要，只有“按合同施工”才能在执行合同时不出或减少偏差。合同依法签订后，建立合同实施的保证体系，保证合同实施过程中的日常事务性工作有序地进行，使工程建设项目的全部合同事件处于受控状态，以保证合同目标的实现。建设单位应动态管理合同的履行，首先要作合同交底，分解合同责任，按合同的有关条款做质量、进度、投资、安全等目标工作流程图，抓好各目标的事前、事中、事后控制，特别是事前控制。对签订的各项条款必须牢记，找合同履行中可能出现的薄弱环节，提前制定各种减少合同纠纷的预防措施。在工程进展中，通过检查发现合同执行过程中存在的问题，并根据法律、法规和合同的规定加以解决，以提高合同的履约率。整个合同履行的动态控制过程按策划、实施、检查、改进（PDCA）循环方法进行，从而达到有效的控制，保证项目目标的实现。

（3）做好合同实施管理，加强合同变更管理，合同索赔研究程序化。

在合同变更中，量最大、最频繁的是工程变更，它在工程索赔中所占的份额也最大。合同变更意味着索赔机会，所以必须加强合同变更管理。合同管理人员应记录、收集、整理所涉及的各种文件，如图纸、各种计划、技术说明、规范和业主的变更指令，并对变更部分的内容进行审查和分析。经常检查与甲方往来的各种工程文件、记录、指示、信件等资料，以确认它们对合同的影响以及是否符合合同要求，以作为工程变更调整费用、工程索赔的基本依据。

工程合同一经签订，确定了合同价款和结算方式之后，影响工程造价的主要因素便是工程设计变更或签证，以及工程实施过程中的不确定因素，所以，深入理解合同的每一个条款，切实加强日常管理，使管理行为正规化、规范化，做好处理合同纠纷的各种准备，特别是索赔与反索赔的研究在工程造价控制管理中是非常必要，也是非常重要的。索赔与反索赔是合同管理的一个重要内容，是合同双方攻与守的关系，是矛与盾的关系。工程发承包的实践经验证明，没有一个承包商不要求索赔，即要求调增合同价款，因此，要搞好工程造价控制，就必须进行索赔与反索赔的研究。

（4）重视合同后评估。

合同后评估是合同管理的总结阶段，往往不为人所重视，其实合同后评估工作是项很重要的工作，它是对合同好坏、管理得失的评估，它可为下一工程项目造价控制提供可借鉴的经验。合同后评估工作主要是总结合同执行情况，对合同管理好的经验加以总结推广，对过时、不符合现行法律法规，以及不严谨、容易被对方索赔的条款加以改正。影响工程造价的不确定因素可分为可预见和不可预见因素，可预见不确定因素应作为普遍性问题，不可预见不确定因素作为可追溯事件加以标识，通过合同后评估加以鉴别，并在以后工程合同中加以明示或制定相应的预防措施。

（5）普及合同法制教育，合同管理人员专业化。

《中华人民共和国建筑法》《合同法》《招标投标法》的颁布和实施，为推动和加快我国建设事业的发展指明了方向，并提供了法律保障。合同管理人员首先必须是优秀的工程技术人员，同时还必须熟练掌握和运用各种法律、法规；精通合同业务，熟悉合同履行和工程索赔管理。因此，必须加强培训学习，坚持经常性的学习制度，外部培训或聘请专家、知名人士进行内部培训，全员普及合同法制教育，了解施工合同，熟悉和牢记与自己有关的合同内容，使施工企业合法地参与建筑市场经济活动。通过全员参与，促使工程项目各部门、各环节互相衔接，密切配合，提高合同管理工作水平。

（6）建立健全合同管理体制。

施工企业除了要建立健全合同管理机构，还必须根据我国《合同法》和相关法规以及企业自身的实际情况，建立一套完善的、可行的、合理的合同管理制度。主要做好以下工作：第一，要建立合同管理的工作程序。合同管理的主要环节包括合同的草拟、洽谈、评审、签订、下达、交底、学习、责任分解、履约跟踪、变更、中止、解除、终止等。在工程实施过程中，合同管理的日常事务性工作很多，要协调好各个方面的关系，使合同的实施工作程序化、规范化，按质量保证体系进行工作。第二，要建立文档系统。文档系统建立与管理对日后工程的索赔与反索赔有重要意义，合同管理人员负责各种合同资料和相关的工程资料的收集、整理和保存。建立合同目录、编码和档案，将其列为永久保存资料，从而有利于合同的存放和查找，并且为查询、检索合同条款和分解、综合合同条款等高层次服务提供方便。第三，建立报告和行文制度。总承包商和业主、监理工程师、分包商之间的沟通都应该以书面形式进行，或以书面形式为最终依据。这既是合同的要求，也是经济法律的要求，更是工程管理的需要。对在工程中合同双方的任何协商、意见、请示、指示都应落实在纸上，使工程活动有依有据。

8.3.2.2　合同跟踪

施工合同跟踪有两个方面的含义。一是承包单位的合同管理职能部门对合同执行者（项目经理部或项目参与者）的履行情况进行的跟踪、监督和检查，二是合同执行者（项目经理部或项目参与者）本身对合同计划的执行情况进行的跟踪、检查与对比。在合同实施过程中二者缺一不可。

对合同执行者而言，应该掌握合同跟踪的以下方面。

1．合同跟踪的依据

合同跟踪的重要依据是合同以及依据合同而编制的各种计划文件；其次还要依据各种实际工程文件如原始记录、报表、验收报告等；另外，还要依据管理人员对现场情况的直观了解，如现场巡视、交谈、会议、质量检查等。

2．合同跟踪的对象

（1）承包的任务。

① 工程施工的质量，包括材料、构件、制品和设备等的质量，以及施工或安装质量是否符合合同要求等；

② 工程进度，是否在预定期限内施工，工期有无延长，延长的原因是什么等；

③ 工程数量，是否按合同要求完成全部施工任务，有无合同规定以外的施工任务等；

④ 成本的增加和减少。

（2）工程小组或分包人的工程和工作。

① 可以将工程施工任务分解交由不同的工程小组或发包给专业分包完成，必须对这些工程小组或分包人及其所负责的工程进行跟踪检查，协调关系，提出意见、建议或警告，保证工程总体质量和进度。

② 对专业分包人的工作和负责的工程，总承包商有协调和管理的责任，并承担由此造成的损失，所有专业分包人的工作和负责的工程必须纳入总承包工程的计划和控制中，预防因分包人工程管理失误而影响全局。

（3）业主和其委托的工程师的工作。

① 业主是否及时、完整地提供了工程施工的实施条件，如场地、图纸、资料等；

② 业主和工程师是否及时给予了指令、答复和确认等；

③ 业主是否及时并足额地支付了应付的工程款项。

8.3.2.3　合同实施偏差分析

通过合同跟踪，可能会发现合同实施中存在着偏差，即工程实施实际情况偏离了工程计划和工程目标，应该及时分析原因，采取措施，纠正偏差，避免损失。

合同实施偏差分析的内容包括以下几个方面。

（1）产生偏差的原因分析。通过对合同执行实际情况与实施计划的对比分析，不仅可以发现合同实施的偏差，而且可以探索引起差异的原因。原因分析可以采用鱼刺图、因果关系分析图（表）、成本量差、价差、效率差分析等方法定性或定量地进行。

（2）合同实施偏差的责任分析。即分析产生合同偏差的原因，应该由谁承担责任。

责任分析必须以合同为依据，按合同规定落实双方的责任。

（3）合同实施趋势分析。针对合同实施偏差情况，可以采取不同的措施，应分析在不同措施下合同执行的结果与趋势，包括以下几个方面。

① 最终的工程状况，包括总工期的延误、总成本的超支、质量标准、所能达到的生产能力（或功能要求）等；

② 承包商将承担什么样的后果，如被罚款、被清算，甚至被起诉，对承包商资信、企业形象、经营战略的影响等；

③ 最终工程经济效益（利润）水平。

8.3.2.4 合同实施偏差处理

根据合同实施偏差分析的结果，承包商应该采取相应的调整措施，调整措施可以分为以下几个方面。

（1）组织措施，如增加人员投入，调整人员安排，调整工作流程和工作计划等；

（2）技术措施，如变更技术方案，采用新的高效率的施工方案等；

（3）经济措施，如增加投入，采取经济激励措施等；

（4）合同措施，如进行合同变更，签订附加协议，采取索赔手段等。

8.3.3 合同变更管理

8.3.3.1 工程变更概念

在施工过程中，工程师根据工程需要，下达指令对招标文件中的原设计或经工程师批准的施工方案进行任一方面的改变，统称为工程变更。

变更是合同履约中的基本特征，是《合同法》规范调整的重要内容。《合同法》中涉及的合同变更有广义和狭义之分，广义的合同变更包括合同内容的变更和合同主体的变更，狭义的合同变更仅指合同内容的变更，合同的变更原则上面向将来发生效力。未变更的权利义务继续有效，已经履行的债务不因合同的变更而丧失法律依据。

建设工程施工合同履约过程中，同样存在大量的工程变更。既有传统的以工程变更指令形式产生的工程变更，也包括由业主违约和不可抗力等因素被动形成的工程变更。国内学者通常更习惯于将后一部分工程变更视为工程索赔的内容。FIDIC 施工合同条件中的变更通常包括以下内容：

（1）合同中包括的任何工作内容的数量的改变；

（2）任何工作内容的质量或其他特性的改变；

（3）任何部分工程的标高、位置和（或）尺寸的改变；

（4）任何工作的删减，但要交他人实施的工作除外；

（5）永久工程所需的任何附加工作、生产设备、材料或服务，包括任何有关的竣工试验，钻孔和其他试验和勘探工作；

（6）实施工程的顺序或时间安排的改变。

由于工程变更对工程施工的影响，国内外研究人员对工程变更开展了大量的研究工作，提出了诸多工程变更的控制办法，如程序控制，强化监理制度以及加强决策者对投资行为的管理和引导等，美国的建筑业研究所等机构还专门任命一批工程变更管理人员定量化地研究工程变更对项目的影响和变更本质，提出了许多建设性的变更管理办法。但由于工程变更的复杂性，对工程变更的控制还缺乏从技术手段、经济手段以及法律手段多角度的系统研究。因此，加强对建设工程施工合同中的变更控制研究，具有重要的现实意义。

8.3.3.2　工程变更类别

按照工程变更所包含的具体内容，可将其划分为以下五个类别。

（1）设计变更。设计变更是指建设工程施工合同履约过程中，由工程不同参与方提出，最终由设计单位以设计变更或设计补充文件形式发出的工程变更指令。设计变更包含的内容十分广泛，是工程变更的主体内容，约占工程变更总量的 70% 以上。常见的设计变更有：因设计计算错误或图示错误发出的设计变更通知书，因设计遗漏或设计深度不够而发出的设计补充通知书，以及应业主、承包商或监理方请求对设计所作的优化调整等。

（2）施工方案变更。施工方案变更是指在施工过程中承包方因工程地质条件变化、施工环境或施工条件的改变等因素影响，向监理工程师和业主提出的改变原施工措施方案的过程。施工措施方案的变更应经监理工程师和业主审查同意后实施，否则引起的费用增加和工期延误将由承包方自行承担。重大施工措施方案的变更还应征询设计单位意见。在建设工程施工合同履约过程中，施工方案变更存在于工程施工的全过程，如人工挖孔桩桩孔开挖过程中出现地下流砂层或淤泥层，需采取特殊支护措施，方可继续施工；公路或市政道路工程路基开挖过程中发现地下文物，需停工采取特殊保护措施；建筑物主体在施工过程中，因市场原因引起的不同的规格型号材料之间的代换等。

（3）条件变更。条件变更是指施工过程中，因业主未能按合同约定提供必需的施工条件以及不可抗力发生导致工程无法按预定计划实施。如业主承诺交付的工程后续施工图纸未到，致使工程中途停顿，业主提供的施工临时用电因社会电网紧张而断电导致施工生产无法正常进行；特大暴雨或山体滑坡导致工程停工。这类因业主原因或不可抗力所发生的工程变更统称为条件变更。

（4）计划变更。计划变更是指施工过程中，业主因上级指令、技术因素或经营需要，调整原定施工进度计划，改变施工顺序和时间安排。如小区群体工程施工中，根据销售进展情况，部分房屋需提前竣工，另一部分房屋适当延迟交付，这类变更就是典型的计划变更。

（5）新增工程。新增工程是指施工过程中，业主动用暂定金额，扩大建设规模，增加原招标工程量清单之外的建设内容。

8.3.3.3　工程变更程序

常见的五类工程变更中，设计变更和施工方案变更频率较高，对工程造价的影响亦较大，是合同控制的重点。而对设计变更而言，既有业主方对自身项目管理人员提出设计变更的控制，也有业主对承包方、监理方和设计方提出设计变更的控制。在现行建设工程工程量清单招标投标模式下，经评审的合理低价法是业主在工程招标阶段选择承包方的基本方法，承包方为谋求中标，一般只有选择低价中标的路线，而一旦中标，设计变更则成为承包方调整其工程量清单综合单价的重要途径。因此加强对承包方提出的变更控制则是合同控制的重中之重。标准的施工承包方提出工程变更的控制程序见图 8-1 所示。

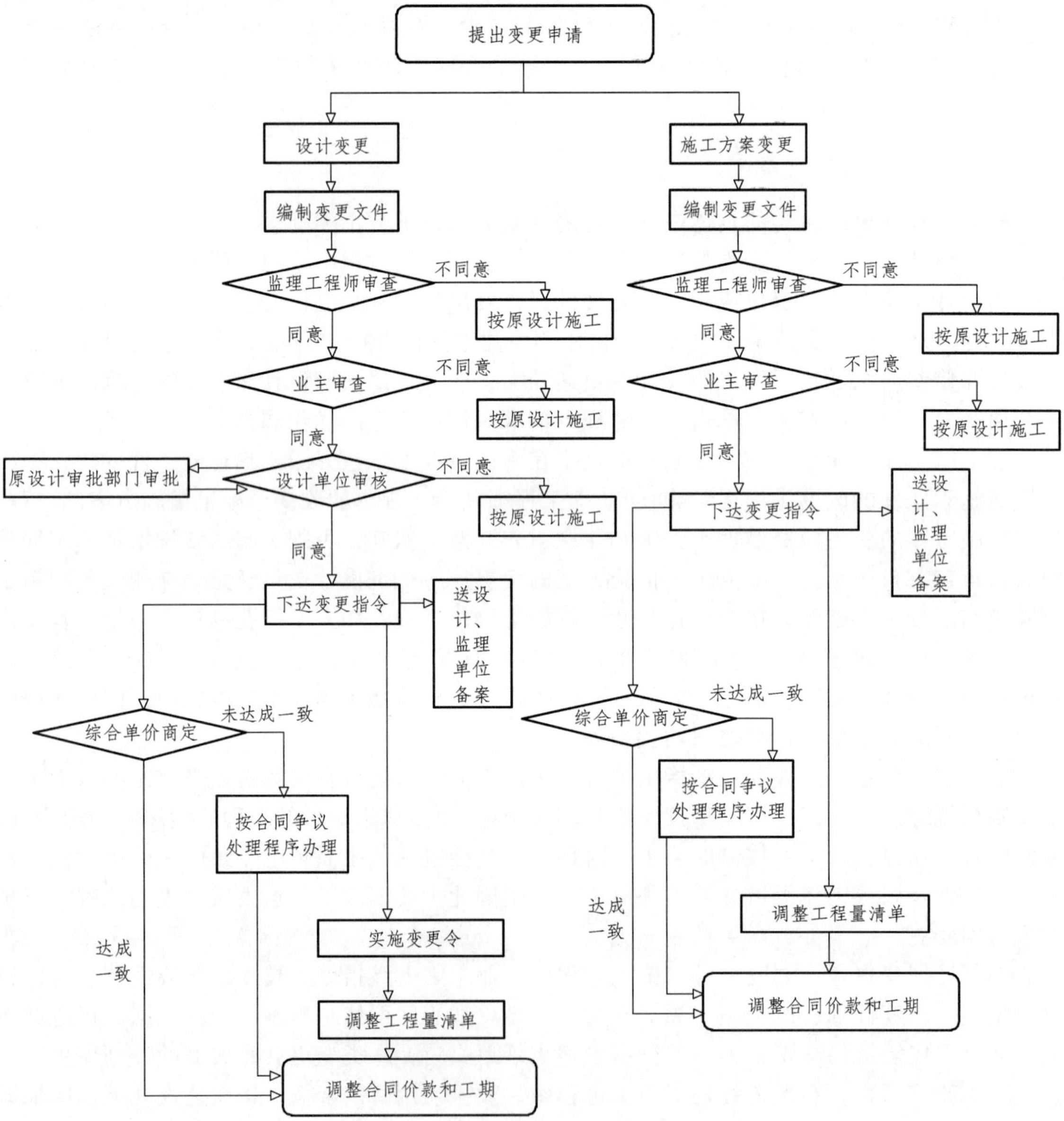

图 8-1　施工合同变更程序

（1）发包人变更。施工中发包人如需对原设计变更，应不迟于变更前 14 天以书面形式向承包人发出通知。承包人对于发包人的变更通知没有拒绝的权利。变更超过原标准或批准规模时，须经原规划部门和其他部门审批，并由原设计单位提供变更图纸说明。

（2）承包人变更。承包人应当严格按图纸施工，不得随意变更设计。施工中承包人提出的合理化建议涉及对设计图纸或者施工组织设计的更改及对原材料、设备的更换，须经工程师同意。工程师同意变更后，也须经原规划管理部门和其他有关部门审查批准，并由原设计单位提供变更的相应的图纸和说明。

（3）设计变更事项。能够构成设计变更的事项包括以下变更：

① 更改有关部分的标高、基线、位置和尺寸；

② 增减合同中约定的工程量；

③ 改变有关工程的施工时间和顺序；

④ 其他有关工程变更需要的附加工作。

（4）工程变更的确认：提出问题→分析问题→解决问题。

8.3.3.4　工程变更价格调整

工程变更价款的确定应在双方协商的时间内，由承包商提出变更价格，报工程师批准后方可调整合同价或顺延工期。造价工程师对承包方（乙方）所提出的变更价款，应按照有关规定进行审核、处理。

（1）乙方在工程变更确定后 14 天内，提出变更工程价款的报告，经工程师确认后调整合同价款。按照工程量清单计价规范的规定，变更合同价款按下列方法确定。

① 合同中已有适用于变更工程的价格，按合同已有的价格计算变更合同价款；

② 合同中只有类似于变更工程的价格，可以参照类似价格变更合同价款；

③ 合同中没有适用或类似于变更工程的价格，由乙方提出适当的变更价格，经工程师确认后执行。

（2）乙方在双方确定变更后 14 天内不向工程师提出变更工程价款报告时，视为该变更不涉及合同价款的变更。

（3）工程师在收到变更工程价款报告之日起 14 天内，予以确认。工程师无正当理由不确认时，自变更价款报告送达之日起 14 天后变更工程价款报告自行生效。

（4）工程师不同意乙方提出的变更价款，可以和解或者要求合同管理及其他有关主管部门（如建设工程造价管理站）调解，和解或调解不成的，双方可以采用仲裁或向人民法院起诉的方式解决。

（5）工程师确认增加的工程变更价款作为追加合同价款，与工程款同期支付。

（6）因乙方自身原因导致的工程变更，乙方无权要求追加合同价款。

8.3.4　签证管理

由于工程本身存在的复杂性和不确定性，现场签证不可避免，它不仅在单位工程中影响工程成本，而且在工程造价管理中存在隐患。因此，加强对施工现场签证管理，能合理降低工程造价，节约成本，减少工程纠纷，保证工程的顺利实施。

1．制定相应的管理制度

制定相应的管理制度，主要包括如下内容。

（1）现场签证必须是书面形式，手续要齐全。属于设计范围的签证，由设计师签字，并经设计院盖章；除此以外的签证，需经承包单位、发包单位、监理单位现场代表签字并加盖公章。

（2）凡预算定额内有规定的项目不得签证。如预算定额或间接费定额、有关文件有规定的项目，不得另行签证。若把握不了，可向工程造价中介机构咨询，或委托其参与解决。

（3）现场签证内容应明确，项目要清楚，数量要准确，单价要合理，价款的结算方式、单价的确定应明确商定。

（4）现场签证要及时，在施工中随发生进行签证，不应拖延过后补签，应当做到一次一签证，一事一签证。对于一些重大的现场变化，还应及时拍照或录像，以保存第一手原始资料。

（5）现场签证的份数。所有签证至少一式四份（建设单位、监理单位、施工单位、审计单位各一份），避免自行修改，结算时无对证。

（6）现场签证应编号归档。在送审时，统一由送审单位加盖“送审资料”章，以证明此签证单是由送审单位提交给审核单位的，避免在审核过程中，各方根据自己的需要自行补交签证单。

2．签证内容要严格把关

施工签证根据其在合同索赔及工程结算中的效力分为三类：可以办理的施工签证、不宜办理的施工签证、不能办理的施工签证。

（1）可以办理的施工签证有以下几类：

① 在非正常施工条件下采取的特殊技术措施费；

② 定额直接费中未包括，按规定允许计算的各项费用；

③ 设计变更、材料改代造成的工程量变化；

④ 工程中途停建、缓建造成损失的费用；

⑤ 不可预见的地下障碍物的拆除与处理费用；

⑥ 受建设单位委托，发生的其他零星工程；

⑦ 由于建设单位、设计单位、监理单位原因增加的其他费用项目。

（2）不宜办理的施工签证有以下几类：

① 施工合同、标底价（预算控制价）、施工图纸、设计变更、施工组织设计、建设单位批准的工程量清单或标底价（预算控制价）中已经包含的内容；

② 可以通过补充协议调整的内容；

③ 可以通过设计变更调整的内容；

④ 可以通过施工方案调整的内容；

⑤ 与工程没有直接关系的人工、材料、机械使用费。

（3）不能办理的施工签证有以下几类：

① 属于其他直接费中施工因素增加费范围的内容；

② 合同或协议中规定包干支付的有关事项；

③ 发生施工质量事故造成的工程返修、加固、拆除工作；

④ 组织施工不当造成的停工、窝工和降效损失；

⑤ 违规操作造成的停水、停电和安全事故损失；

⑥ 工作失职造成的损失；

⑦ 虚报工程内容增加的费用；

⑧ 施工单位为创品牌工程、业绩工程增加的费用；

⑨ 施工单位为增加利润提出的要求；

⑩ 因施工单位的责任增加的其他费用项目。

因此，业主代表在办理签证时要掌握好以下基本原则：

① 对不应该签证的项目不应盲目签证。业主代表接到施工单位或监理单位报来的签证后首先要对其进行符合性鉴别，判断其是否为可以办理的施工签证。对报来的施工签证属不宜办理的施工签证或不能办理的施工签证，一般说明理由后不予接收，若不得不接收，可在建设单位意见栏签署保留意见，待结算审核时由审计部门审定。

② 对施工单位在签证上巧立名目，弄虚作假，以少报多或遇到问题不及时办理签证，超过签证时效，结算时又补签证的现象应严格审查。

③ 为了中标，一般施工单位都采用低报价高索赔的办法，这些施工单位往往在施工中为了保住自己的利润对包干工程偷工减料，对非包干工程进行大量的施工现场签证，这类签证应严格审查。

3．规范签证程序及格式

办理施工签证的签字顺序是：施工单位→监理单位→建设单位。没有委托监理的工程签字顺序是：施工单位→建设单位。

签证格式应规范化，应有工程名称、签证时间、签证事项、签证原因、签证内容、相关方的审核意见签字及盖章等。

总之，为了正确核算工程造价，切实保护发包方和承包方的合法权益，在施工现场签证中，对于任何一项签证都必须在时间性、准确性、合理性、合法性、可操作性上经得起考验。

任务练习

1. 在工程建设中，原招投标文件和工程量清单中，未包括的新增工程属于（　　）。

A. 设计变更　　B. 工程变更

C. 新增资产价值　　D. 招投标合同价款确定

2. 下列不属于工程变更的过程是（　　）。

A. 分析有关合同条款　　B. 初步确定处理变更所需的费用

C. 确认工程变更　　D. 做好工程价款调整

3. 承包方在工程变更确定（　　）天内，提出变更工程价款的报告，经工程师确认后，调整合同价款有效。

A. 14　　B. 15　　C. 24　　D. 28

4. 施工中承包方要求对原工程设计进行变更，需经（　　）同意。

A. 建设单位　　B. 工程师
C. 市政规划部门　　D. 设计勘查单位

5. 确定工程变更价款时，若合同中没有类似和适用的价格，则由（　　）。
A. 承包方和工程师提出变更价格，业主批准执行
B. 工程师提出变更价格，业主批准执行
C. 承包方提出变更价格，工程师批准执行
D. 业主提出变更价格，工程师批准执行

6. 确定工程变更价款时，若合同中只有类似于变更工程的价格，则可以按（　　）执行。
A. 合同中的价格　　B. 参照合同中的类似价格
C. 承包方提出的变更价格　　D. 工程师批准的变更价格

二、填空题

1. 合同履约，是指________全面地、适当地完成其合同义务，________的合同债权得到完全实现，如交付约定的标的物，完成约定的工作成果并交付工作成果，提供约定的服务等。

2. 合同生效以后，当事人就________、________、________等内容没有约定或约定不明的，可以协议补充；不能达成补充协议的，按合同有关条款或交易惯例确定；按有关条款或交易惯例仍不能确定的，按法定规则履行。

3. 合同履约的原则有________、________、________、________等。

4. 施工合同跟踪有两个方面的含义。一是承包单位的合同管理职能部门对合同执行者（项目经理部或项目参与者）的履行情况进行的________、________和________，二是合同执行者（项目经理部或项目参与者）本身对合同计划的执行情况进行的________、________与______。

5. 通过__________，可能会发现合同实施中存在着偏差，即工程实施实际情况偏离了工程计划和工程目标，应该及时分析原因，采取措施，纠正偏差，避免损失。

6. 办理施工签证的签字顺序是________→________→________。

7. 根据合同实施偏差分析的结果，承包商应该采取相应的调整措施，调整措施可以分为以下几个方面：________措施、________措施、________措施、________措施。

8. 现场签证必须是____________，手续要齐全。属于设计范围的签证，由设计师签字，并经设计院盖章；除此以外的签证，需经承包单位、发包单位、监理单位现场代表签字并加盖公章。

任务 8.4　风险管理

任务导入

在任何经济活动中，要取得赢利，必然要承担相应的风险。这里的风险是指经济活动中的不确定性。它如果发生，就会导致经济损失。一般风险应与赢利机会同时存在，并成正比，即经济活动的风险越大，赢利机会（或赢利率）就应越大。这个体现在工程承包合同中，合

同条款应公平合理；合同双方责权利关系应平衡；合同中如果包含的风险较大，则承包商应提高合同价格，加大不可预见风险费。由于承包工程的特点和建设市场的激烈竞争，承包工程风险很大，范围很广，是造成承包商失败的主要原因。现在，风险管理已成为建筑施工合同管理的重要内容之一。

8.4.1　承包商风险管理的任务

承包商风险管理的任务主要有如下几方面。

（1）在合同签订前对风险做全面分析和预测。主要考虑如下问题：

① 工程实施中可能出现的风险的类型、种类。

② 风险发生的规律，如发生的可能性、发生的时间及分布规律。

③ 风险的影响，即风险如果发生，对承包商的施工过程，对工期和成本（费用）有哪些影响；承包商要承担哪些经济的和法律的责任等。

④ 各风险之间的内在联系，例如一起发生或伴随发生的可能。

（2）对风险进行有效的对策和计划，即考虑如果风险发生应采取什么措施予以防止，或降低它的不利影响，为风险作组织、技术、资金等方面的准备。

（3）在合同实施中对可能发生，或已经发生的风险进行有效的控制。

① 采取措施防止或避免风险的发生。

② 有效地转移风险，争取让其他方面承担风险造成的损失。

③ 降低风险的不利影响，减少自己的损失。

④ 在风险发生的情况下进行有效的决策，对工程施工进行有效的控制，保证工程项目的顺利实施。

8.4.2　承包工程的风险

承包工程中常见的风险有工程的技术、经济、法律等方面的风险，业主资信风险，外界环境的风险和合同风险。

1．工程的技术、经济、法律等方面的风险

（1）现代工程规模大，功能要求高，需要新技术，特殊的工艺，特殊的施工设备，工期紧迫。

（2）现场条件复杂，干扰因素多；施工技术难度大，特殊的自然环境，如场地狭小地质条件复杂，气候条件恶劣；水电供应、建材供应不能保证等。

（3）承包商的技术力量、施工力量、装备水平、工程管理水平不足，在投标报价和工程实施过程中难免有失误，例如：技术设计、施工方案、施工计划和组织措施存在缺陷和漏洞，计划不周，报价失误。

（4）承包商资金供应不足，周转困难。

（5）在国际工程中还常常出现对当地法律、语言不熟悉，对技术文件、工程说明和规范理解不正确或出错的现象。

2．业主资信风险

业主是工程的所有者，是承包商的最重要的合作者。业主资信情况对承包商的工程施工和工程经济效益有决定性影响。属于业主资信风险的有如下几方面：

（1）业主的经济情况变化，如经济状况恶化，濒于倒闭，无力继续实施工程，无力支付工程款，工程被迫中止。

（2）业主的信誉差，不诚实，有意拖欠工程款。

（3）业主为了达到不支付，或少支付工程款的目的，在工程中苛刻刁难承包商，滥用权力，施行罚款或扣款。

（4）业主经常改变主意，如改变设计方案、实施方案，打乱工程施工秩序，但又不愿意给承包商以补偿等。

这些情况无论在国际和国内工程中，都是经常发生的。在国内的许多地方，长期拖欠工程款已成为妨碍施工企业正常生产经营的主要原因之一。在国际工程中，也常有工程结束数年，而工程款仍未完全收回的实例。

3．外界环境的风险

（1）在国际工程中，工程所在国政治环境的变化，如发生战争、禁运、罢工、社会动乱等造成工程中断或终止。

（2）经济环境的变化，如通货膨胀、汇率调整、工资和物价上涨。物价和货币风险在承包工程中经常出现，而且影响非常大。

（3）合同所依据的法律的变化，如新的法律颁布，国家调整税率或增加新税种，新的外汇管理政策等。

（4）自然环境的变化，如百年未遇的洪水、地震、台风等，以及工程水文、地质条件的不确定性。

4．合同风险

上述列举的几类风险，反映在合同中，通过合同定义和分配，则成为合同风险。工程承包合同中一般都有风险条款和一些明显的或隐含着的对承包商不利的条款。它们常造成承包商的损失，是进行合同风险分析的重点。

8.4.3　风险分析

8.4.3.1　合同效力问题

1．合同主体资格瑕疵

合同主体资格审查是签约的一项重要准备工作。就发包人而言，应深入调查其资质等级及履约信用。就承包人而言，法律做了严格限制，无效情形包括两种。

（1）承包人未取得建筑施工企业资质或者超越资质等级。

（2）没有资质的实际施工人借用有资质的建筑施工企业名义（即“挂靠”）。

合同效力补正：当事人所签订的合同因违反了法律禁止性规定，导致合同不能满足有效条件，当事人可以通过事后补正或者实际履行来使合同满足有效条件。承包人超越资质等级许可的业务范围签订建设工程施工合同，在建设工程竣工前取得相应资质等级，当事人请求按照无效合同处理的，不予支持。

2．承包人非法转包、违法分包建设工程

非法转包指的是承包单位承包建设工程后，不履行合同约定的责任和义务，将其承包的全部建设工程转给他人或者将其承包的全部建设工程肢解以后以分包的名义分别转给其他单位承包。

违法分包是指施工单位承包工程后违反法律法规规定或者施工合同关于工程分包的约定，把单位工程或分部分项工程分包给其他单位或个人施工的行为。违法分包包括下列行为。

（1）总承包单位将建设工程分包给不具备相应资质条件的单位；

（2）建设工程总承包合同中未有约定，又未经建设单位认可，承包单位将其承包的部分建设工程交由其他单位完成；

（3）施工总承包单位将建设工程主体结构的施工分包给其他单位；

（4）分包单位将其承包的建设工程再分包。

3．建设工程必须进行招标而未招标或者中标无效

（1）建设工程必须进行招标的情形。

根据《招标投标法》和《工程建设项目招标范围和规模标准规定》的规定，必须招标的工程建设项目应同时满足招标范围和规模标准两方面条件。

（2）中标无效的六种情形：

① 招标代理机构违反本法规定，泄露应当保密的与招标投标活动有关的情况和资料，或者与招标人、投标人串通损害国家利益、社会公共利益或者他人合法权益，影响中标结果的，中标无效。

② 依法必须进行招标的项目的招标人向他人透露已获取招标文件的潜在投标人的名称、数量或者可能影响公平竞争的有关招标投标的其他情况，或者泄露标底，影响中标结果的，中标无效。

③ 投标人相互串通投标或者与招标人串通投标的，投标人以向招标人或者评标委员会成员行贿的手段谋取中标的，中标无效。

④ 投标人以他人名义投标或者以其他方式弄虚作假，骗取中标的，中标无效。

⑤ 依法必须进行招标的项目，招标人违反本法规定，与投标人就投标价格、投标方案等实质性内容进行谈判，影响中标结果的，中标无效。

⑥ 招标人在评标委员会依法推荐的中标候选人以外确定中标人的，依法必须进行招标的项目在所有投标被评标委员会否决后自行确定中标人的，中标无效。

（3）阴阳合同的认定、效力与结算。

《最高人民法院关于审理建设工程施工合同纠纷案件适用法律问题的解释》第二十一条规定：当事人就同一建设工程另行订立的建设工程施工合同与经过备案的中标合同实质性内容不一致的，应当以备案的中标合同作为结算工程价款的根据。

“阴阳合同”又称“黑白合同”，是指建设工程施工合同的当事人就同一建设工程签订的

两份或两份以上实质性内容不一致的合同，通常把经过招投标并经备案的正式合同称为“阳合同”或“白合同”，把实际履行的补充协议或其他合同称为“阴合同”或“黑合同”。所谓“实质性内容”，主要是指工程价款、工程质量、工程期限三个方面。

8.4.3.2　合同订立阶段风险分析

1．垫　资

垫资指的是承包方在合同签订后，不要求发包方先支付工程款或者支付部分工程款，而是利用自有资金先进场进行施工，待工程施工到一定阶段或者工程全部完成后，由发包方再支付垫付的工程款。垫资施工的方式一般包括：带资施工、形象节点付款、低比例形象进度付款和工程竣工后付款等。

2．利息和违约金

（1）利息。

利息计付标准为：当事人对欠付工程价款利息计付标准有约定的，按照约定处理；没有约定的，按照中国人民银行发布的同期同类贷款利率计息。起算时间：利息从应付工程价款之日计付。当事人对付款时间没有约定或者约定不明的，下列时间视为应付款时间。

① 建设工程已实际交付的，为交付之日；

② 建设工程没有交付的，为提交竣工结算文件之日；

③ 建设工程未交付，工程价款也未结算的，为当事人起诉之日。

（2）违约金。

违约金的性质是违约责任的一种承担方式。当事人可以约定一定数额的违约金，也可以约定损失赔偿额的计算方法。约定的违约金低于造成的损失的，可以请求人民法院予以增加，但以不超过实际损失额为限；约定的违约金过分高于造成的损失（超过造成损失的30%）的，可以请求人民法院予以适当减少，人民法院应当以实际损失为基础，兼顾合同的履行情况、当事人的过错程度及预期利益等因素综合衡量。

8.4.3.3　合同履行阶段风险分析

1．质量责任分析

建设工程出现质量瑕疵，一般处理原则是由承包人承担责任。但是存在发包人自行承担责任和发包人、承包人共同承担责任的情形。

（1）发包人自行承担责任的情况。

① 提供的勘察数据、设计文件、施工图纸以及说明书等技术资料有缺陷。

② 提供或者指定购买的建筑材料、建筑构配件、设备不符合国家强制性标准。

③ 肢解发包建设工程。

④ 直接指定分包人分包专业工程。

⑤ 发包人擅自使用未经竣工验收或者验收不合格的建设工程，如出现质量问题应自行承担责任。

（2）发包人与承包人共同承担责任的情况。

如果在发包人已经违反法律规定或者合同约定的情况下，承包人履行其义务是可以避免建设工程质量缺陷的发生，但承包人却没有履行其义务，从而造成了建设工程质量缺陷的发生，这种情况就是法律上的混合过错。为此，发包人与承包人必须共同承担质量责任。

① 发包人提供的有缺陷的勘察数据、设计文件、施工图纸以及说明书等技术资料，承包人应当发现而未发现，或者已经发现而没有及时提出意见和建议并继续施工。

② 对发包人提供的不符合国家强制性标准的建筑材料、构配件、设备和商品混凝土等，未进行检验，或者检验不合格仍予以使用。

③ 对发包人提出的违反法律、行政法规和建筑工程质量、安全标准，降低工程质量的要求，承包人不予拒绝而进行施工。

2．工期延误

建设工程在施工过程中，往往由于各种原因导致实际竣工日期晚于约定竣工日期，发包人往往以此作为承包人请求支付工程款的抗辩事由，或者以此主张工期延误违约金。建设单位在举证施工单位工期逾期时非常简单易行，只要证明开工时间与实际竣工时间，将实际施工工期与约定施工工期比较，即为逾期的天数。相对于建设单位，施工单位对于工期顺延的主张，则在举证内容及举证难度上大有差别。首先施工单位应当举证证明工期逾期的原因，如拖欠工程款、迟延提供施工图纸、场地及原材料、变更设计等，这些原因必须不是因为施工单位的原因造成的才能够顺延工期；同时施工单位还应当明确这些原因导致的具体逾期的时间。所以，施工单位在工期上的举证责任上是非常重的，也往往是处于不利与弱势的地位。正因为如此，在建设工程施工过程中，施工单位要勤签证，善于保留书面证据，如联系单、监理例会纪要、施工记录等等，以维护自身的合法权益。

8.4.4　风险防范

1．做好签订合同前的准备工作，规避风险

做好前期工作规避风险是指承包商在投标前，应对投标文件进行全面透彻地分析和研究，详细调查工程项目及业主的经营状况和工程的竞争情况，以便做出准确的决策。当然，业主的真实经营状况和参与竞争的对手信息并非能掌握得十分全面，这就需要加强信息收集。在收集信息的过程中，一定要注意遵守法律法规，保守商业机密。根据所掌握的信息，全面分析工程的情况后做出正确的决策。

在合同谈判阶段，最好签订开口合同，如可变价格合同，或者材料价格据实调整等条件。在报价上也可采取一些策略，如将工程中一些风险大、花费多的分项工程或工作抛开，仅在报价单中注明，由双方再度商讨决定；将一些花费大、风险大的分项工程按成本加酬金的方式结算。还要注意防止借资、垫资承接工程。没有进行公开招投标前就签订协议或者企业间借贷是违反法律法规的，是无效民事行为。一旦发生纠纷，对施工企业极为不利，可能导致投入的资金不能及时收回或者无法收回。

建立企业内部风险评估机制。不管是业主或承包商，风险评估是企业对即将面临的各种风险加以分析和决策的过程。企业应该建立相应的风险评估小组，将项目的风险管理落实到相应管理部门或项目管理班子。

2．规范合同签订程序，控制风险

在合同正式签订前进行严格的审查把关。其要点是：施工合同是否合法，业主的审批手续是否完备健全，合同是否需要公证和批准；合同是否完整无误，包括合同文件的完备和合同条款的完备；合同是否采取了示范文本，与其对照有无差异；合同双方责任和权益是否失衡；合同实施会带来什么后果，完不成的法律责任是什么，如何补救；双方合同的理解是否一致，发现歧义及时处理的方式、方法。

对于合同，最好采用示范文本，并且在示范文本的专用条款用词上要采用专业术语，以便界定明确。合同条款中要明确己方的违约成本、权利义务对等情况。对于合同的计价方式，在可以谈判的情况下，尽量满足己方的要求，以达到降低风险的目的。工程范围不确定的风险，采用固定价格合同，双方在专用条款内约定合同价款包含的风险范围和风险费用的计算方法，在约定风险范围内合同价款不再调整。

3．加强施工过程中合同履行的管理，降低风险

实施合同的过程也是合同履行的过程，在履行合同前，必须对合同进行交底，使参与项目的团队成员都明白合同在履行过程中存在哪些风险,如何正确地行使合同权利和履行义务。

施工过程中可能存在的风险主要有工程变更风险、索赔风险等。

工程变更的风险：由于施工项目的复杂性和合同履行周期长以及不可控因素等原因，合同执行过程中经常涉及工程变更问题，既有业主以工程变更指令形式产生的工程变更，也包括由业主违约和不可抗力等因素被动形成的工程变更。工程变更对建设项目管理有着巨大的影响，往往导致建设项目工期延误、返工增加以及劳动力窝工和机械停工、降效损失。

索赔的风险：施工过程中的索赔是常见的现象，但是要正确认识和理解索赔，索赔必须满足合同中相应的索赔条款，施工过程中，要及时收集整理资料，而且必须按规定的程序按规定的时间进行索赔，否则索赔可能不成功，会造成比较大的损失，如建筑工程施工合同示范文本规定。

4．转移风险和开展索赔

工程索赔制度正是转移风险的有效方法。还要注意向第三方转移风险，主要通过履约保证、工程保险和工程分包等方式来实现风险转移。

对于分包，当前建筑业工程量大、造价高、技术要求高，很多工程需要多个专业或承包商合作完成。承包商必要时可以将风险较大的工程分包给专业公司，是转移风险的一种方法，这样会有多个的分包商参与到工程中，必然存在分包合同的风险。因此，加强分包合同和分包工程的管理，按程序履行承包商应该承担的义务，特别是提醒义务，从而减少分包合同履行不符合约定给承包商带来的风险。

任务练习

1. 在合同签订前对风险做全面分析和预测。主要考虑如下问题（　　）。

① 采取措施防止或避免风险的发生；

② 风险发生的规律，如发生的可能性，发生的时间及分布规律；

③ 风险的影响，即风险如果发生，对承包商的施工过程，对工期和成本（费用）有哪些

影响，承包商要承担哪些经济的和法律的责任等；

④ 各风险之间的内在联系，例如一齐发生或伴随发生的可能；

⑤ 工程实施中可能出现的风险的类型、种类。

A. ①②③④　B. ①②③④⑤　C. ①③④⑤　D. ②③④⑤

2. 发生战争属于外界环境风险中的（　）

A. 自然环境变化　B. 法律变化　C. 经济环境变化　D. 政治环境变化

3. 承包工程中常见的风险有（　）

A. 工程的技术、经济、法律等方面的风险

B. 业主资信风险

C. 外界环境的风险

D. 自身风险

E. 合同风险

3. 考虑"降低风险的不利影响，减少自己的损失"属于承包商（　）阶段对风险的管理。

A. 合同签订前　B. 合同实施中　C. 工程交付时　D. 竣工后

4. 承包工程中常见的风险有（　）。

A. 两类　B. 三类　C. 四类　D. 五类

5."为了达到不支付，或少支付工程款的目的，在工程中苛刻刁难承包商，滥用权力，施行罚款或扣款"属于（　）的资信风险。

A. 业主　B. 分包人　C. 监理人　D. 行政单位

6. 建设工程总承包合同中未有约定，又未经建设单位认可，承包单位将其承包的部分建设工程交由其他单位完成的行为属于（　）。

A. 发包　B. 违法分包　C. 分包　D. 转包

7. 承包商将其承包的全部建设工程转给他人的行为是（　）。

A. 发包　B. 违法分包　C. 分包　D. 转包

8. 建设工程出现质量瑕疵，一般处理原则是由（　）承担责任。

A. 发包人　B. 承包人　C. 监理人　D. 监管部门

9. 建设工程出现质量瑕疵时，（　）应由发包人自行承担责任。

A. 提供的勘察数据、设计文件、施工图纸以及说明书等技术资料有缺陷

B. 直接指定分包人分包专业工程

C. 对发包人提出的违反法律、行政法规和建筑工程质量、安全标准，降低工程质量的要求，承包人不予拒绝而进行施工

D. 提供或者指定购买的建筑材料、建筑构配件、设备不符合国家强制性标准

10. 承包工程中常见的风险有（　）

A. 工程的技术、经济、法律等方面的风险

B. 业主资信风险

C. 外界环境的风险

D. 自身风险

E. 合同风险

项目小结

本项目全面介绍了建筑施工合同管理，包括工程施工合同管理的概念；工程施工合同的目标与内容；工程施工合同管理参与方；工程施工合同审查分析的目的和内容；工程施工合同谈判的主要内容和程序；工程施工合同签订的依据、条件及主要内容；工程施工合同履约概念和原则；工程施工合同实施控制；工程施工合同变更管理；签证管理；承包商风险管理的任务；承包工程的风险；风险分析及防范等。

项目练习

一、选择题

1. 增加人员投入，调整人员安排，调整工作流程和工作计划等为合同实施偏差处理中的(　　)。

A. 组织措施　　B. 技术措施　　C. 经济措施　　D. 合同措施

2. 设计变更包含的内容十分广泛，是工程变更的主体内容，约占工程变更总量的(　　)以上。

A. 50%　　B. 60%　　C. 70%　　D. 80%

3. (　　) 指施工过程中，业主动用暂定金额，扩大建设规模，增加原招标工程量清单之外的建设内容。

A. 新增工程　　B. 增加工程　　C. 扩大工程　　D. 暂定工程

4. 乙方在工程变更确定后（　　）内，提出变更工程价款的报告，经工程师确认后调整合同价款。

A. 3 天　　B. 5 天　　C. 7 天　　D. 14 天

5. 在施工过程中，工程师根据工程需要，下达指令对招标文件中的原设计或经工程师批准的施工方案进行任一方面的改变，统称为（　　）。

A. 工程增加　　B. 工程变更　　C. 工程改变　　D. 工程变革

6. (　　) 是工程项目管理的核心。

A. 合同管理　　B. 质量管理　　C. 进度管理　　D. 成本管理

7. 承包商的合同管理是指承包商为实现工程价格成本、质量和工期等目标，围绕(　　)而进行的一系列控制工作。

A. 施工合同　　B. 质量　　C. 进度　　D. 成本

8. 施工合同文本规定，工程师确认了承包人的施工进度计划后，应当由（　　）对该进度计划的缺陷承担责任。

A. 发包人　　B. 监理单位　　C. 工程师　　D. 承包人

9. 施工合同文本规定，发包人供应的材料设备在使用前检验或试验的，(　　)。

A. 由承包人负责，费用由承包人承担　　B. 由发包人负责，费用由发包人承担

C. 由承包人负责，费用由发包人承担　　D. 由发包人负责，费用由承包人承担

10. 施工合同文本规定，工程师未按规定参加某隐蔽工程的验收，工程隐蔽后，工程师提出重新检验要求，重要检验的结果为合格，重新检验造成的费用损失应当由（　　）承担。

A. 发包人　　B. 承包人　　C. 工程师　　D. 监理单位

11. 承包商按照监理工程师的指示对已隐蔽的工程部位进行露后的重新检验。该工程部位隐蔽前曾得到监理工程师的质量认可，但重新检验后发现质量未达到合同规定的要求，则全部剥露、修改、重新隐蔽的费用的损失和工期处理为（ ）。

A. 费用和工期损失全部由业主承担

B. 费用和工期损失全部由承包商承担

C. 费用由承包商承担，工期给予顺延

D. 工期不予顺延，但费用由业主给予补偿

12.《建设工程施工合同（示范文本）》规定，施工中遇到有价值的地下文物后，承包商应立即停止施工并采取有效保护措施，对打乱施工计划的后果责任是（ ）。

A. 承包商承担保护措施费用，工期不予顺延

B. 承包商承担保护措施费用，工期予以顺延

C. 业主承担保护措施费用，工期不予顺延

D. 业主承担保护措施费用，工期予以顺延

13. 合同法律关系的客体是指（ ）。

A. 合同的当事人 B. 合同双方的权利 C. 合同的标的 D. 合同双方的义务

14. 债务人将动产或权利移交给债权人进行担保的方式为（ ）。

A. 保证 B. 抵押 C. 质押 D. 留置

15. 工程分包的说法错误的为（ ）。

A. 是违法的

B. 是从工程承包人承担的工程中承包部分工程的行为

C. 是允许的

D. 非发包人同意，承包人不得将承包工程的任何部分分包

16. 合同价款可以有多种约定方式，其不包括（ ）。

A. 固定价格合同 B. 可调整价格合同

C. 固定价格加酬金合同 D. 成本加酬金合同

17. 在施工过程中，由于发包人或工程师指令修改设计、修改实施计划、变更施工顺序，造成工期延长和费用损失，承包商可以提出索赔。这种索赔属于（ ）引起的索赔。

A. 地质条件的变化 B. 不可抗力 C. 工程变更 D. 业主风险

18. 在进度控制中，（ ）不属工程师的任务。

A. 督促承包人完成工程扫尾工作 B. 向有关部门递交竣工申请

C. 协调竣工验收中的各方关系 D. 参加竣工验收

19. 合同法律关系的构成要素为（ ）。

A. 主体 B. 客体 C. 事件

D. 内容 E. 工商管理部门

20. 建设工程施工分包合同的当事人是（ ）。

A. 建设单位 B. 监理单位 C. 施工单位

D. 工程师 E. 分包单位

21. 下列关于建设工程总承包合同的说法，正确的是（ ）。

A. 总承包单位可以按合同规定对工程项目进行分包和转包

B. 建设工程总承包单位可以将承包工程中的部分工程发包给具有相应资质条件的分包单位

C. 建设工程总承包合同订立后，发包人和承包人双方都应按合同的规定严格履行

D. 建设工程总承包单位按照总承包合同的约定对建设单位负责

E. 总承包单位就分包工程对建设单位不承担责任

22. 下列关于工程变更的说法错误的是（　　）。

A. 工程变更总是由承包商提出

B. 监理工程师审批工程设计变更时应与业主及设计单位协商

C. 监理工程师的变更指令应以书面形式发出

D. 发生工程变更，若合同中有适用于变更工程的价格，可以依此计算结算价款

二、思考题

1. 合同日常控制的要点。
2. 合同实施偏差分析的内容。
3. 工程变更的分类。
4. 试列举可以办理的施工签证。
5. 垫资的风险分析。

三、案例分析题

【背景】

某厂房建设场地原为农田。按设计要求在厂房地坪范围内的耕植土应清除，基础必须埋在老土层下 2.00 m 处。为此，业主在“三通一平”阶段就委托土方施工公司清除了耕植土并用好土回填压实至一定设计标高，故在施工招标文件中指出，施工单位无须再考虑清除耕植土问题。某施工单位通过投标方式获得了该项工程施工任务，并与建设单位签订了固定价格合同。然而，施工单位在开挖基坑时发现，相当一部分基础开挖深度虽已达到了设计标高，但仍未见老土，且在基坑和场地范围内仍有一部分深层的耕植土和池塘淤泥等必须清除。

【问题】

1. 在工程中遇到地基条件与原设计所依据的地质资料不符时，承包商应该怎么处理？

2. 对于工程施工中出现变更工程价款和工期的事件之后，甲乙双方需要注意哪些时效性问题？

3. 根据修改的设计图纸，基坑开挖要加深加大，造成土方工程量增加，施工工效降低。在施工中又发现了较有价值的出土文物，造成承包商部分施工人员和机械窝工，同时承包商为保护文物付出了一定的措施费用。请问承包商应如何处理此事？

项目九　建设工程施工合同索赔管理

项目目标

工程索赔是承包商减少风险损失、获取经济收益的重要手段和有效途径。如果承包商在施工过程中缺乏索赔意识，对造成索赔的事件反应迟钝，那么他就等于主动放弃了应该得到的利益。许多国际工程项目通过成功的索赔，可以创造出利润达到工程造价的10%～20%的经济效益。通过本项目的学习，掌握工程施工索赔的起因、程序与索赔值的计算，熟悉工程施工合同履行的相关工作，了解索赔的分类和索赔证据。

教学要求

能力目标	知识要点
掌握索赔基本知识	（1）索赔的概念与特征 （2）索赔的起因 （3）索赔的特点 （4）索赔的分类 （5）索赔的条件
掌握索赔程序及处理	（1）索赔的程序 （2）索赔报告的编制 （3）施工索赔的技巧 （4）发包人的索赔
熟悉索赔的计算	（1）工期索赔计算 （2）费用索赔计算

案例导入

【背景】

某工程，发包人按照《建设工程施工合同（示范文本）》（GF-2017-0201）与承包人签订了施工总承包合同。合同约定，开工日期为2018年9月1日，工期为302天；建设单位负责设备采购；设备安装工程可以分包。工程实施中发生了下列事件：土方开挖时遇到了难以预料的暴雨天气，工程出现重大安全事故隐患，可能危及作业人员安全，承包人及时报告了监理人。为处理安全事故隐患，导致工期延长了12天。承包人向监理人申请顺延工期12天，补偿直接经济损失10万元。

【问题】

1. 收到承包人报告后，监理人应采取什么措施？
2. 应要求承包人采取什么措施？
3. 对于承包人顺延工期及补偿经济损失的请求如何答复？

任务 9.1 索赔与索赔管理概述

任务导入

索赔是当事人在合同实施过程中，根据法律、合同规定及惯例，对并非由于自己的过错，而是由于合同对方应承担责任的情况造成损失后，向对方提出补偿要求的过程。在工程建设的各个阶段，都有可能发生索赔，但在施工阶段的索赔发生较多。索赔具有广义和狭义两种范畴。广义的索赔是指合同双方向对方提出的索赔，既包括承包商向业主的索赔，也包括业主向承包商的索赔。狭义的索赔仅指承包商向业主的索赔。对施工合同双方来说，索赔是维护双方合法利益的权利，它同合同条件中双方的合同责任一样，构成严密的合同制约关系。

9.1.1 建设工程施工索赔的概念和特点

1. 建设工程施工索赔的概念

建设工程施工索赔是指施工合同的一方当事人，对在施工合同履行过程中发生的并非由于自己责任的额外工作、额外支出或损失，依据合同和法律的规定要求对方当事人给予费用或工期补偿的合同管理行为。从广义上讲，施工索赔还包括业主对承包商的索赔，通常称为反索赔。

2. 建设工程施工索赔的特点

从建设工程施工索赔的概念可以看出施工家赔具有以下特点。

（1）索赔是一种合法的正当权利要求，不是无理争利。索赔的依据是签订的合同和有关法律、法规和规章。索赔成功的主要依据是合同和法律及与此有关的证据。没有合同和法律依据，没有依据合同和法律提出的各种证据，索赔不能成立。

（2）索赔是双向的，合同的双方都可向对方提出索赔要求，被索赔方可以对索赔方提出异议，阻止对方的不合理的索赔要求。

（3）建设工程施工索赔的目的是补偿索赔方在工期和经济上的损失。

（4）建设工程施工索赔属于经济补偿行为，而不是惩罚，索赔属于正确履行合同的正当权利要求，索赔方所受到的损害，与索赔方的行为并不一定存在法律上的因果关系。导致索赔事件的发生，可以是一定行为造成，也可能是不可抗力事件引起，可以是对方当事人的行为导致的，也可能是任何第三方行为所导致。索赔在一规情况下都可以通过协商方式友好解决，若双方无法达成妥协，争议可通过种成解决。

（5）索赔是一种未经对方确认的单方行为，它与我们通常所说的工程签证不同。在施工过程中签证是承发包双方就额外费用补偿或工期延长等达成一致的书面证明材料和补充协议，它可以直接作为工程款结算或最终增减工程造价的依据，而索赔则是单方面行为，对对方尚未形成约束力，这种索赔要求能否得到最终实现，必须通过确认，如双方协商、谈判、调解或仲裁、诉讼。

9.1.2 索赔的原因

引起施工索赔的原因很多，归纳起来主要有工程建设过程的复杂性、业主方面的原因、合同组成和文字方面的原因、国家政策和法律法规变更等。

1．工程建设过程的复杂性

工程建设过程涉及面广，综合性强，关联部门多，生产过程复杂。只要其中的一个相关因素出现问题，就有可能引起其他各个环节发生额外损失或额外支出。

随着建筑业的不断发展，出现了越来越多的新技术、新结构、新工艺，设计和施工的难度不断增大，往往需要在施工过程中随时发现和解决这些问题，需要变更原设计方案或施工方案，从而发生额外的工作、额外损失或额外支出。

工程建设周期长，建设期间可变因素多，自然条件、社会经济条件等的任何一个因素的变动或异常，都将导致合同当事人的额外损失或额外支出。

不利自然条件和客观障碍的影响。不利自然条件和客观障碍是指有经验的承包商无法合理预料到的不利自然条件和客观障碍。不利自然条件不包括气候条件，而是指投标时经过现场调查和根据业主提供的资料都无法预料到的其他不利自然条件，如地下水、地质断层、地下暗河、古墓等。

2．业主方面的原因

（1）业主违约。

业主违约主要表现为业主未能按合同规定为承包商提供施工条件、未在规定时间内付款、无理阻挠或干扰工程施工等，由此给承包商造成经济损失或工期延误。

（2）业主的指定分包商（供应商）违约。

指定分包商（供应商）未按规定提供服务或供应材料、设备等。例如供电供水中断，业主指定的材料、设备的供应商未按约定时间供货等。

（3）工程师指令。

工程师指令承包商加快施工进度、进行合同外的工作、更换某些材料、采取某种措施或暂停施工等，造成承包商增加支出或延误工期，承包商将提出索赔。

3．合同组成和文字方面的原因

建设工程合同方面的原因主要表现为合同文件规定不严谨甚至自相矛盾、合同内容遗漏或错误、合同条款可做多种解释等。这些问题不仅在商务条款中有可能出现，甚至在技术规范和图纸中也可能出现不一致的问题。这时，工程师虽然有权做出解释，但如果承包商执行工程师的解释后引起成本增加或工期延长，有权提出索赔。

4．其他方面的原因

（1）国家政策、法律法规变更。

国家政策、法律法规变更导致原合同签订的法律基础发生变化，直接影响承包商的投标价格。合同通常规定，从投标截止日起的前第28天开始，如果工程所在地的法律法规变更导致承包商施工费用增加的，业主应补偿承包商的该增加值；相反，则减少工程价款，由业主受益。

（2）其他承包商干扰和其他第三方原因。

其他承包商未能按时按序按质进行并完成其承包的工作，各承包商配合不好等，都会给本承包商的工作造成不良影响，被迫延迟工作。例如负责前置工序的承包商未按要求完成，场地使用、现场交通协调不当等。

其他第三方指与工程有关的除业主、工程师、分包商、其他承包商之外的各方。其他第三方的问题也会对本工程产生不利影响。例如，银行付款延误、邮路延误、港口压港、车站压货等。这种原因引起的索赔较难处理，但因影响工期，承包商也要向业主索赔。

（3）建筑业经济效益的影响。

目前，建筑市场上的竞争十分激烈，承包商往往采用“靠低价争取中标、靠索赔获得赢利”的策略参与竞争，施工过程中的索赔也就不可避免。

9.1.3 索赔的作用

1．保证建设工程施工合同的实施

建设工程施工合同一经签订，合同双方即产生权利义务关系。这种权利受法律保护，这种义务受法律制约。索赔是合同法律效力的具体表现，并且由合同的性质决定。如果没有索赔和关于索赔的法律规定，则合同形同虚设，对双方都难以形成约束。这样，合同的实施就得不到保证，影响正常的社会经济秩序。索赔能对违约者起警诫作用，使其意识到违约的后果，以尽力避免违约事件发生。所以，索赔有助于工程双方更紧密地合作，有助于合同目标的实现。

2．落实和调整合同双方经济责任关系

在施工合同履行过程中，由于未履行或不履行合同规定的义务而侵害对方的权利时，应根据对方的索赔要求，承担相应的经济责任。离开索赔，施工合同当事人双方的权利、义务关系难以平衡。

3．维护合同当事人正当权益

对于施工合同当事人双方来说，索赔是一种保护自己、维护自身正当权益、避免损失、增加利润的手段。在现代工程承包中，如果承包商不能进行有效的索赔，不精通索赔业务，往往使损失得不到合理、及时的补偿，不能进行正常的生产经营，甚至面临倒闭。

4．促使工程造价管理更加合理

施工索赔的正常开展，把原来打入工程造价的一些不可预见费用，改为按实际发生的损失支付，有助于降低工程报价，使工程造价更合理。

当然，索赔除了上述正面作用外，也存在一些负面影响，如：有些承包商奉行“中标靠低价，赢利靠索赔”的经营策略，利用索赔为自己牟取不恰当的利益；有的承包商利用索赔事件高估工程价格，漫天要价。这些经营策略虽然会得逞一时，但从长远来看，会严重影响合同当事人双方的合作气氛，同时，将严重影响承包商的信誉，必将导致承包商自身竞争力削弱。因此，作为承包商要摒弃上述做法。

9.1.4　索赔的分类

1．按施工索赔的合同依据分类

（1）合同内索赔。合同内索赔是指可以直接引用合同条款作为索赔依据的施工索赔，分为合同明示的索赔和合同默示的索赔两种。

① 合同明示的索赔。

合同中明示的索赔是指承包人所提出的索赔要求在该工程项目的合同文件中有文字依据，承包人可以据此提出索赔要求，并取得经济补偿。这些在合同文件中有文字规定的合同条款，称为明示条款。

② 合同默示的索赔。

合同中默示的索赔，即承包人的该项索赔要求，虽然在工程项目的合同条款中没有专门的文字叙述，但可以根据该合同的某些条款的含义，推论出承包人有索赔权。这种索赔要求，同样有法律效力，有权得到相应的经济补偿。这种有经济补偿含义的条款，在合同管理工作中被称为“默示条款”或“隐含条款”。

默示条款是一个广泛的合同概念，它包含合同明示条款中没有写入但符合双方签订合同时设想的愿望和当时环境条件的一切条款。这些默示条款，或者从明示条款所表述的设想愿望中引申出来，或者从合同双方在法律上的合同关系中引申出来，经合同双方协商一致，或被法律和法规所指明，都成为合同文件的有效条款，要求合同双方遵照执行。

（2）合同外索赔。合同外索赔是指索赔内容虽在合同条款中找不到依据，但可从有关法律法规中找到依据的索赔。合同外的索赔通常表现为对违约造成的间接损害和违规担保造成的损害索赔，可在民事侵权行为的法律规范中找到依据。

（3）道义索赔。道义索赔是指承包商既在合同中找不到索赔依据，业主也未违约或触犯民法，但因损失确实太大，自己无法承担而向业主提出的给予优惠性补偿的请求。例如承包商投标时对标价估计不足投低标，工程施工中发现比原先预计的困难大得多，有可能无法完成合同，某些业主为使工程顺利进行，会同意根据实际情况给予一定的补偿。

2．按索赔目的分类

按索赔的目的，施工索赔可以分为工期索赔和经济索赔两类。承包商提出索赔，首先要明确提出的是工期索赔还是经济索赔。工期索赔是要求顺延工期，费用索赔是要求经济补偿。编写索赔报告和论证索赔要求时，应根据索赔目的提供依据和证明材料。

（1）工期索赔。由于非承包人责任的原因而导致施工进程延误，要求批准顺延合同工期的索赔，称之为工期索赔。工期索赔形式上是对权利的要求，以避免在原定合同竣工日不能完工时，被发包人追究拖期违约责任。一旦获得批准合同工期顺延后，承包人不仅免除了承担拖期违约赔偿费的严重风险，而且可能因提前工期得到奖励，最终仍反映在经济收益上。

（2）费用索赔。费用索赔的目的是要求经济补偿。当施工的客观条件改变，导致承包人增加开支，承包人要求对超出计划成本的附加开支给予补偿，以挽回不应由其承担的经济损失。费用索赔是整个工程合同的索赔重点和最终目标，工期索赔在很大程度上也是为了费用索赔。

3．按索赔的处理分式分类

按处理方法和处理时间的不同，施工索赔可以分为单项索赔和一揽子索赔两类。

（1）单项索赔。单项索赔是指当事人针对某一索赔事件的发生而及时提出的索赔。即在影响原合同实施的因素发生时或发生后，合同管理人员立即在规定的索赔有效期内向业主提出索赔意向，及时解决索赔问题。单项索赔原因单一、责任清楚，容易处理，并且涉及金额较小，业主容易接受。承包商应尽可能采用单项索赔方式处理索赔问题。

（2）一揽子索赔（总索赔）。一揽子索赔是指在工程竣工前后，承包商将施工过程中已经提出但尚未解决的索赔汇总，向业主提出的总索赔。一揽子索赔中，许多干扰因素交织在一起，责任分析和赔偿值计算较困难，并且赔偿金额较大，双方较难做出让步，索赔谈判和处理较难。一揽子索赔较单项索赔的成功率低。

一般在下述两种情况下，才采用一揽子索赔。

① 单项索赔问题复杂，有争议，不能立即解决，双方同意继续施工，索赔问题留到工程后期一并解决。

② 业主拖延单项索赔答复，使谈判旷日持久，导致许多索赔事件集中处理。

4．按索赔事件的性质分类

根据索赔事件的性质不同，可以将工程索赔分为以下几类：

（1）工程延误索赔。因发包人未按合同要求提供施工条件，或因发包人指令工程暂停或不可抗力事件等原因造成工期拖延的，承包人可以向发包人提出索赔；如果由于承包人原因导致工期拖延，发包人可以向承包人提出索赔。

（2）加速施工索赔。由于发包人指令承包人加快施工速度，缩短工期，引起承包人的人力、物力、财力的额外开支，承包人提出的索赔。

（3）工程变更索赔。由于发包人指令增加或减少工程量或增加附加工程、修改设计、变更工程顺序等，造成工期延长和（或）费用增加，承包人就此提出索赔。

（4）合同终止的索赔。由于发包人违约或发生不可抗力事件等原因造成合同非正常终止，承包人因其遭受经济损失而提出索赔。如果由于承包人的原因导致合同非正常终止，或者合同无法继续履行，发包人可以就此提出索赔。

（5）不可预见的不利条件索赔。承包人在工程施工期间，施工现场遇到一个有经验的承包人通常不能合理预见的不利施工条件或外界障碍，例如地质条件与发包人提供的资料不符，出现不可预见的地下水、地质断层、溶洞、地下障碍物等，承包人可以就因此遭受的损失提出索赔。

（6）不可抗力事件的索赔。工程施工期间，因不可抗力事件的发生而遭受损失的一方，可以根据合同中对不可抗力风险分担的约定，向对方当事人提出索赔。

（7）其他索赔。如因货币贬值、汇率变化、物价上涨、政策法令变化等原因引起的索赔。

《标准施工招标文件（2007 年版）》的通用合同条款中，按照引起索赔事件的原因不同，对一方当事人提出的索赔可能给予合理补偿工期、费用和（或）利润的情况，分别做出了相应的规定。其中，引起承包人索赔的事件以及可能得到的合理补偿内容如表 9-1 所示。

表 9-1 《标准施工招标文件》中承包人的索赔事件及可补偿内容

序号	索赔事件	可补偿内容		
		工期	费用	利润
1	迟延提供图纸	√	√	√
2	施工中发现文物、古迹	√	√	
3	迟延提供施工场地	√	√	√
4	施工中遇到不利物质条件	√	√	
5	提前向承包人提供材料、工程设备		√	
6	发包人提供材料、工程设备不合格或迟延提供或变更交货地点	√	√	√
7	承包人依据发包人提供的错误资料导致测量放线错误	√	√	√
8	因发包人原因造成承包人人员工伤事故		√	
9	因发包人原因造成工期延误	√	√	√
10	异常恶劣的气候条件导致工期延误	√		
11	承包人提前竣工		√	
12	发包人暂停施工造成工期延误	√	√	√
13	工程暂停后因发包人原因无法按时复工	√	√	√
14	因发包人原因导致承包人工程返工	√	√	√
15	监理人对已经覆盖的隐蔽工程要求重新检查且检查结果合格	√	√	√
16	因发包人提供的材料、工程设备造成工程不合格	√	√	√
17	承包人应监理人要求对材料、工程设备和工程重新检验且检验结果合格	√	√	√
18	基准日后法律的变化		√	
19	发包人在工程竣工前提前占用工程	√	√	√
20	因发包人原因导致工厂试运行失败		√	√
21	工程移交后因发包人原因出现新的缺陷或损坏的修复		√	√
22	工程移交后因发包人原因出现的缺陷修复后的试验和试运行		√	
23	因不可抗力停工期间应监理人要求照管、清理、修复工程		√	
24	因不可抗力造成工期延误	√		
25	因发包人违约导致承包人暂停施工	√	√	√

9.1.5 索赔管理的特点

开展索赔工作，必须全面认识索赔，完整理解索赔，端正索赔动机，这样才能正确对待索赔，规范索赔行为，合理地处理索赔事件。因此，发包人、工程师和承包人应对索赔工作的特点有全面的认识和理解。索赔管理的特点有以下几点：

（1）索赔工作贯穿于工程项目始终。

合同当事人要做好索赔工作，必须从签订合同起，直至履行合同的全过程，要注意采取预防保护措施，建立健全索赔业务的各项管理制度。

在工程项目的招标、投标和合同签订阶段，作为承包人应仔细研究工程所在国的法律、法规及合同条件，特别是关于合同规范、义务、付款、工程变更、违约及罚款、特殊风险、索赔时限和争议解决等条款，必须在合同中明确规定当事人各方的权利和义务，以便为将来可能的索赔提供合法的依据和基础。

在合同执行阶段，合同当事人应密切注意对方的合同履行情况，不断寻求索赔机会；同时，自身应严格履行合同义务，防止被对方索赔。

一些缺乏工程承包经验的承包人，由于对索赔工作的重要性认识不够，往往在工程开始时并不重视，等到发现不能获得应当得到的偿付时才匆忙研究合同中的索赔条款，汇集所需要的数据和论证材料，但已经陷入被动局面；有的经过旷日持久的争执、交涉乃至诉诸法律程序，仍难以索回应得的补偿或损失，影响了自身的经济效益。

（2）索赔是一门融工程技术和法律于一体的综合学问和艺术。

索赔问题涉及的层面相当广泛，既要求索赔人员具备丰富的工程技术与实际施工经验，使得索赔问题的提出具有科学性和合理性，符合工程实际情况，又要求索赔人员通晓法律与合同知识，使得提出的索赔具有法律依据和事实证据，并且还要求在索赔文件的准备、编制和谈判等方面具有一定的艺术性，使索赔的最终解决表现出一定程度的伸缩性和灵活性。这就对索赔人员的素质提出了很高的要求，他们的个人品格和才能对索赔成功的影响很大。索赔人员应当是头脑冷静、思维敏捷、处事公正、性格刚毅且有耐心的综合人才。

（3）影响索赔成功的相关因素多。

索赔能否获得成功，除了以上所述的条件外，还与企业的项目管理基础工作密切相关，主要有以下四个方面：

① 合同管理。合同管理与索赔工作密不可分，有学者认为，索赔是合同管理的一部分。从索赔角度看，合同管理可分为合同分析和合同日常管理两部分。合同分析的主要目的是为索赔提供法律依据。合同日常管理则是收集、整理施工中发生事件的一切记录，包括图纸、订货单、会谈纪要、来往信件、变更指令、气象图表、工程照片等，并加以科学归档和管理，形成一个能清晰描述和反映整个工程全过程的数据库，其目的是为索赔及时提供全面、正确、合法有效的各种证据。

② 进度管理。工程进度管理不仅可以指导整个施工的进程和次序，而且可以通过计划工期与实际进度的比较、研究和分析，找出影响工期的各种因素，分清各方责任，及时向对方提出延长工期及相关费用的索赔，并为工期索赔值的计算提供依据和各种基础数据。

③ 成本管理。成本管理的主要内容有编制成本计划、控制和审核成本支出、进行计划成本与实际成本的动态比较分析等，它可以为费用索赔提供各种费用的计算数据和其他信息。

④ 信息管理。索赔文件的提出、准备和编制需要工程施工中的各种信息，这些信息要在索赔时限内高质量地准备好，离开了当事人平时的信息管理是不行的，应采用计算机进行信息管理。

9.1.6　建设工程施工索赔的条件

索赔的根本目的在于保护自身利益，追回损失（报价低也是一种提失）、避免亏本、因此，索赔是不得已而用之。要取得索赔的成功，索赔要求必须符合如下基本条件：

1．客观性

确实存在不符合合同或违反合同的索赔事件，它对承包商的工期和或本造成影响。这是事实，有确凿的证据证明，由于合同双方都在进行合同管理，都在对工程施工过程进行监督和跟踪，对索赔事件都应该，也都能够清楚地了解，所以承包商提出的任何索赔，首先必须是真实的。

2．合法性

索赔事件非承包商自身责任引起，按照合同条故对方应给予补（赔）偿，索赔要求必须符合本工程承包合同的规定，合同作为工程中的最高法律，应由它判定索赔事件的责任由准承担，承担什么样的责任，应赔偿多少等，所以不同的合同条件，索赔要求有不同的合法性，则有不同的解决结果。

3．合理性

索赔要求合情合理，符合实际情况，真实反映由于索赔事件引起的实际损失，采用合理的计算方法和计算基础，承包商必须证明索赔事件，与索赔事件的责任，与施工过程所受到的影响，与承包商所受到的损失，与所提出的索赔要求之间存在着因果关系。

承包商不能为追逐利润滥用索赔，或违反商业道德，采用不正当手段甚至非法手段搞索赔，或多估冒算，漫天要价，否则会产生如下影响。

（1）在合同实施过程中，合同双方关系紧张，产生不信任甚至敌对气氛，不利于合同的继续实纯和双方的进一步合作。

（2）承包商信誉受到损害，不利于将来的继续经营。在国际工程中，这不利于在工程所在国继续扩展业务，任何业主在资格预审或评标中对这样的承包商都会存有成心，都会敬而远之。

（3）承包商的行为如违反法律，会受到相应的法律处罚。

承包商应正确地、公正地对待索赔问题，在任何工程中，索赔是不可避免的，通过索赔能使损失得到补偿，增加收益。所以承包商要保护自身利益、争取盈利，不能不重视索赔问题。

但从根本上说，索别是由于工程受干扰引起的。这些索赔事件对双方都可能造成损失，影响工程的正常施工，造成混乱和拖延，所以从合同双方整体利益的角度出发，应极力避免索赔事件，避免索赔的产生。而且对一具体的索赔事件，能否取得索赔的成功，能否及时地、如数地获得补偿，是很难预料的，也很难把握，这里有许多风险。所以承包离不能以索赔作为取得利润的基本手段，尤其不应预先寄希望于索赔。例如，在投标中有意压低报价从而获得工程，指望通过索赔弥补损失，这是非常危险的。

任务练习

1. 索赔是指在合同的实施过程中，（　　）因对方不履行或未能正确履行合同所规定的义务或未能保证承诺的合同条件实现而遭受损失后，向对方提出的补偿要求。

A. 业主　　B. 第三方　　C. 承包商　　D. 合同当事人一方

2. 根据施工索赔的规定，可以认为索赔是指（　　）。

A. 只限承包商向业主索赔　　B. 业主无权向承包商索赔

C. 业主与承包商之间的双向索赔　　D. 不包括承包商与分包商之间的索赔

3. 按索赔目的分类施工，索赔可分为（　　）。

A. 工期索赔　　B. 费用索赔

C. 合同中明示的索赔　　D. 合同中默示的索赔

E. 意外风险和不可预见因素索赔

4. 建设工程索赔按合同的依据不同可分为（　　）。

A. 合同内索赔　　B. 工期索赔　　C. 费用索赔

D. 合同外索赔　　E. 道义索赔

5. 施工索赔的特点有（　　）。

A. 索赔是一种合法的正当权利要求

B. 索赔是双向的

C. 索赔的目的是补偿索赔方在工期和经济上的损失。

D. 索赔属于经济补偿行为，而不是惩罚

E. 索赔是一种未经对方确认的单方行为

6. 根据索赔事件的性质不同，可以将工程索赔分为（　　）。

A. 工程延误索赔　　B. 加速施工索赔

C. 工程变更索赔　　D. 合同终止的索赔

E. 不可预见的不利条件索赔　　F.不可抗力事件的索赔

7. 索赔能否获得成功，与企业的项目管理基础工作密切相关，主要有（　　）。

A. 合同管理　　B. 进度管理　　C. 成本管理　　D. 信息管理　　E. 质量管理

8. 引起施工索赔的原因很多，主要有（　　）。

A. 工程建设过程的复杂性　　B. 业主方面的原因

C. 合同组成和文字方面的原因　　D. 国家政策和法律法规变更

E. 承包商方面的原因

9. 索赔管理的特点主要有（　　）。

A. 索赔工作贯穿于工程项目始终

B. 索赔是一门融工程技术和法律为一体的综合学问和艺术

C. 影响索赔成功的相关因素多

D. 索赔必须真实

10. 索赔应遵循的原则有（　　）。
A. 客观性原则　　B. 合法性原则　　C. 合理性原则
D. 公开性原则　　E. 诚实信用原则

任务 9.2　索赔的程序与处理

任务导入

索赔管理——对承包商来说，是指预测和发现索赔机会，并有力地提出自己的索赔要求，设法得到合理经济管理经济赔偿、补偿或工期延长；对业主和工程师来说，是指预测和分析可能导致索赔的问题并采取适当对策，根据合同规定公正合理地处理承包商的索赔要求，做出索赔处理决定。索赔事件发生后，承包商需要在什么样的时间期限内做什么样的事情才能够得到相应的费用和工期索赔，同时在这期间业主和工程师又需要在什么样的时间期限内做哪些事情？

9.2.1　承包商索赔的一般程序

承包商索赔基本程序如图 9-1。

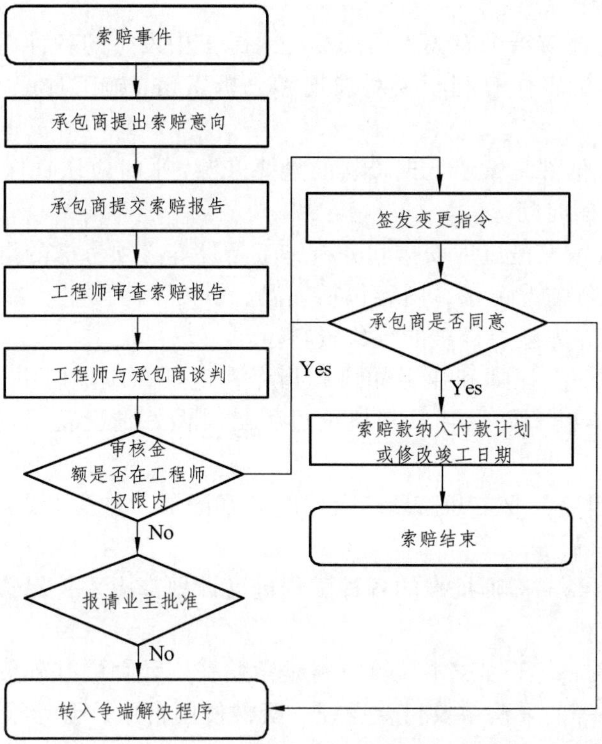

图 9-1　承包商索赔的基本程序

1．承包人提出索赔要求

索赔事件发生后，承包人应在索赔事件发生后的28天内向工程师递交索赔意向通知，声明将对此事件提出索赔。该意向通知是承包人就具体的索赔事件向工程师和发包人表示的索赔愿望和要求。如果超过这个期限，工程师和发包人有权拒绝承包人的索赔要求。索赔事件发生后，承包人有义务做好现场施工的同期记录，并加大收集索赔证据的管理力度，以便于监理工程师随时检查和调阅，为判断索赔事件所造成的实际损害提供依据。

（1）索赔意向通知。

承包商发现或意识到存在着索赔的机会时，第一件应做的事是把自己的索赔意向书面通知工程师或业主。这种意向通知既标志着一项索赔的开始，也是承包商在整个合同履行期间保持良好的索赔意识的最好办法。

索赔通知书一般都很简单，仅说明索赔事项的名称，根据相应的合同条款，提出自己的索赔要求。索赔通知书主要包括以下内容：

① 事件发生的时间及其情况的简单描述；

② 索赔依据的合同条款及理由；

③ 提供后续资料的安排，包括及时记录和提供事件的发展动态；

④ 对工程成本和工期产生不利影响的严重程度，以期引起监理工程师和业主的重视。

至于索赔金额的多少或应延长工期的天数以及有关的证据资料，可稍后再报给业主。

（2）索赔证据的准备。

索赔的成功在很大程度上取决于承包商对索赔做出的解释和强有力的证明材料。索赔所需的证据可从下列资料中收集。

① 施工日记。承包商应指令有关人员现场记录施工中发生的各种情况，做好施工日记和现场记录。做好施工日记工作有利于及时发现和分析索赔，施工日记也是索赔的重要证明材料。

② 来往信件。来往信件是索赔证据资料的重要来源，平时应认真保存与工程师等往来的各类信件，并注明收发的时间。

③ 气象资料。天气情况是进度安排和分析施工条件等必须考虑的重要因素。施工合同履行过程中应每天做好天气情况记录，内容包括气温、风力、降雨量、暴雨雪、冰雹等，工程竣工时，形成一份如实、完整、详细的气象资料。

④ 备忘录。① 对于工程师和业主的口头指令和电话，应随时书面记录，并及时提请签字予以确认。② 对索赔事件发生及其持续过程随时做好情况记录。③ 投标过程的备忘录等。

⑤ 会议纪要。承包商、业主和监理的会议应做好记录，并就主要议题应形成会议纪要，由参与会议的各方签字确认。

⑥ 工程进度计划。经工程师批准的各种工程进度计划都应妥善保管，它们是承包商提出施工索赔的重要证据资料。

⑦ 工程成本核算资料。工程成本核算资料是索赔费用计算的基础资料，主要有人工工资原始记录、材料与设备等的采购单及付款凭证、机械使用台账、会计报表、物价指数、收付款票据等。

⑧ 其他资料。索赔证据还可从工程图纸、工程照片和声像资料、招投标文件等资料中收集。

（3）索赔文件（报告）的编写。

赔报告是承包商要求业主给予费用补偿和延长工期的正式书面文件，应当在索赔事件对工程的影响结束后的合同约定的时间（市场惯例是28天）内提交给工程师或业主。

（4）索赔文件（报告）的报送。

索赔文件（报告）编写完毕后，应在引起索赔的事件发生后28天内尽快提交给监理工程师（或业主），以正式提出索赔。索赔的关键在于"索"。索赔报告提交后不能被动等待，而应进行跟踪，即隔一段时间，主动向对方了解索赔处理的情况，并根据反馈的信息做进一步的资料准备。

2．工程师审核索赔报告

（1）工程师审核承包人的索赔申请。

① 接到承包人的索赔意向通知后，工程师应建立自己的索赔档案，密切关注事件的影响。检查承包人的同期记录时，随时就记录内容提出不同意见或希望应予以增加的记录项目。

② 在接到正式索赔报告以后，认真研究承包人报送的索赔资料。

首先，在不确认责任归属的情况下，客观分析事件发生的原因，重温合同的有关条款，研究承包人的索赔证据，并检查他的同期记录。其次，通过对事件的分析，工程师再依据合同条款划清责任界限，必要时还可以要求承包人进一步提供补充资料。尤其是对承包人与发包人或工程师都负有一定责任的事件影响，更应划出各方应该承担合同责任的比例。最后，审查承包人提出的索赔补偿要求，剔除其中的不合理部分，拟定自己计算的合理索赔款额和工期顺延天数。

（2）判定索赔成立的条件。

工程师判定承包人索赔成立的条件包括以下几项：

① 与合同相对照，事件已造成了承包人施工成本的额外支出，或总工期延误。

② 造成费用增加或工期延误的原因，按合同约定不属于承包人应承担的责任，包括行为责任或风险责任。

③ 承包人按合同规定的程序提交了索赔意向通知和索赔报告。

上述三个条件没有先后主次之分，应当同时具备。只有工程师认定索赔成立后才能处理应给予承包人的补偿额。

（3）对索赔报告的审查。

① 事态调查。通过对合同实施的跟踪、分析，了解事件经过、前因后果，掌握事件的详细情况。

② 损害事件原因分析。即分析索赔事件是由何种原因引起的责任应由谁来承担，在实际工作中，损害事件有时是多方面原因造成的，故必须进行责任分解，划分责任范围，按责任大小承担损失。

③ 索赔理由分析。主要依据合同文件判明案赔事件是否属于未履行合同规定义务或未正确履行合同义务所致，是否在合同规定的赔偿范围之内，只有符合合同规定的索赔要求才有合法性，才能成立。

④ 实际损失分析。即分析索赔事件的影响，主要表现为工期的延长和费用的增加。如果

索赔事件不造成损失，则无索赔可言，损失调查的重点是分析、对比实际和计划的施工进度，工程成本和费用方面的资料，在此基础上核算索赔值。

⑤ 证据资料分析。主要分析证据资料的有效性、合理性、正确性，这也是索赔要求有效的前提条件。如果在索赔报告中未提供证明其索赔理由、索赔事件的影响、索赔值的计算等方面的详细资料，索赔要求是不能成立的，如果工程师认为承包人提出的证据不足以说明其要求的合理性时，可以要求承包人进一步提交索赔的证据资料。

3．工程师确定合理的补偿额

经过监理工程师对索赔报告的评审，与承包人进行了较充分的讨论后，监理工程师应提出索赔处理的初步意见，并参加发包人与承包人进行的索赔谈判，通过谈判，做出索赔的最后决定。

（1）监理工程师与承包人协商补偿。监理工程师核查后初步确定应予以补偿的额度往往与承包人的索赔报告中要求的额度不一致，甚至差额较大。主要原因大多为对承担事件损害责任的界限划分不一致，索赔证据不充分，索赔计算的依据和方法分歧较大等，因此双方应就索赔的处理进行协商。

对于持续影响时间超过 28 天的工期延误事件，当工期索赔条件成立时，对承包人每隔 28 天报送的阶段索赔临时报告审查后，每次均应作出批准临时延长工期的决定，并于事件影响结束后 28 天内，承包人提出最终的索赔报告。

（2）监理工程师索赔处理决定。在经过认真分析研究，与承包人、发包人广泛讨论后，监理工程师应该向发包人和承包人提出自己的“索赔处理决定”。监理工程师收到承包人送交的索赔报告和有关资料后，于 28 天内给予答复或要求承包人进一步补充索赔理由和证据。《建设工程施工合同（示范文本）》规定，监理工程师收到承包人递交的索赔报告和有关资料后，如果在 28 天内既未予以答复，也未对承包人做进一步要求的话，则视为承包人提出的该项索赔要求已经认可。但是，监理工程师的处理决定不是终局性的，对发包人和承包人都不具有强制性的约束力。承包人对监理工程师的处理决定不满意，可以按合同中的争议条款提交约定的仲裁机构仲裁或诉讼。

4．发包人审查索赔处理

当监理工程师确定的索赔额超过其权限范围时，必须报请发包人批准。发包人首先根据事件发生的原因、责任范围、合同条款审核承包人的索赔申请和工程师的处理报告，再依据工程建设的目的、投资控制、竣工投产日期要求以及针对承包人在施工中的缺陷或违反合同规定等的有关情况，决定是否同意监理工程师的处理意见。例如，承包人某项索赔理由成立，监理工程师根据相应条款规定，既同意给予一定的费用补偿，也批准顺延相应的工期。但发包人权衡了施工的实际情况和外部条件的要求后，可能不同意顺延工期，而宁可给承包人增加费用补偿额，要求其采取赶工措施，按期或提前完工。这样的决定只有发包人才有权做出。索赔报告经发包人同意后，监理工程师即可签发有关证书。

5．承包人是否接受最终索赔处理

承包商接受经业主审定的索赔处理意见，工程师签发有关证书，索赔处理过程到此结束。如果承包商不同意业主的处理决定，则应通过合同纠纷解决方式解决索赔争端。

9.2.2 索赔报告的编制

1．索赔报告的组成

索赔报告是承包人向业主索赔的正式书面材料，也是业主审议承包人索赔请求的主要依据。索赔报告通常包括总述部分、论证部分、索赔款项或工期计算部分、证据部分四部分。

2．索赔报告的编制

（1）总述部分。总述部分是承包人致业主或工程师的一封简短的提纲性信函，概要论述索赔事件发生的日期和过程，承包人为该索赔事件所付出的努力和附加开支及承包人的具体索赔要求。应通过总述部分把其他材料贯通起来，其主要内容包括以下几项：

① 说明索赔事件；

② 列举索赔理由；

③ 提出索赔金额与工期；

④ 附件说明。

（2）论证部分。论证部分是索赔报告的关键部分，其目的是说明自己有索赔权，是索赔能否成立的关键。要注意引用的每个证据的效力或可信程度，对重要的证据资料必须附以文字说明或确认。

（3）索赔款项或工期计算部分。该部分须列举各项索赔的明细数字及汇总数据、要求正确计算索赔款项与索赔工期。

（4）证据部分。

① 索赔报告中所列举的事实、理由、影响因果关系等证明文件和证据资料。

② 详细计算书，这是为了证实索赔金额的真实性而设置的，为了简明，可以大量运用图表。

（5）索赔文件编制应注意的问题，整个索赔文件应该简要概括索赔事实与理由，通过叙述客观事实、合理引用合同规定，建立事实与损失之间的因果关系，证明索赔的合理、合法性，同时应特别注意索赔材料的表述方式对索赔解决的影响。索赔文件的编写一般要注意以下几方面的问题。

① 索赔事件要真实，证据确凿。索赔针对的事件必须有确凿的证据，令对方无可推卸和辩驳。

② 计算索赔款项和工期要合理、准确。要将计算的依据、方法、结果详细说明列出，这样易于让对方接受，避免发生争端。

③ 责任分析清楚。一般索赔所针对的事件都是由于非承包人责任而引起的，因此，在索赔 报告中必须明确对方负全部责任，而不可以使用含糊不清的词语。

④ 明确承包人为避免和减轻事件的影响和损失而做的努力。在索赔报告中，要强调事件的不可预见性和突发性，说明承包人对它的发生没有任何的准备，也无法预防，并且承包人为了避免和减轻该事件的影响和损失已尽了最大的努力，采取了能够采取的措施，从而使索赔理由更加充分，更易于让对方接受。

⑤ 阐述由于索赔事件的影响，使承包人的工程施工受到严重干扰，并为此增加了支付，拖延了工期，表明索赔事件与索赔有直接的因果关系。

⑥ 索赔文件书写用语应尽量婉转，避免使用强硬语言，否则会给索赔带来不利影响。

3．索赔报告编写案例

某建设单位和某施工单位签订了工程施工合同。合同规定：钢材、木材、水泥由业主供货到现场仓库，其他材料由承包商自行采购。当工程施工到第四层框架梁钢筋绑扎时，因业主提供的钢筋未到，使该项作业停工 14 天（该项作业的总时差为 0）。12 月 7 日到 12 月 9 日因停电、停水使第三层的砌砖停工（该项作业的总时差为 4 天）。为此，承包商于 12 月 20 日向工程师提交了一份索赔报告书，并于 12 月 25 日递交了一份工期、费用索赔计算书和索赔依据的详细材料。索赔报告见范本 9-1。

工期索赔：

业主供应钢材未到，停工 14 天，是属于关键工作，故要求延长工期 14 天，现场停电造成停工，因有 4 天的总时差，故不提出工期索赔要求，总计要求延长工期 14 天。

费用索赔：

索赔索赔内容为人工费、机械费以及保函损失费，共计 7 875 元。见范本 9-1。

表 9-2 索赔费用计算表

索赔费用分类		费用/元
人工费	绑扎钢筋停工	35×10×14 = 4 900
	砌砖停工	30×10×3 = 900
	人工费合计	5 800
机械费	塔吊一台	14×50 = 700
	混凝土搅拌机一台	14×30 = 420
	钢筋弯曲机一台	14×20 = 280
	钢筋切断机一台	14×20 = 280
	砂浆搅拌机一台	3×15 = 45
	机械费合计	1 725
保函损失费		350
各项费用总计		7 875

范本 9-1 索赔报告书格式

索赔报告书

题目：××项目临时停工索赔。

事件：业主供应材料未到，以及现场停水停电。

影响：造成现场停工，虽然安排部分工人做其他工作，但是仍然有停工；机械造成停工。

要求：延长五期14天，费用索赔7 875元。

其中：人工停工费在尽量安排工人从事其他工作之后，按补偿的工效差计算。机械停工费考虑是自有设备，仅按折旧台班费计算。本索赔事项双方同意不计取管理费和利润。

证据：相应的合同条款，施工现场情况记录，工人工资单等证据资料附在索赔报告之后。

责任明确

用词委婉

简洁清楚

事件真实

9.2.3　施工索赔的技巧

掌握索赔的技巧对索赔的成功十分重要。同样性质和内容的索赔，如果方法不当，技巧不高，容易给索赔工作增加新的困难，甚至导致事倍功半的结果。反之，一些看似很难索赔的项目，也能获得比较满意的结果。因此，要做好索赔工作，除了要做到有理、有据、按时外，掌握一些索赔的技巧是很重要的。

（1）善于创造索赔机会，有经验的承包人，在投标报价时就应考虑将来可能要发生的索赔事件，要仔细研究招标文件中合同条款和规范，仔细勘察施工现场，探索可能出现的索赔机会，在报价时要考虑索赔的需要。

（2）签好合同协议。在签订合同过程中，承包人应对明显把重大风险转嫁给承包人的合同条件提出修改的要求，对其达成的修改协议应以“谈判纪要”的形式写出，作为该合同文件的有效组成部分，对以下发包人免责的条款应特别注意：合同条款中不列索赔条款；拖期付款无时限，无利息；无调价公式；发包人认为对某部分工程不够满意，即有权决定扣减工程款：发包人对不可预见的工程施工条件不承担责任等。如果这些问题在签订合同时不谈判清楚，承包人将来就很难有索赔机会。

（3）对口头变更指令要得到确认，如果监理工程师口头指令变更，承包人应要求监理工程师予以书面确认。如果承包人执行了指令，监理工程师却不承认，拒绝承包人的索赔要求，承包人苦于没有证据，则达不到索赔的目的。

（4）索赔事件的论证要充足，索赔的成功很大程度上取决于承包人对索赔做出的解释和强有力的证据材料。因此，承包人在正式提出索赔之前，必须保证索赔证据详细完整，这就要求承包人注意记录和积累保存以下资料：施工日志、来往文件、气象资料、备忘录、会议纪要、工程照片、工程音像资料、工程进度计划、工程核算资料、工程图纸和招标投标文件等。

（5）及时发出索赔意向通知书。一般合同会规定，索赔事件发生后的一定时间内，承包人必须发出索赔意向通知书，过期无效。

（6）索赔计价方法和款额要适当。索赔计算时采用“附加成本法”容易被对方接受，因为这种方法只计算索赔事件引起的计划外附加开支，计价项目具体，使索赔能较快得到解决。

索赔计价不能过高，过高容易让对方反感，将索赔报告束之高阁，长期得不到解决，而且还有可能让发包人准备周密的反索赔计划，以高额的反索赔对付高额的索赔，使索赔工作更加复杂化。

（7）力争单项索赔，避免一揽子索赔。单项索赔事件简单，容易解决，而且还能得到及时支付。一揽子索赔问题复杂，金额大，不易被解决，往往到工程结束后还得不到索赔款。

（8）坚持采用“清理账目法”。采用“清理账目法”是指承包人在接受业主按某项索赔的当月结算索赔款时，对该项索赔款的余款部分以“清理账目法”的形式保留文字依据，以保留自己今后获得索赔款余额部分的权利。由于在索赔支付过程中，承包人和监理工程师对确定的新单价和工程量方面经常存在不同意见，按合同规定，工程师有权确定分项工程单价，如果承包人认为工程师的决定不尽合理而坚持自己的要求时，可同意接受工程师决定的“临时单价”或“临时价格”付款，先拿到一部分的索赔款，对其余的不足部分，则书面通知工程师和业主，作为索赔款的余额，保留自己的索赔权利，否则等于同意并承认了业主对索赔的付款，以后对余额再无权追索，失去了将来要求余款的权利。

（9）力争友好解决，防止对立情绪。在索赔时，争议是难免的，如果遇到争端不能理智协商讨论的问题，有可能导致发包人拒绝谈判，使谈判旷日持久，这是最不利于索赔问题解决的。因此，在索赔谈判时，承包人要头脑冷静，营造和谐的谈判气氛，防止对立情绪，力争友好解决索赔争议。

（10）注意同监理工程师搞好关系。监理工程师是处理索赔解决争议的公正的第三方，索赔必须取得监理工程师的认可，注意同监理工程师搞好关系，争取监理工程师的公正裁决，尽力避免仲裁或诉讼。

9.2.4　发包人的索赔

根据合同约定，发包人认为有权得到赔付金额和（或）延长缺陷责任期的，监理人应向承包人发出通知发包人应在知道或应当知道索赔事件发生后 28 天内通过监理人向承包人提出索赔意向通知书，发包人未在前述 28 天内发出索赔意向通知书的，丧失要求赔付金额和（或）延长缺陷责任期的权利。发包人应在发出索赔意向通知书后 28 天内，通过监理人向承包人正式递交索赔报告。

（1）承包人收到发包人提交的索赔报告后，应及时审查索赔报告的内容、查验发包人证明材料；

（2）承包人应在收到索赔报告政有关索赔的进一步证明材料后 28 天内，将索赔处理结果答复发包人。如果承包人未在上述期限内做出答复的，则视为对发包人索赔要求的认可；

（3）承包人接受索赔处理结果的，发包人可从应支付给承担人的合同价款中扣除赔付的金额或延长缺陷责任期；发包人不接受索赔处理结果的，按照合同约定的争议解决方式处理。

1．反索赔的内容、措施和原则

反索赔的内容包括防止对方索赔和反击对方索赔、防止对方索赔，首先要防止自己违约，一切按合同办事。当索赔事件一经发生，就应着手研究、收集证据，一方面进行索赔处理，另一方面准备反击对方的索赔。反击对方的索赔就是要找出对方索赔的薄弱点，收集证据进行反击、常见的反击对方索赔的措施有以下两个。

（1）用索赔对抗索赔，最终使双方都做让步，互不支付。

（2）反收对方的索赔报告，找出证据和理由，证明对方的索赔报告不符合事实情况，不符合合同规定，依据不充分、计算不正确，以推卸或减轻自己的赔偿责任，使自己不受或少受损失。

在实际工程中，这两种措施都很重要，常常同时使用，索赔和反索赔同时进行，即索赔报告中既有索赔，也有反索赔；反索赔报告中既有反索赔，也有索赔，攻守手段并用会达到良好的索赔效果。反索赔的基本原则是以事实为依据，以合同为准绳，实事求是地认可合理的索赔要求，反驳、拒绝不合理的索赔要求，按合同法的原则公平、合理地解决索赔问题。

2．反索赔的类型

（1）工期延误反索赔，在工程施工过程中，由于承包商的责任，致使竣工日期延后，影响业主对该工程的利用，给业主带来经济损失，业主有权对承包商进行索赔，由承包商支付延期竣工违约金。延期竣工违约金包括如下内容。

① 业主盈利的损失。

② 由于工期延长而引起的贷款利息的增加。

③ 工程延期带来的附加监理费用。

④ 由于本工程延期竣工不能使用，租用其他建筑物的租赁费。

至于违约金的计算方法，在合同文件中均有具体约定，一般按延误一天赔偿一定的款额计算，累计赔偿额不超过合同总额的10%。

（2）施工缺陷索赔，当承包商的施工质量不符合施工及验收规范的要求，或使用的设备和材料不符合合同规定，或在保修期未满以前未完成应该负责修补的工程时，业主有权向承包商追究责任。

（3）承包商未履行的保险费用索赔。如果承包商未能按合同条款指定的项目投保，并保证保险有效，业主可以投保并保证保险有效，业主所支付的必要的保险费可在应支付给承包商的款项中扣回。

（4）对超额利润的索赔。在实行单价合同的情况下，如果实际工程量比估计工程量增加很多，使承包商预期的收入增大，则合同价应由双方讨论调整，业主收回部分超额利润。

（5）对指定分包商的付款索赔。在承包商未能提供已向指定分包商付款的合理证明时，业主可以将承包商未付给指定分包商的所有款项付给这个分包商，并从应付给承包商的任何款项中如数扣回。

（6）业主终止合同或承包商不正当地放弃工程的索赔，如果业主合理地终止承包商的承包，或承包商不合理地放弃工程，则业主有权从承包商手中扣回由新承包商完成全部工程所需的工程款与原合同未支付部分的差额。

3．业主对承包商所提出的索赔要求进行评审、反驳与修正

反索赔的另一项工作就是对承包商所提出的索赔要求进行评审、反取与修正，审定过程中要全面参阅合同文件中的所有有关合同条款，客观评价、实事求是、慎重对待。

业主以承包商所提出的索赔要求进行评审、反驳与修正时要注意以下几点：

（1）索赔是否具有合同依据，索赔报告中引用索赔理由是否充分。凡是工程项目合同文件中有明文规定的索赔事项，承包商均有索赔权，即有权得到合理的费用或工期延长；否则，业主可以拒绝这项索赔要求。

（2）索赔事项的发生是否为承包商的责任，是否属于承包商的风险范畴。凡是属于承包商方面原因造成的索赔事项，业主都应予以反驳，采取反索赔措施；凡是属于双方都有一定责任的情况，要分清谁是主要责任者，或按各方责任的后果确定承担责任的比例。在工程承包中，业主和承包商都承担风险，甚至承包商的风险更大些，对属于承包商合同风险的内容，如一般性的天旱或多雨、一定范围内的物价上涨等，业主一般不会接受索赔要求。

（3）在索赔事件初发时，承包商是否采取了有效的控制措施，防止事态扩大、尽力挽回损失，如有事实证明承包商在当时未采取任何措施，业主可拒绝承包商要求的损失补偿。

（4）认真核定索赔款额。肯定其合理的索赔要求，反驳或修正不合理的索赔要求。业主和工程师要对承包商提出的索用报告进行详细审核，对索赔款的各个组成部分逐项审核、查对单据和证明文件，通过检查，使索赔款额更加可靠和准确。

任务练习

1. 监理工程师对索赔报告的审查主要包括（　　）。
   A. 事态调查　　B. 损害事件原因分析
   C. 分析索赔理由　　D. 实际损失分析
   E. 证据资料分析
2. 索赔通知书一般都很简单，主要包括内容（　　）。
   A. 事件发生的时间及其情况的简单描述
   B. 索赔依据的合同条款及理由
   C. 提供后续资料的安排，包括及时记录和提供事件的发展动态
   D. 对工程成本和工期产生不利影响的严重程度
   E. 索赔工期或者索赔费用的计算
3. 索赔所需的证据可能包括（　　）在之中。
   A. 施工日记　　B. 来往信件
   C. 气象资料　　D. 备忘录
   E. 会议纪要　　F. 工程进度计划
4. 工程师判定承包人索赔成立的条件不包括包括（　　）。
   A. 与合同相对照，事件已造成了承包人施工成本的额外支出，或总工期延误
   B. 造成费用增加或工期延误的原因，按合同约定不属于承包人应承担的责任
   C. 承包人按合同规定的程序提交了索赔意向通知和索赔报告。
   D. 索赔计算准确
5. 监理工程师对索赔报告审查的主要内容包括（　　）。
   A. 事态调查　　B. 损害事件原因分析
   C. 索赔理由分析　　D. 实际损失分析
   E. 证据资料分析
6. 索赔报告通常由（　　）部分组成。
   A. 总述部分　　B. 论证部分
   C. 索赔款项或工期计算部分　　D. 证据部分
   E. 结尾
7. 索赔文件的编写一般要注意的问题有（　　）。
   A. 索赔事件要真实，证据确凿
   B. 计算索赔款项和工期要合理、准确
   C. 责任分析清楚
   D. 明确承包人为避免和减轻事件的影响和损失而做的努力
   E. 阐述由于索赔事件的影响，并表明索赔事件与索赔有直接的因果关系

F. 索赔文件书写用语应尽量婉转，避免使用强硬语言

8. 反索赔的类型包括（　　）

A. 工期延误反索赔

B. 施工缺陷索赔

C. 承包商未履行的保险费用索赔

D. 对超新利润的索赔

E. 对指定分包商的付款索赔

F. 业主终止合同或承包商不正当地放弃工程的索赔

9. 在反索赔中，延期竣工违约金包括的内容有（　　）。

A. 业主盈利的损失

B. 由于工期延长而引起的贷款利息的增加

C. 工程延期带来的附加监理费用

D. 由于本工程延期竣工不能使用，租用其他建筑物的租赁费

E. 施工质量缺陷

任务 9.3　索赔计算

任务导入

要做好索赔工作，除了认真编写好索赔文件，使之提出的索赔项目符合实际，内容充实，证据确凿，有说服力，索赔计算准确，并严格按索赔的规定和程序办理，这对索赔的成功十分重要。

9.3.1　工期索赔及计算

9.3.1.1　工程拖期的分类及处理措施

工程拖期可分为以下三种情况。

1．由于承包商原因造成的工程拖期

由于承包商原因造成的工程拖期，称为工程延误，承包商必须向业主支付误期损害赔偿费。工程延误也称为不可原谅的工程拖期。在这种情况下，承包商无权获得工期延长。

2．由于非承包商原因造成的工程拖期

由于非承包商原因造成的工程拖期，称为工程延期，承包商有权要求业主给予工期延长。工程延期也称为可原谅的工程拖期。它是由于业主、工程师或其他客观因素造成的，承包商有权获得工期延长，但是否能获得经济补偿要视具体情况而定。因此，可原谅的工程拖期下又分为可原谅并给予补偿的拖期和可原谅但不给予补偿的拖期，前者拖期的责任者是业主或

工程师，而后者拖期往往是由于客观因素。

可原谅拖期和不可原谅拖期的工期索赔可按表 9-3 所示的原则处理。

表 9-3 工期拖延索赔

<table>
<tr><th>索赔原因</th><th>是否可原谅</th><th>拖期原因</th><th>责任者</th><th>处理原因</th><th>索赔结果</th></tr>
<tr><td rowspan="3">工程进度拖延</td><td rowspan="2">可原谅拖期</td><td>（1）修改设计
（2）施工条件变化
（3）业主原因拖期
（4）工程师原因拖期</td><td>业主/工程师</td><td>（1）可给予工期延长
（2）可补偿经济损失</td><td>工期+经济补偿</td></tr>
<tr><td>（1）异常恶劣气候
（2）工人罢工
（3）天灾</td><td>客观原因</td><td>（1）可给予工期延长
（2）不给予经济补偿</td><td>工期</td></tr>
<tr><td>不可原谅拖期</td><td>（1）工效不高
（2）施工组织不好
（3）设备材料供应不及时</td><td>承包商</td><td>（1）不延长工期
（2）不补偿经济损失
（3）向业主支付误期损害赔偿期</td><td>索赔失败
无权索赔</td></tr>
</table>

3．共同延误下工期索赔的有效期处理

承包商、工程师或业主，或某些客观因素均可造成工程拖期，但在实际施工过程中，工程拖期经常是由上述两种以上的原因共同作用产生的，称为共同延误。

在共同延误情况下，要具体分析哪一种延误是有效的，即承包商可以得到工期延长，或既可延长工期，又可得到经济补偿。在确定拖期索赔的有效期时，可依据下述原则：

（1）首先判别造成拖期的哪一种原因是最先发生的，即确定"初始延误"者，它应对工程拖期负责。在初始延误发生作用期间，其他并发的延误者不承担拖期责任；

（2）如果初始延误者是业主，则在业主造成的延误期内，承包商既可得到工期延长，也可得到经济补偿；

（3）如果初始延误者是客观因素，则在客观因素发生影响的时间段内，承包商可以得到工期延长，但很难得到经济补偿。

9.3.1.2 工期索赔的计算

工期索赔的计算主要有网络分析法和比例计算法两种。

1. 网络分析法

网络分析法是利用进度计划的网络图，分析其关键线路。首先判断哪些情况为可谅解拖期，对于可谅解拖期的事件放在网络图中，根据所有事件对总工期的影响计算出工期索赔值。在网络图中如果拖延的工作为关键工作，则批准顺延的时间为总延误的时间；如果拖延的工作为非关键工作，当该工作由于延误超过时差限制而成为关键工作时，可以批准顺延的时间为拖延时间与时差的差值；若该工作拖延后仍为非关键工作，则不存在工期索赔的问题。

计算方法如下：

① 由于非承包商自身的原因的事件造成关键线路上的工序暂停施工：

工期索赔天数＝关键线路上的工序暂停施工的日历天数

② 由于非承包商自身的原因的事件造成非关键线路上的工序暂停施工：

工期索赔天数＝工序暂停施工的日历天数－该工序的总时差天数

2．比例计算法

比例计算法这种方法比较简单，但只是一种粗略的估算，在不能采用其他计算方法时使用。比例计算法不适用于变更施工顺序、加速施工、删减工程量等事件的索赔。具体的计算方法有两种，按引起误期的事件选用。

① 已知部分工程的拖延的时间：

工期索赔值=受干扰部分工程的合同价/原合同总价×该受干扰部分工期拖延时间

② 已知额外增加工程量的价格：

工期索赔值＝额外增加的工程量的价格/原合同总价×原合同总工期

9.3.2　费用损失索赔及计算

9.3.2.1　索赔费用的组成

可索赔的费用内容一般包括以下几个方面：

（1）人工费。包括人员闲置费、加班工作费、额外工作所需人工费用、劳动效率降低和人工费的价格上涨等费用。但不能简单地用计日工费计算。

（2）材料费。包括额外材料使用费、增加的材料运杂费、增加的材料采购及保管费用和材料价格上涨费用等。

（3）施工机械使用费。包括机械闲置费、额外增加的机械使用费和机械作业效率降低费等。

（4）现场管理费。包括承包商现场管理人员食宿设施、交通设施费等。

（5）企业管理费。包括办公费、通信费、差旅费和职工福利费等。

（6）利润。包括合同变更利润、工程延期利润机会损失、合同解除利润和其他利润补偿等。

（7）其他应予以补偿的费用。包括利息、分包费、保险费及各种担保费等。

9.3.2.2　计算方法

索赔金额的计算方法很多，各个工程项目都可能因具体情况不同而采用不同的方法，主要有以下索赔费用的计算方法有：总费用法（修正的总费用法）和分项法。

1．总费用法

总费用法又称总成本法，采用这种方法计算索赔值方法简单，但有严格的适用条件。当费用索赔只涉及某些分部分项工程时，可采用修正总费用法。

（1）索赔值计算公式。

总费用法就是当发生多次索赔事件以后，重新计算该工程的实际总费用，实际总费用减去投标报价时的估算总费用，即为索赔金额，即

索赔金额＝该项工程的总费用－投标报价

索赔金额＝实际总费用－投标报价估算总费用

（2）适用条件。

这种计算方法简单但不尽合理，一方面，因为实际完成工程的总费用中，可能包括由于施工单位的原因（如管理不善，材料浪费，效率太低等）所增加的费用，而这些费用是属于不该索赔的；另一方面，原合同价也可能因工程变更或单价合同中的工程量变化等原因而不能代表真正的工程成本，凡此种种原因，使得采用此法往往会引起争议、遇到障碍，故一般不使用。

① 已开支的实际总费用经审核认为是合理的；

② 承包商的原始报价是比较合理的；

③ 费用的增加是由于业主的原因造成的；

④ 由于现场记录不足等原因，难以采用更精确的计算方法。

2．修正的总费用法

修正的总费用法原则上与总费用法相同，计算对某些方面做出相应的修正。修正的总费用法是对总费用法的改进，即在总费用计算的原则上，去掉一些不合理的因素，使其更合理。修正的内容如下：

（1）将计算索赔金额的时段局限于受到外界影响的时间，而不是整个施工期；

（2）只计算受影响时段内的某项工作所受影响的损失，而不是计算该时段内所有施工工作所受的损失；

（3）与该项工作无关的费用不列入总费用中；

（4）对投标报价费用重新进行核算：按受影响时段内该项工作的实际单价进行核算，乘以实际完成的该项工作的工程量，得出调整后的报价费用。

按修正后的总费用计算索赔金额的公式为

索赔金额＝某项工作调整后的实际总费用－该项工作的报价费用

3．分项法

经济索赔索赔值计算的分项法，首先应确定每次索赔可以索赔的费用项目，然后按下列方法计算每个项目的索赔值，各项目的索赔值之和即本次索赔的补偿总额。

（1）人工费索赔。人工费索赔包括额外增加工人和加班的索赔、人员闲置费用索赔、工资上涨索赔和劳动生产率降低导致的人工费索赔等，根据实际情况择项计算。

① 额外增加工人和加班：

索赔金额＝增加的工时（日）×人工单价

② 人员闲置费用索赔：

$$索赔金额 = 闲置工时（日）× 人工单价 × 0.75（折算系数）$$

③ 工资上涨索赔。由于工程变更，延期期间工资水平上调而进行的索赔：

$$工资上涨索赔金额 = \sum 相关工种计划工时 × 相关工种工资上调幅度$$

④ 劳动生产率降低导致的人工费索赔。

a. 实际成本和预算成本比较法。

$$索赔金额 = 实际人工成本 - 合同中的预算人工成本$$

适用条件：有正确合理的估价体系和详细的施工记录；预算成本和实际成本计算合理；是业主的原因增加了成本。

② 正常施工期与受影响施工期比较法。

$$劳动生产率降低值 = 正常施工期劳动生产率 - 受影响施工期劳动生产率$$

$$劳动生产率降低索赔值 = 计划工日数 × \frac{劳动生产率降低值}{预期劳动生产率} × 工日人工平均工资$$

（2）材料费索赔。材料费的额外支出或损失包括消耗量增加和单位成本增加两个方面。

① 材料消耗量增加的索赔。追加额外工作、变更工程性质、改变施工方法等，都将导致材料用量增加，其索赔值的计算公式为

$$索赔金额 = \sum 新增的工程量 × 某种材料的预算消耗定额 × 该种材料单价$$

② 材料单位成本增加的索赔。由于业主原因的延期期间材料价格上涨（包括买价、手续费、运输费、保管费等），以及可调价格合同规定的调价因素发生时或需变更材料品种、规格、型号等，都将导致材料单位成本增加。索赔值计算公式为

$$索赔金额 = 材料用量 ×（实际材料单位成本 - 投标材料单位成本）$$

（3）施工机械费索赔。施工机械费索赔的费用项目有增加机械台班使用数量索赔、机械闲置索赔、台班费上涨索赔和工作效率降低的索赔等。索赔时根据额外支出或额外损失的实际情况择项按下列方法计算索赔值。

① 增加机械台班使用数量的索赔：

$$索赔金额 = \sum 增加的某种机械台班的数量 × 该机械的台班费$$

② 机械闲置：

$$索赔金额 = \sum 某种机械闲置台班数 × 该种机械行业标准台班费 × 折减系数$$

或

$$索赔金额 = \sum 某种机械闲置台班数 × 该种机械定额标准台班费$$

③ 台班费上涨索赔。

由于非承包商原因的工期顺延期间，如果遇上机械台班费上涨或采用可调价格合同时，承包商可以提出台班费上涨索赔。计算公式为

$$索赔金额=\sum 相关机械计划台班数\times 相关机械台班费上调幅度$$

④ 机械效率降低的索赔。

a. 实际成本和预算成本比较法：

$$索赔额=实际机械成本-合同中的预算机械成本$$

适用条件：有正确合理的估价体系和详细的施工记录；预算成本和实际成本计算合理；是业主的原因增加了成本。

b. 正常施工期与受影响施工期比较法：

$$机械效率降低值=正常施工期机械效率-受影响施工期机械效率$$

$$机械效率降低索赔金额=计划台班\times 台班单价\times \frac{机械效率降低值}{预期机械效率}$$

（4）现场管理费索赔。这里的现场管理费是指施工项目成本中除人工费、材料费和施工机械使用费外的各费用项目之和，包括项目经理部额外支出或额外损失的现场经费和其他直接费。计算公式为

$$现场管理费索赔金额=直接成本费用索赔额\times 现场管理费率$$

式中：直接成本费用索赔额 = 人工费索赔额 + 材料费索赔额 + 机械费索赔额。

当事人双方通过协商选用下列方法之一确定现场管理费率：

① 合同百分比法。按签订合同时约定的现场管理费率计算。

② 行业平均水平法。执行公认的行业标准费率，例如工程造价管理部门制定颁发的取费标准。

③ 原始估价法。按投标报价时确定的费率计算。

④ 历史数据法。采用历史上类似工程的费率。

（5）企业管理费索赔。企业管理费索赔包括企业管理费、财务费用和其他费用的索赔，也可将利润损失计算在内。索赔值的计算方法主要有企业管理费率计算法和国际上通用的埃尺利公式计算法两种。

① 企业管理费率计算法：

$$企业管理费索赔额=施工项目成本费用索赔额\times 企业管理费率$$

式中：企业管理费率可采用确定现场管理费率的四种方法之一确定。

② 延期索赔的埃尺利公式：

$$延期合同应分摊的管理费\ (A)=\frac{被延期合同原价}{同期公司所有合同价之和}\times 同期公司计划企业管理费$$

$$单位时间（周或日）应分摊的管理费(B)=\frac{A}{计划合同期（周或日）}$$

$$企业管理费索赔金额(C)=B\times 延期时间（周或日）$$

说明：由于延期，使承包商的合同直接成本和合同总值减少而损失的管理费应予补偿。

③ 工作范围变更索赔的埃尺利公式：

$$索赔合同应分摊的管理费(A_1)=\frac{被索赔合同原计划直接费}{同期所有合同实际直接费}\times 同期公司计划企业管理费$$

$$每元直接费用应分摊的管理费(B_1)=\frac{A_1}{被索赔合同原计划直接费}$$

$$工作变更企业管理费索赔额(C_1)=B_1\times 工作范围变更索赔的直接费$$

应用埃尺利公式的条件：承包商应证明由于索赔事件的出现，确实引起管理费增加，或在工程停工期间，确实无其他工程可干。对于停工期间短或是索赔额中已包含了管理费的索赔，埃尺利公式不适用。

（6）融资成本索赔。融资成本是指为取得和使用资金所需付出的代价，又称资金成本，其中最主要的是需要支付的资金的利息。计算公式为

融资成本索赔额＝（施工项目成本索赔额＋总部管理费索赔额）×利率

式中：利率可参照金融机构的利率标准或预期的平均投资收益率（机会利润率）确定。

（6）利润索赔。利润索赔通常是指由于工程变更、工程延期、中途终止合同等使承包商产生利润损失。利润索赔值的计算公式为

利润索赔金额=（索赔直接费＋索赔现场管理费＋索赔企业管理费）×利润百分比

4．费用索赔计算

某施工合同约定，施工现场主导施工机械一台，由施工企业租得，台班单价为 300 元/台班，租赁费为 100 元/台班，人工工资为 40 元/工日，窝工补贴为 10 元/工日，以人工费为基数的综合费率为 35%，在施工过程中，发生了如下事件：

（1）出现异常恶劣天气导致工程停工 2 天，人员窝工 30 个工日；

（2）因恶劣天气导致场外道路中断，抢修道路用工 20 工日；

（3）场外大面积停电，停工 2 天，人员窝工 10 工日。

为此，施工企业可向业主索赔费用为多少？

解：各事件处理结果如下：

（1）异常恶劣天气导致的停工通常不能进行费用索赔。

（2）抢修道路用工的索赔额 = 20 × 40 ×（1+35%）= 1 080（元）

（3）停电导致的索赔额 = 2 × 100+10 × 10 = 300（元）

（4）总索赔费用 = 1 080 + 300 = 1 380 元

任务练习

1. 承包商有权要求业主给予工期延长的情况是（　　）。
   A. 由于承包商造成的工程拖期
   B. 由于非承包商原因造成的工程拖期
   C. 由于承包商、工程师或业主原因造成的共同延误
   D. 以上三种情况均可
2. 可索赔的费用内容一般包括（　　）。
   A. 人工费　　B. 材料费
   C. 施工机械使用费　　D. 现场管理费
   E. 企业管理费　　F. 利润
3. 可原谅拖期的客观原因有（　　）
   A. 异常恶劣气候　　B. 工人罢工
   C. 天灾　　D. 修改设计
   E. 施工条件变化
4. 承包商造成的不可原谅拖期原因有（　　）
   A. 工效不高　　B. 施工组织不好
   C. 设备材料供应不及时　　D. 异常恶劣气候
   E. 施工条件变化
5. 工期索赔的计算主要有（　　）
   A. 网络分析法　　B. 总费用法
   C. 比例计算法　　D. 分项法
   E. 修正总费用法
6. 费用索赔中总费用法的适用条件包括（　　）
   A. 已开支的实际总费用经审核认为是合理的
   B. 承包商的原始报价是比较合理的
   C. 费用的增加是由于业主的原因造成的
   D. 费用的增加是由于异常恶劣气候造成的
   E. 由于现场记录不足等原因，难以采用更精确的计算方法
7. 修正的总费用法是对总费用法的改进，即在总费用计算的原则上，去掉一些不合理的因素，使其更合理。修正的内容包含（　　）
   A. 将计算索赔款的时段局限于受到外界影响的时间，而不是整个施工期
   B. 只计算受影响时段内的某项工作所受影响的损失，而不是计算该时段内所有施工工作所受的损失
   C. 与该项工作无关的费用不列入总费用中
   D. 对投标报价费用重新进行核算
   E. 索赔款的时段是整个施工期
8. 确定现场管理费率的方法有（　　）
   A. 合同百分比法　　B. 行业平均水平法

C. 原始估价法　　　　　　　　D. 历史数据法

E. 监理工程师确认

9. 索赔金额的计算方法很多，各个工程项目都可能因具体情况不同而采用不同的方法，主要计算方法有（　　）

A. 总费用法　　　　　　　　B. 网络分析法

C. 修正的总费用法　　　　　D. 比例计算法

E. 分项法

项目小结

项目介绍了建设工程施工合同索赔的基本情况、索赔的程序、索赔报告编制、索赔的计算与技巧以及索赔的管理。其中索赔的程序主要可分为发出索赔意向、递交索赔报告、评审索赔报告、谈判解决。索赔的计算分为工期索赔和费用索赔两部分。

项目练习

一、选择题（单选或多选）

1. 材料采购在交货清点数量时发现，交货数量少于订购的数量，但数量的短少在合同约定的允许磅差范围内。采购方应（　　）。

A. 拒付货款并索赔　　　　　　B. 按照订购数量及时付款

C. 按照实际交货数量及时付款　D. 带供货方补足数量后再付

2. 由于业主提供的设计图纸错误导致分包工程返工，为此分包商向承包商提出索赔。承包商（　　）。

A. 因不属于自己的原因拒绝索赔要求

B. 认为要求合理，先行支付后再向业主索要

C. 不予支付，以自己的名义向工程师提交索赔报告

D. 不予支付，以分包商的名义向工程师提交索赔报告

3. 合同法律关系主要的是由法律规范调整的（　　）。

A. 行政法律关系　　　　　　B. 民事权利义务关系

C. 刑事法律关系　　　　　　D. 经济侵权关系

4. 在工程建设监理活动中，监理单位是（　　）。

A. 业主的代理人　　　　　　B. 业主的委托人

C. 施工合同的当事人　　　　D. 绝对独立的第三人

5. 仲裁庭做出裁决后，合同当事人应当（　　）。

A. 按裁决自觉执行　　　　　B. 不服裁决可向上级仲裁机构申请复议

C. 可向人民法院起诉　　　　D. 向合同管理机关申诉

6. 下列情况中，承包商不能向业主提出索赔的是（　　）。

A. 索赔事件不属于业主和监理工程师的责任，而是第三方的责任

B. 承包商没有采取适当措施避免或减少损失

C. 损失计算夸大

D. 承包商以前已明示或暗示放弃了此次索赔的要求

7. 在 FIDIC 合同条件中，有下列（　　）情况时可使承包商索赔利润。

A. 修补由于业主风险造成的损失或损坏

B. 实施变更工作

C. 业主违约终止合同

D. 货币及汇率变化产生的利润损失

8. 下列（　　）是可以办理的施工签证。

A. 在非正常施工条件下采取的特殊技术措施费

B. 设计变更、材料改代造成的工程量变化

C. 工程中途停建、缓建造成损失的费用

D. 不可预见的地下障碍物的拆除与处理费用

9. 某工程施工过程中由于业主方原因导致商品混凝土的实际用量比计划用量多了 500 m^3，而商品混凝土的市场单价为 420 元/立方米，则承包商可以向业主索赔的材料费用为（　　）万元。

A. 12　　B. 15　　C. 21　　D. 25

10. 已知某工程合同价款为 1 000 万元，合同工期为 240 天，由于业主原因导致工程费用额外增加 50 万元，则承包商可向业主索赔的工期为（　　）天。

A. 8　　B. 12　　C. 16　　D. 20

11. 合同中规定业主可以索赔的条款有（　　）。

A. 承包人拖期违约赔偿　　B. 工程未能通过竣工验收

C. 缺陷通知期的延长　　D. 承包人未能补救缺陷

E. 承包人违约终止合同后的支付

12. 监理工程师收到承包人送交的索赔报告和有关资料后，于（　　）天内给予答复或要求承包人进一步补充索赔理由和证据。

A. 14　　B. 15　　C. 28　　D. 30

13. 对于持续影响时间超过 28 天的工期延误事件，当工期索赔条件成立时，对承包人每隔 28 天报送的阶段索赔临时报告审查后，每次均应作出批准临时延长工期的决定，并于事件影响结束后（　　）天内，承包人提出最终的索赔报告。

A. 14　　B. 15　　C. 28　　D. 30

14. 在工程施工中由于（　　）原因导致的工期延误，承包方应当承担违约责任。

A. 不可抗力　　B. 承包方的设备损坏

C. 设计变更　　D. 工程量变化

15. 施工企业的项目经理指挥失误，给建设单位造成损失的，建设单位应当要求（　　）赔偿。

A. 施工企业　　B. 施工企业的法定代表人

C. 施工企业的项目经理　　D. 具体的施工人员

16. 施工中遇到连续 10 天超过合同约定等级的大暴雨天气而导致施工进度的延误，承包

商为此事件提出的索赔属于应（　　）。

A. 由承包商承担的风险责任　　B. 给予费用补偿并顺延工期

C. 给予费用补偿但不顺延工期　　D. 给予工期顺延但不给费用补偿

17. 造成工期延误或乙方经济损失的事件发生后（　　）天内，乙方向工程师发出索赔意向通知。

A. 14　　B. 15　　C. 28　　D. 30

18. 以下除哪项外，其余都为合同争议处理方式（　　）。

A. 和解　　B. 调解　　C. 仲裁　　D. 申述

19. 施工合同中，承包人按照工程师提出的施工进度计划修改建议进行了修改，由于修改后的计划不合理而导致的窝工损失应当由（　　）承担。

A. 发包人　　B. 承包人　　C. 工程师　　D. 发包人与承包人共同

20. 下列关于索赔费用的计算方法，表述不正确的是（　　）。

A. 索赔费用的计算方法分为分项法和总费用法两大类

B. 在实践中，绝大多数工程索赔均采用总费用法

C. 总费用法是当发生多次索赔事件后，重新计算出该工程的实际总费用，再从这个实际总费用中减去投标报价总费用，计算出索赔金额

D. 修正的总费用法是对总费用法的改进

二、思考题

1. 什么是索赔？

2. 索赔的特征是什么？

3. 在费用索赔中，施工机械使用费的计算主要有哪些？

4. 业主代表在办理签证时要掌握的基本原则有哪些？

5. 哪些情况是不能办理的施工签证？

三、案例分析题

【背景】

某工程项目通过公开招标的方式确定了 3 个不同性质的施工单位承担该项工程的全部施工任务。建设单位分别与 A 公司签订了土建施工合同，与 B 公司签订了设备安装合同，与 C 公司签订了电梯安装合同。3 个合同协议中都对甲方提出了一个相同的条款，即建设单位应协调现场其他施工单位，为 3 个公司创造可利用条件。合同执行过程中发生如下事件：

事件 1：A 公司在签订合同后因自身资金周转困难，随后和承包商 D 公司签订了分包合同，在分包合同中约定承包商丙按照建设单位（业主）与承包商乙约定的合同金额的 10% 向承包商乙支付管理费，一切责任由承包商丙承担。

事件 2：由于 A 公司在现场施工时间拖延 5 天，造成 B 公司的开工时间相应推迟了 5 天，B 公司向 A 公司提出了索赔。

事件 3：顶层结构楼板吊装后，A 公司立刻拆除塔吊，改用卷扬机运材料做屋面及装饰。C 公司原计划由甲方使用塔吊将电梯设备吊上 9 层楼顶的设想落空后，提出用 A 公

司的卷扬机运送。A公司提出卷扬机吨位不足，不能运送。最后，C公司只好为机房设备的吊装重新设计方案。C公司就新方案的实施引起的费用增加和工期延误向建设单位提出索赔。

【问题】

1. 在事件1中A公司的做法是否符合国家有关法律规定？其行为属于什么行为？
2. 在事件2中B公司向A公司提出索赔是否正确？如不正确，说明正确的做法。
3. 在事件3中C公司向建设单位提出索赔是否正确？理由是什么？
4. 根据《建设工程质量管理条例》的规定，工程承发包过程中的违法分包行为有哪些？

项目十　国际工程招投标与国际工程合同条件

项目目标

由于管理文化的差异、经济制度形态的差异和法律体系的差异，我国的国际工程招标投标和合同条件和国际上的合同条件有一定的差异。我国建筑市场的进一步发展乃至我国建筑企业要参与国际工程承包市场竞争，都需要去了解并熟悉国际工程招投标与国际工程合同条件。通过本项目的学习，了解国际上国际工程招标方式、国际工程招标文件、国际工程合同条件的基本知识，熟悉 FIDIC 施工合同条件的内容。

教学要求

能力目标	知识要点
了解国际工程招标方式与招标文件	国际工程招标方式、招标文件的基本内容、招标文件的编制
了解国际工程合同条件的基本知识	（1）国际工程合同含义 （2）合同、惯例与法律的相互关系 （3）国际工程合同的法律基础 （4）美国 AIA 系列合同条件、英国 ICE 合同条件、亚洲地区使用的合同
熟悉 FIDIC 施工合同条件	（1）FIDIC 合同条件构成 （2）FIDIC 合同条件下合同文件的组成 （3）FIDIC 土木工程施工合同条件 （4）《FIDIC 建设工程施工合同》主要内容 （5）FIDIC 合同在我国的应用

案例导入

【背景】

目前，中国公司承包的工程项目遍布全球，然而经营情况却不容乐观，效益普遍较低，甚至很多都处于亏损状态，究其原因，就是不熟悉国际工程合同条件，对合同的理解程度不够，不懂得合理地使用合同来规避风险和捍卫自己的权益。大多数人往往只注重施工，普遍缺乏合同知识，结果往往是干了活，却得不到工程师和业主的认可，甚至有时还被要求返工，既浪费资源又延误工期。

合同管理是国际工程管理永恒的主题，而合同条款就是国际工程合同管理的“圣经”。国际工程的各项活动都基于双方之间的合同。我国企业参与国际工程，必须熟悉国际通用的合同条件，首先要有合同管理的意识和观念，在项目实施过程中，只有正确认识合同各方的责任、义务和权利，认真履行合同规定的各项要求，才能控制和规避合同风险，获得经济效益。

从实践上看，我国承包商对合同条件的理解程度可以分为三个层次：

第一个层次是“不读不懂，做事一厢情愿”。在参与国际工程时，招投标阶段不注意研究招标文件，在实施阶段不认真研究合同的规定，而只是靠国内工程所积累的经验或良好的愿望来实施工程，看起来这种做法很“果敢”、很“合情”，但到头来往往是一厢情愿，吃亏的最终是自己。中国企业参与国际工程项目时，经常会出现这种情况。

第二个层次是“既读且懂，教条僵化使用”。经过惨痛的经历后，认识到合同的重要性，虽然对合同认真学习了，甚至对国际工程合同条款十分熟悉，但在工程实施过程中，只会“僵硬”地使用，往往在实践中失去灵活性和效率，导致某些问题不能“双赢”，并且容易使对方感到自身缺少合作精神，失去与业主方建立良好关系的基础。

第三个层次是“掌握精髓，运用之于无形”。既能坚持合同中的各项规定，又能在实践中灵活应用，实现“双赢”。

工程实施过程中，合同管理如何选择“手段”，还应根据合同管理的本质要求：保证自己一方达到最佳利益，服务于整个项目管理目标。合同管理者应具有一定的思想境界和务实的精神，能看清“手段”与“目的”的关系，处理好“短期”与“长期”的关系，把握好事物的“度”，这在国际工程管理中尤为重要。

【问题】

1. 中国建筑企业承担国际工程项目大多数效益不好的原因是什么？
2. 中国建筑企业如何才能熟悉国际工程合同条件？

任务 10.1 国际工程项目招标方式及程序

任务导入

国际工程是指一个工程项目咨询、融资、采购、承包、管理以及培训等的各个阶段的参与者来自不止一个国家，并且按照国际上通用的工程项目管理模式进行管理的工程。国际工程承包是一项综合性商务活动和技术经济交往，是以工程建设为对象的具有跨国经济技术特征的商务活动。这项活动通过国际的招标、投标、议标或其他协商活动，由具有法人地位的承包商与工程业主之间，按一定的价格和其他条件签订承包合同，规定各自的权利和义务，承包商按合同规定的要求提供技术、资本、劳务、管理、设备材料等，组织项目的实施，从事其他相关的经济、技术活动。国际工程承包是在承包商按质、按量、按期完成工程项目后，经业主验收合格，根据合同规定的价格和支付方式收取报酬的国际经济合作方式。

国际工程承包属跨越国境的经济行为，即一项工程的筹资、咨询、设计、招标、投标、发包缔约、工程实施、物资采购、工程监理及竣工后的运营、维修全部或部分在国际范围进行。

10.1.1　国际工程项目招标方式

国际工程招标归纳起来有四种类型：国际竞争性招标、有限国际招标、两阶段招标和议标。

1．国际竞争性招标

国际竞争性招标（International Competitive Bidding，ICB）是指招标单位通过国际性刊物公开发布招标公告，邀请所有符合要求的承包商（没有国籍限制）参加投标，从而确定最低评标价的投标人为中标人，并与之签订合同的一种招标方式。

国际竞争性招标是目前世界上最普遍采用的一种招标方式。实践证明，采用这种方式，业主可以在国际市场上找到最有利于自己的承包商，无论在价格和质量方面，还是在工期及施工技术方面都可以满足自己的要求。一般各国的政府采购，世界银行、亚洲开发银行的贷款项目绝大部分均要求采用国际竞争性招标。这种方式的不足之处是从准备招标文件、投标、评标到授予合同均要花费很长的时间，文件较烦琐。

2．有限国际招标

有限国际招标（Limited International Bidding，LIB）是一种有限竞争招标。较之国际竞争性招标，它有其局限性，即不是任何对发包项目有兴趣的承包商都有资格投标。有限国际招标包括两种方式。

（1）一般限制性招标。这种招标虽然也是在世界范围内的，但对投标人的选择有一定限制。其具体做法与国际竞争性招标较为相似，只是在评标时更强调投标人的资信。采用一般限制性招标方式也必须在国内外主要报刊上刊登广告，只是必须注明是有限招标和对投标人选的限制范围。

（2）特邀招标。特邀招标即特别邀请招标。采用这种方式，一般不公开刊登广告，而是根据招标人自己积累的经验和资料或由咨询公司提供的承包商名单，由招标人在征得世界银行组织或其他项目资助机构同意后对某些承包商发出邀请。经过对应邀人进行资格预审后，再通知其提出报价，递交投标书。

特邀招标的优点是，经过选择的承包商在经验、技术和信誉方面都比较可靠，基本上能保证招标的质量和进度。但这种方式也有其缺点，即由于发包人所了解的承包商数目有限，在邀请时可能漏掉一些在技术上和报价上有竞争力的承包商。

有限国际招标通常适用于以下情况：

（1）工程量不大，投标人数目有限或有其他不宜进行国际竞争性招标的正当理由，如对工程有特殊要求等。

（2）某些大而复杂且专业性很强的工程项目，如石油化工项目，可能的投标者很少，准备招标的成本很高，为了节省时间和费用，并取得较好的报价，招标可以限制在少数几家合格企业的范围内。

（3）由于工程性质特殊，要求有专门经验的技术队伍和熟练的技工以及专用技术设备，只有少数承包商能够胜任。

（4）由于工期紧迫或保密要求等。

（5）工程规模太大，中小型公司不能胜任，只好邀请若干家大公司投标。

3．两阶段招标

两阶段招标也可称为两阶段竞争性招标。第一阶段按公开招标方式进行招标，经过开标评价之后，再邀请其中报价较低的或最有资格的 3～4 家承包商进行第二次报价。

在第一阶段报价、开标、评价之后，如最低报价超过标底 20%，且经过减价之后仍然不能低于标底价时，可邀请其中数家商谈，再做第二阶段报价。

两阶段招标往往适用于以下情况：

（1）招标工程内容尚处于发展过程中，需在第一阶段招标中博采众长，进行评价，选出最新、最优方案，然后在第二阶段中邀请中选方案的投标人进行详细报价。

（2）对某些大型、复杂的项目，招标人在发包之前，对此项目的建造方式尚未最后确定，这时可在第一阶段招标中向投标人提出要求，就其最擅长的建造方式进行报价，或按其建造方案报价。经过评价，选出其中最佳方式或方案的投标人进行第二阶段的详细报价。

4．议 标

议标也称谈判招标或指定招标，是指业主直接选定一家或几家承包商进行协商谈判，确定承包条件及标价的方式。就其本意而言，议标是一种非竞争性招标，只是在某些工程项目的造价过低，不值得组织招标，或由于其专业为某一家或几家垄断，或因工期紧迫不宜采用竞争性招标，或者招标内容是关于专业咨询、设计和指导性服务或专用设备的安装维修及标准化，或属于政府协议工程等情况下，才采用议标方式。

这种方式节约时间，可以较快地达成协议，开展工作，但无法获得有竞争力的报价。

10.1.2 国际工程项目招标程序

招标是以工程业主为主体进行的活动，投标则是以承包商为主体进行的活动，由于两者是招标投标总活动中两个不可分开的侧面，因此将两者的程序合在一起，如图 10-1 所示。国际上已基本形成了相对固定的招标投标程序，从图 10-1 可以看出，国际工程招投标程序与国内工程招投标程序的差别不大。但由于国际工程涉及较多的主体，其工作内容会在招投标各个阶段有所不同。

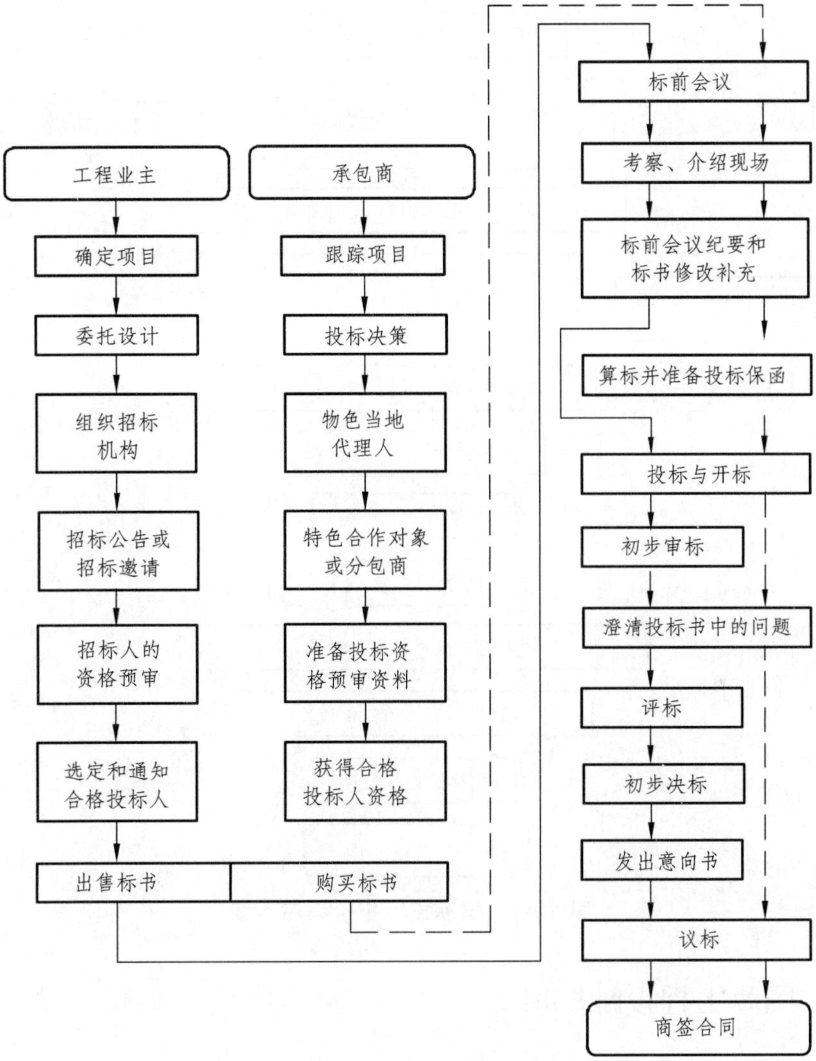

图 10-1　国际工程招标投标程序示意

10.1.3　国际工程项目投标报价程序

国际投标报价的一般程序如图 10-2 所示。投标报价程序中的各工作过程，将在后文详细叙述。

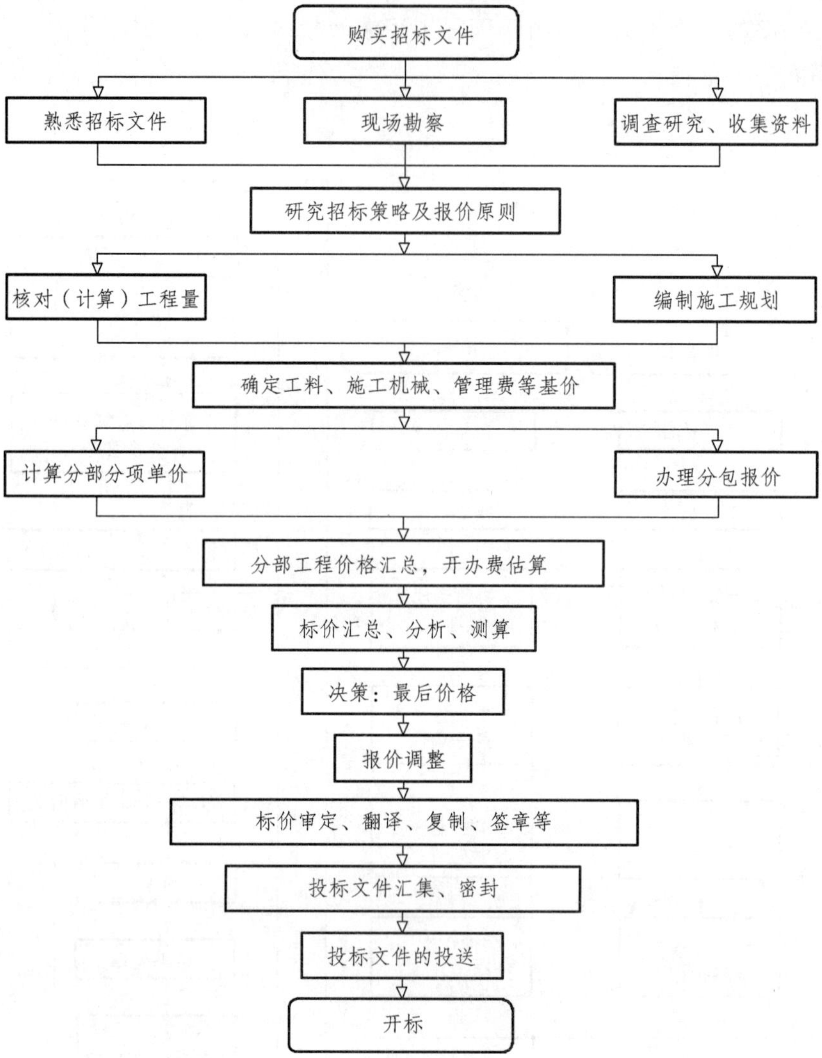

图 10-2 国际投标报价程序示意

10.1.4 国际工程投标报价

10.1.4.1 研究分析招标文件

投标人通过资格预审取得投标资格，并希望参加该项目工程的投标后，按照招标邀请通告中的要求，在规定的时间内向招标公司购买招标文件。在获得招标文件后，投标人必须立即研究、分析招标文件，以便准确地进行报价。

1. 检查招标文件

如前所述，土建工程的招标文件一般分四卷，包括合同，技术规格书，投标书格式及其附件、辅助资料表和工程量清单，图纸。在投标期间还可能有修改文件（由招标公司和业主发送的对招标文件的修改文件）等。投标人购买招标文件后，首先要检查上述文件是否齐全，每卷按目录检查是否有缺页、缺图现象，有无字迹不清的页、段，如发现存在上述问题，应立即向招标公司交涉并补全。

2．通读招标文件

在检查无误后，应将招标文件通读。通读招标文件的目的是为了正确理解，进而掌握招标文件的各项要求和规定，以便考虑所有的作价因素。

3．讨论招标文件

在通读的基础上进行讨论，要重点研究工程量清单，弄清所含内容，以便报价时列出细目。在此过程中，可能发生的问题有以下几个方面：

（1）招标文件本身的问题，如技术要求不明确，文字含混不清等；

（2）与该项目工程所在地的实际情况有关的问题；

（3）投标人本身由于经验不足或承包知识缺乏而不能理解的问题。

对于以上问题，可通过不同途径来解决。对于第一类问题应向招标公司和业主咨询解决；第二类问题可通过参加现场考察和标前会议解决；第三类问题可向其他承包公司有经验的有关专家请教解决。

10.1.4.2　确定担保单位开具投标保证金证书

投标人在提交其投标书时，还应同时提交投标保证金证书（又称投标保函）。为此，投标人在准备投标文件的同时，还应寻找一家金融机构或保险机构作为投标担保单位。目前，在我国采用国际竞争性招标方式的大型土建项目中，投标保证金证书只能由下述银行开具：

（1）中国银行；

（2）中国银行在国外的开户行；

（3）在中国营业的中国或外国银行；

（4）由招标公司和业主认可的任何一家外国银行；

（5）外国银行通过中国银行转开。

所以，投标人在投标期间，必须持有一家满足招标文件要求的担保单位开具的投标保证金证书方能被接受。

10.1.4.3　投标书可分为商务部分和技术部分

1．投标书的商务部分

商务部分的编制主要有两项工作，即投标报价和对合同条款的研究。

（1）投标报价。

① 单价分析。投标报价是整个工作的核心。首先，要计算并核对工程量清单，对于无工程量清单的招标工程，应当计算工程量，其项目一般以单价项目划分为依据。这部分是招标文件的核心部分。对于有工程量清单的招标工程，应重点对工程量进行核对，如发现有出入，应按规定做必要的调整或补充。其次，要对单价进行分析研究，对较大的土建招标工程，在确定单价时，一般应做专题研究，而不能套用常用单价。因为每一招标工程都有一定的特殊性，如现场情况、气候条件、地貌与地质状况、工程的复杂程度、是否免税工程、有利与不

利条件、合同价格可否因工资和物价的变动而调整、工期长短、对设备和材料的特殊要求、有哪些投标人参加、其中谁是竞争对手及当前自己的经营状况等问题，都要周密考虑。在确定价格上，要从战略和战术上进行研究。一方面要对工资、材料价格、施工机械、管理费、利润、临时设施等，结合初步的施工方案提出原则性的意见，并确定初步的、总体的投标框架。另一方面，针对工程量清单中的项目与技术规范中的有关规定与要求，逐项进行分析研究，确定工程材料的消耗量。此外，还应对工效、材料来源和当前价格，以及施工期间可能发生的材料浮动幅度做深入的调查研究，做出全面考虑。对于有些材料和设备，应及时询价，从而分别定出适当的材料、设备等的单价，然后逐一确定各项目的单价。

② 综合汇总分析。各项单价分析完毕后，和工程数量逐项相乘，算出每一项目的工程费用，从而计算出全部工程的造价。然后，再进行一次全面的自校，检查计算有无错误，并从总价上权衡报价是否合理。

具体的测算方法是，通过各项综合性单价的指标，如平均每立方米土方单价、每立方米钢筋混凝土单价、每吨钢筋及钢结构单价等，与各种不同建筑工程的单价指标进行比较，结合工程质量的标准，分析所确定的单价是否相称，与类似工程的造价指标进行比较，是高是低，是否合理。如果发现整个标价或其中一部分偏高或偏低时，就应进行调整。经过这样多次的分析测算之后，最后确定标价。

（2）对合同条款的研究。

① 工程范围，特别是有关工程的交接点或交接面。

② 甲、乙双方的职责和义务。

③ 工程变更条款。

④ 付款条款：确定付款的次数和每次付款占整个合同金额的最小百分比。对于合同条件上存在的问题，投标人可在招标文件中规定的时间内或在标前会议上提请招标公司和业主解释。

2. 投标书的技术部分

技术部分的主要内容是详细叙述投标人对本工程项目如何去实施，包括质量保证、质量控制、进度控制、成本控制及具体的施工方案，其一般内容如下。

（1）保函。保函包括投标保函和履约保函。保函的作用主要是为了防止投标人中标后毁约，业主可向担保银行提出没收担保费用，补偿由此产生的损失。保函的格式已在招标文件中说明，投标人需落实担保银行，由银行填写、签字即可。

（2）公司简介。说明公司的概况即可。

（3）各种证件，即本公司法人地位的证件复印件。

（4）项目组织表。投标人为实施本工程所采用的组织机构表，说明关键人员所在位置及工作关系，使业主对投标人的人事安排一目了然。

（5）关键人员简历。关键人员是指投标人为本工程拟派往现场的主要管理人员，包括项目经理、部门经理、专业组长、高级工程师等人员。关键人员简历主要介绍其学历和工作经验。

（6）施工方案。主要介绍投标人怎样实施本工程项目。投标人应根据本工程的特殊情况，考虑到其他可能的因素，制定出一个切实可行的工程施工方案（或称施工组织设计）。

（7）投标人的施工机具和设备。可用表格形式表达。

（8）投标人过去完成类似工程的经验。可用表格和文字表达

任务练习

1. 国际工程是指一个工程项目从咨询、________、________、________、管理以及培训等的各个阶段的参与者来自不止一个国家，并且按照国际上通用的工程项目管理模式进行管理的工程。

2. 国际工程承包是一项综合性________和__________交往，是以工程建设为对象的具有跨国经济技术特征的商务活动。

3. 国际工程招标归纳起来有四种类型：______________、______________、________________和__________。

4. 国际竞争性招标是指招标单位通过国际性刊物公开发布招标公告，邀请所有符合要求的承包商（没有国籍限制）参加投标，从而确定________的投标人为中标人，并与之签订合同的一种招标方式。

5. 有限国际招标包括两种方式：______________、______________。

6. 两阶段招标也可称为______________。

7. 议标也称谈判________或__________，是指业主直接选定一家或几家承包商进行协商谈判，确定承包条件及标价的方式。

8. 下列选项中（　　）不属于国际市场的招标方式。

A. 公开招标　　B. 邀请招标

C. 议标招标　　D. 代理招标

9. 目前在国际工程项目招标方式中世界上最普遍采用的一种招标方式是（　　）。

A. 国际竞争性招标　　B. 有限国际招标

C. 两阶段招标　　D. 议标

10. 投标人在规定的时间内向招标公司购买招标文件后应研究分析招标文件，要做到______________、________________、______________。

11. 目前，在我国采用国际竞争性招标方式的大型土建项目中，投标保证金证书只能由下述银行开具：（1）__________；（2）__________；（3）在中国营业的中国或外国银行；（4）由招标公司和业主认可的任何一家外国银行；（5）外国银行通过中国银行转开。

12. 投标书可分为____________和____________。

13. 商务部分的编制主要有两项工作，即：__________和______________。

14. 投标报价要进行的两项分析是________________、______________。

15. 投标书技术部分的主要内容是详细叙述投标人对本工程项目如何去实施，包括质量保证、______________、____________、____________及具体的施工方案。

16. 投标书的技术部分的一般内容有：__________、__________、____________、项目组织表、关键人员简历、____________、投标人的施工机具和设备、投标人过去完成类似工程的经验。

任务 10.2 国际工程合同条件

任务导入

合同在国际工程中占据着中心地位，是国际工程参与各方实施工程管理的基本依据。合同的签订和管理是搞好国际工程项目的关键。熟悉国际工程合同条件之前需要了解国际工程合同条件的含义、合同、惯例与法律的相互关系及国际工程合同的法律基础。

10.2.1 国际工程合同含义

国际工程合同是指国际工程的参与主体之间为了实现特定的目的而签订的明确彼此权利义务关系的协议。与国内工程合同相比，国际工程承包合同具有如下一些特点：

1. 国际工程合同是参与主体参与合同订立的法律行为

合同关系必须是双方（或多方）当事人的法律行为，而不能是单方面的法律行为。当事人之间具备"合意"，合同才能成立。在国际工程参与主体订立合同的过程中，国际工程合同为合同双方规定了权利与义务。这种权利、义务的相互关系并不是一种道义上的关系，而是一种法律关系。双方签订的合同要受到有关缔约方国家的法律或国际惯例的制约、保护与监督。

2. 国际工程合同是一种非法律性惯例

国际工程咨询和承包在国际上有上百年历史，经过不断总结经验，在国际上已经有了一批比较完善的合同范本，如 FIDIC 合同条件、ICE 合同条件、NEC 合同条件、AIA 合同条件等。这些国际工程承包合同示范文本内容全面，多包括合同协议书、投标书、中标函、合同条件、技术规范、图纸、工程量表等多个文件。这些范本还在不断地修订和完善，可供学习和借鉴。

3. 国际工程合同管理是工程项目管理的核心

国际工程合同从前期准备、招标投标、谈判、修改、签订到实施，都是国际工程中十分重要的环节。合同有关任何一方都不能粗心大意，只有订立好一个完善的合同才能保证项目的顺利实施。

10.2.2 FIDIC 合同条件

1. FIDIC 简介

"FIDIC"是指国际咨询工程师联合会，该联合会是被世界银行和其他国际金融组织认可的国际咨询服务机构，总部设在瑞士洛桑，下设四个地区成员协会：亚洲及太平洋地区成员协会（ASPAC）欧洲共同体会员协会（CEDIC）非洲成员协会集团（CAMA）北欧成员协会集团（RINORD）。

FIDIC 目前已发展到世界各地 50 多个国家和地区，成为全世界最有权威的工程师组织。FIDIC 下设许多专业委员会，各专业委员会编制了用于国际工程承包合同的许多规范性文件，被 FIDIC 成员国广泛采用，并被 FIDIC 成员国的雇主、工程师和承包商所熟悉，现已发展成为国际公认的标准范本，在国际上被广泛采用。

2．FIDIC 合同条件体系

FIDIC 合同条件（FIDIC 土木工程施工合同条件）是国际上公认的标准合同范本之一。由于 FIDIC 合同条件具有科学性和公正性，而被许多国家的雇主和承包商接受，又被一些国家政府和国际性金融组织认可，被称作国际通用合同条件。FIDIC 合同条件是由国际工程师联合会和欧洲建筑工程委员会在英国土木工程师学会编制的合同条件（即 ICE 合同条件）基础上制定的。FIDIC 出版的合同条件如下：

（1）《土木工程施工合同条件》（1987 年第 4 版，1992 年修订版）（红皮书）；

（2）《电气与机械工程合同条件》（1988 年第 2 版）（黄皮书）；

（3）《土木工程施工分包合同条件》（1994 年第 1 版）（与红皮书配套使用）；

（4）《设计——建造与交钥匙工程合同条件》（1995 年版）（橘皮书）；

（5）《施工合同条件》（1999 年第 1 版）；

（6）《生产设备和设计——施工合同条件》（1999 年第 1 版）；

（7）《设计采购施工（EPC）/交钥匙工程合同条件》（1999 年第 1 版）：

（8）《简明合同格式》（1999 年第 1 版）；

（9）多边开发银行统一版《施工合同条件》（2005 年版）。

上述合同条件中，“红皮书”的影响较大，素有“土木工程合同的圣经”之誉。

3．四种新版的合同条件及其适用范围

FIDIC 于 1999 年出版的四种新版的合同条件，是在继承了以往合同条件的优点的基础上，在内容、结构和措辞等方面做了较大修改，进行了重大的调整。称为第 1 版可为今后改进留有余地。

（1）《施工合同条件》。《施工合同条件》（Conditions of Contract for Construction），简称“新红皮书”。FIDIC 在《土木工程施工合同条件》基础上编制的《施工合同条件》不仅适用于建筑工程施工，也可以用于安装工程施工。该文件推荐用于有雇主或其代表——工程师设计的建筑或工程项目，主要用于单价合同。在这种合同形式下，通常由工程师负责监理，由承包商按照雇主提供的设计施工，但也可以包含由承包商设计的土木、机械、电气和构筑物的某些部分。这是目前正在使用的合同条件版本。

（2）《生产设备和设计——施工合同条件》。《生产设备和设计——施工合同条件》（Conditions of Contract for Plantand Design-Build），简称“新黄皮书”。该文件推荐用于电气和（或）机械设备供货和建筑或工程的设计与施工，通常采用总价合同。由承包商按照雇主的要求，设计和提供生产设备和（或）其他工程，可以包括土木、机械、电气和建筑物的任何组合，进行工程总承包，但也可以对部分工程采用单价合同。

（3）《设计采购施工（EPC）/交钥匙工程合同条件》。《设计采购施工（EPC）/交钥匙工程合同条件》（Conditions of Contract for EPC/Turnkey Projects），简称“银皮书”。该文件可适用于以交钥匙方式提供工厂或类似设施的加工或动力设备、基础设施项目或其他类型的开发项目，采用总价合同。这种合同条件下，项目的最终价格和要求的工期具有更大程度的确定性；由承包商承担项目实施的全部责任，雇主很少介入。即由承包商进行所有的设计、采购和施工，最后提供一个设施配备完整、可以投产运行的项目。

（4）《简明合同格式》。《简明合同格式》(Short Form of Contract)，简称“绿皮书”。该文件适用于投资金额较小的建筑或工程项目。根据工程的类型和具体情况，这种合同格式也可用于投资金额较大的工程，特别是较简单的或重复性的或工期短的工程。在此合同格式下，一般都由承包商按照雇主或其代表——工程师提供的设计实施工程，但对于部分或完全由承包商设计的土木、机械、电气和（或）构筑物的工程，此合同也同样适用。

4．FIDIC 合同条件的构成

FIDIC 合同条件由通用合同条件和专用合同条件两部分构成。

（1）FIDIC 通用合同条件。FIDIC 通用合同条件是固定不变的，工程建设项目只要是属于土木工程施工，如：工民建工程、水电工程、路桥工程、港口工程等建设项目，都可适用。

（2）FIDIC 专用合同条件。通用合同条件是适合于所有建筑工程施工的总体条件和原则，专用合同条件则是针对具体的建筑工程而制定的特别条款。由于建筑工程具有单件性的特点，其施工过程不可能完全相同，因而，在工程项目施工合同签订时，当事人双方必须综合考虑工程项目本身的特征，具体明确各自的责任、权利和义务。

5．FIDIC 合同条件下合同文件的组成及优先次序

在 FIDIC 合同条件下，合同文件除合同条件外，还包括其他对业主、承包商都有约束力的文件。构成合同的这些文件应该是互相说明、互相补充的，但是这些文件有时会产生冲突或含义不清。此时，应由工程师进行解释，其解释应按照文件构成的先后次序进行：合同协议书；中标函；投标书；合同条件第二部分（专用合同条件）；合同条件第一部分（通用合同条件）；规范；图纸；明细表和构成合同组成部分的其他文件。

6．《FIDIC 施工合同条件》主要内容

《FIDIC 建设工程施工合同》主要分为 7 大类条款。

（1）一般性条款，一般性条款包括下述内容。

① 招标程序。招标程序包括合同条件、规范、图纸、工程量表、投标书、投标者须知、评标、授予合同、合同协议、程序流程图、合同各方、监理工程师等；

② 合同文件中的名词定义及解释；

③ 工程师及工程师代表和他们各自的职责与权力；

④ 合同文件的组成、优先顺序和有关图纸的规定；

⑤ 招投标及履约期间的通知形式与发往地址；

⑥ 有关证书的要求；

⑦ 合同使用语言；

⑧ 合同协议书。

（2）法律条款。法律条款主要涉及：合同适用法律；劳务人员及职员的聘用、工资标准、食宿条件和社会保险等方面的法规；合同的争议、仲裁和工程师的裁决；解除履约；保密要

求；防止行贿；设备进口及再出口；强制保险；专利权及特许权；合同的转让与工程分包；税收；提前竣工与延误工期；施工用材料的采购地等内容。

（3）商务条款。商务条款是指与承包工程的一切财务、财产所有权密切相关的条款，主要包括：承包商的设备、临时工程和材料的归属，重新归属及撤离；设备材料的保管及损坏或损失责任；设备的租用条件；暂定金额；支付条款；预付款的支付与扣回；保函，包括投标保函、预付款保函、履约保函等；合同终止时的工程及材料估价；解除履约时的付款；合同终止时的付款；提前竣工奖金的计算；误期罚款的计算；费用的增减条款；价格调整条款；支付的货币种类及比例；汇率及保值条款。

（4）技术条款。技术条款是针对承包工程的施工质量要求、材料检验及施工监督、检验测量及验收等环节而设立的条款，包括：对承包商的设施要求；施工应遵循的规范；现场作业和施工方法；现场视察；资料的查阅；投标书的完备性；施工制约；工程进度；放线要求；钻孔与勘探开挖；安全、保卫与环境保护；工地的照管；材料或工程设备的运输；保持现场的整洁；材料、设备的质量要求及检验；检查及检验的日期与检验费用的负担。工程覆盖前的检查；工程覆盖后的检查；进度控制；缺陷维修；工程量的计量和测量方法；紧急补救工作。

（5）权利与义务条款。权利与义务条款包括：承包商、业主和监理工程师三者的权利和义务。

① 承包商的权利。承包商的权利包括：有权得到提前竣工奖金；收款权；索赔权；因工程变更超过合同规定的限值而享有补偿权；暂停施工或延缓工程进度速度；停工或终止受雇；不承担业主的风险；反对或拒不接受指定的分包商；特定情况下的合同转让与工程分包；特定情况下有权要求延长工期；特定情况下有权要求补偿损失；有权要求进行合同价格调整；有权要求工程师书面确认口头指示；有权反对业主随意更换监理工程师。

② 承包商的义务。承包商的义务包括：遵守合同文件规定，保质保量、按时完成工程任务，并负责保修期内的各种维修；提交各种要求的担保；遵守各项投标规定；提交工程进度计划；提交现金流量估算；负责工地的安全和材料的看管；对其由承包商负责完成的设计图纸中的任何错误和遗漏负责；遵守有关法规；为其他承包商提供机会和方便；保持现场整洁；保证施工人员的安全和健康；执行工程师的指令；向业主赔付应付款项（包括归还预付款）；承担第三国的风险；为业主保守机密；按时缴纳税金；按时投保各种强制险；按时参加各种检查和验收。

③ 业主的权利。业主的权利包括：业主有权不接受最低标；有权指定分包商；在一定条件下可直接付款给指定的分包商；有权决定工程暂停或复工；在承包商违约时，业主有权接管工程或没收各种保函或保证金；有权决定在一定的幅度内增减工程量；不承担承包商因发生在工程所在国以外的任何地方的不可抗力事件所遭受的损失（因炮弹、导弹等所造成的损失例外）；有权拒绝承包商分包或转让工程（应有充足理由）。

④ 业主的义务。业主的义务包括：向承包商提供完整、准确、可靠的信息资料和图纸，并对这些资料的准确性负完全责任；承担由业主风险所产生的损失或损坏；确保承包商免于承担属于承包商义务以外情况的一切索赔、诉讼，损害赔偿费、诉讼费、指控费及其他费用；在多家独立的承包商受雇于同一工程或属于分阶段移交的工程情况下，业主负责办理保险；按时支付承包商应得的款项，包括预付款；为承包商办理各种许可，如现场占用许可，道路

通行许可，材料设备进口许可，劳务进口许可等；承担疏浚工程竣工移交后的任何调查费用；支付超过一定限度的工程变更所导致的费用增加部分；承担在工程所在国发生的特殊风险以及任何其他地区因炮弹、导弹对承包商造成的损失的赔偿和补偿；承担因后继法规所导致的工程费用增加额。

⑤ 监理工程师的权利。监理工程师可以行使合同规定的或合同中必然隐含的权利，主要有：有权拒绝承包商的代表；有权要求承包商撤走不称职人员；有权决定工程量的增减及相关费用。有权决定增加工程成本或延长工期；有权确定费率；有权下达开工令、停工令、复工令（因业主违约而导致承包商停工情况除外）；有权对工程的各个阶段进行检查，包括已掩埋覆盖的隐蔽工程；如果发现施工不合格，监理工程师有权要求承包商如期修复缺陷或拒绝验收工程；城堡上的设备、材料必须经监理工程师检查，监理工程师有权拒绝接受不符合规定标准的材料和设备；在紧急情况下，监理工程师有权要求承包商采取紧急措施；审核批准承包商的工程报表的权利属于监理工程师，付款证书由监理工程师开出；当业主与承包商发生争端时，监理工程师有权裁决，虽然其决定不是最终的。

⑥ 监理工程师的义务。监理工程师作为业主聘用的工程技术负责人，除了必须履行其与业主签订的服务协议书中规定的义务外，还必须履行其作为承包商的工程监理人而尽的职责，FIDIC 条款针对监理工程师在建设与安装施工合同中的职责规定了以下义务：必须根据服务协议书委托的权力进行工作；行为必须公正，处事公平合理，不能偏听偏信；应虚心听取业主和承包商两方面的意见，基于事实做出决定；发出的指示应该是书面的，特殊情况下来不及发出书面指示时，可以发出口头指示，但随后以书面形式予以确认；应认真履行职责，根据承包商的要求及时对已完工程进行检查或验收，对承包商的工程报表及时进行审核；应及时审核承包商在履约期间所做的各种记录，特别是承包商提交的作为索赔依据的各种材料；应实事求是地确定工程费用的增减与工期的延长或压缩；如因技术问题需同分包商打交道时，须征得总承包商同意，并将处理结果告之总承包商。

（6）违约惩罚与索赔条款。违约惩罚与索赔是 FIDIC 条款的一项重要内容，也是国际承包工程得以圆满实施的有效手段。采用工程承发包制实施工程的效果之所以明显优于其他方法，根本原因就在于按照这种制度，当事人各方责任明确，赏罚分明。FIDIC 条款中的违约条款包括两部分，即业主对承包商的惩罚措施和承包商对业主拥有的索赔权。

① 惩罚措施。因承包商违约或履约不力，业主可采取以下惩罚措施：没收有关保函或保证金；误期罚款；由业主接管工程并终止对承包商的雇用。

② 索赔条款：索赔条款是根据关于承包商享有的因业主履约不力或违约，或因意外因素（包括不可抗力情况）蒙受损失（时间和款项）而向业主要求赔偿或补偿权利的契约性条款。这方面的条款包括：索赔的前提条件或索赔动因；索赔程序、索赔通知、同期记录、索赔的依据、索赔的时效和索赔款项的支付等。

（7）附件和补充条款。FIDIC 条款还规定了作为招标文件的文件内容和格式以及在各种具体合同中可能出现的补充条款。

① 附件条款：包括投标书及其附件、合同协议书。

② 补充条款：包括防止贿赂、保密要求、支出限制、联合承包情况下的各承包人的各自责任及连带责任、关税和税收的特别规定等 5 个方面内容。

7．FIDIC 合同在中国的应用

随着我国企业参与国际工程承发包市场进程的深入，越来越多的建设项目，特别是项目业主为外商的建设项目，开始选择适用 FIDIC 合同文本。中国的建筑施工企业开始被迫地接触这上百页合同文本中的工程师、投标保函、履约保函、业主支付保函、预付款保函、工程保险、接收证书、缺陷责任期等国际工程建设的新概念，从北京城建集团接触第一个 FIDIC 合同文本开始，逐步在越来越多的工程建设中得到推广和适用，并与我国建设市场改革开放相对接，对中国的建设体制产生影响和冲击，最典型的体现就是建设部《建设工程施工合同（示范文本）》（GF-1999-0201），抛弃了多年来沿用的模式，变为和 FIDIC 框架一致的通用条款与专用条款，并采用工程师，而 2013 年 7 月 1 日起新修订的《建设工程工程量清单计价规范》，更是对旧的量价合一的造价体系的告别。中国的建设市场在大踏步地和国际建设市场融为一体。

FIDIC 合同强调“工程师”的作用，提倡对“工程师”进行充分授权，让其“独立公正地”工作。目前，建设单位对作为“工程师”的第三方——工程咨询/监理方信任不够充分，对“工程师”往往授权不足，多方掣肘，这使得 FIDIC 合同条款的特色难以发挥。此外，在脱胎于 FIDIC 合同机制的我国建设监理制度下，我国的监理工程师难以发挥 FIDIC 条件下的“工程师”作用。

采用工程量清单进行计价和结算，是 FIDIC 合同的另一重大特色，我国工程项目采用工程量清单的法律障碍并不存在，但技术和管理方面的障碍则十分凸显。

FIDIC 合同下的风险分担及保险安排有其特点，相对来说也比较公平，在我国公众保险意识相对淡薄、保险市场尚不发达的情况下，建设单位往往不恰当地限制自己的风险，并将有关风险强加给承包商。

在 FIDIC 合同下，工程担保是很重要的，涉及投标保函、履约保函、取舍款保函、工程保留金保函、免税进口材料物资及税收保函、工程款支付保函，内地工程项目较常涉及的是投标保函、履约保函。在工程担保上，目前问题比较突出的是担保不平衡。从长远角度看，这种不平衡将妨碍建设市场的健康发展。

在 FIDIC 条款下，承包商的工程款受偿比较有保障，问题在于，建设单位经常将 FIDIC 合同条款通用条件有关工程款支付的安排系数推翻，代之以极具中国特色的拖欠工程款相关内容。如今，高达数千万元的巨额工程拖欠款已成为施工企业和政府主管部门的一大“心病”。

新版 FIDIC 合同中不可抗力条款与中国法律中有关不可抗力的规定基本上不存在冲突。由于中国法律中有关不可抗力的规定比较笼统，为在中国适用 FIDIC 合同的当事人自行约定留下了充足的空间。尽管 FIDIC 合同通用条件下不可抗力条款约定得较为明确，但在中国适用时仍然有必要做适当修改。在不违反中国法律的情况下，中国企业在采用 FIDIC 施工合同条件时，可以在合同通用条件第 19 条的基础上更加详细、明确地约定不可抗力条款。

10.2.3　其他国家合同条件

1．美国 AIA 系列合同条件

AIA 是美国建筑师学会（The American Institute of Architects）的简称。该学会作为建筑师的专业社团已经有近 140 年的历史，成员总数达 56 000 名，遍布美国及全世界。AIA 出版的系列合同文件在美国建筑业界及国际工程承包界，特别在美洲地区具有较高的权威性，应用广泛。

AIA 系列合同文件分为 A、B、C、G 等系列，其中 A 系列是用于业主与承包商的标准合同文件，不仅包括合同条件，还包括承包商资格申报表，保证标准格式；B 系列主要用于业主与建筑师之间的标准合同文件，其中包括专门用于建筑设计、室内装修工程等特定情况的标准合同文件；C 系列主要用于建筑师与专业咨询机构之间的标准合同文件；D 系列是建筑师行业内部使用的文件；G 系列是建筑师企业及项目管理中使用的文件。

AIA 系列合同文件的核心是“一般条件”（A201）。采用不同的工程项目管理模式及不同的计价方式时，只需选用不同的“协议书格式”与“一般条件”即可。如 AIA 文件 A101 与 A201 一同使用，构成完整的法律性文件，适用于大部分以固定总价方式支付的工程项目。再如 AIA 文件 A111 和 A201 一同使用，构成完整的法律性文件，适用于大部分以成本补偿方式支付的工程项目。

AIA 文件 A201 作为施工合同的实质内容，规定了业主、承包商之间的权利、义务及建筑师的职责和权限，该文件通常与其他 AIA 文件共同使用，因此被称为“基本文件”。

1987 年版的 AIA 文件 A201《施工合同通用条件》共计 14 条 68 款，主要内容包括：业主、承包商的权利与义务；建筑师与建筑师的合同管理；索赔与争议的解决；工程变更；工期；工程款的支付；保险与保函；工程检查与更正条款。

2．英国 ICE 合同条件

“ICE”是英国土木工程师学会（The Institution of Civil Engineers）的简称。该学会是设于英国的国际性组织，拥有会员 8 万多名，其中 1/5 在英国以外的 140 多个国家和地区。该学会已有 180 年的历史，已成为世界公认的学术中心、资质评定组织及专业代表结构。ICE 在土木工程建设合同方面具有高度的权威性，它编制的土木工程合同条件在土木工程具有广泛的应用。

1991 年 1 月第 6 版的《ICE 合同条件（土木工程施工）》共计 71 条 109 款，主要内容包括：工程师及工程师代表；转让与分包；合同文件；承包商的一般义务；保险；工艺与材料质量的检查；开工，延期与暂停；变更、增加与删除；材料及承包商设备的所有权；计量；证书与支付；争端的解决；特殊用途条款；投标书格式。此外，IEC 合同条件的最后也附有投标书格式、投标书格式附件、协议书格式、履约保证等文件。

3．日本的建设工程承包合同

日本的建设工程承包合同的内容规定在《日本建设业法》中。该法的第三章“建设工程承包合同”规定，建设工程承包合同包括以下内容：工程内容；承包价款数额及支付；工程及工期变更的经济损失的计算方法；工程交工日期及工程完工后承包价款的支付日期和方法；当事人之间合同纠纷的解决方法等。

4．韩国的建设工程承包合同

韩国的建设工程承包合同的内容也规定在国家颁布的法律即《韩国建设业法》中。该法第三章“承包合同”规定，承包合同有以下内容：建设工程承包的限值；承包额的核定；承包资格限制的禁止；概算限制；建设工程承包合同的原则；承包人的质量保障责任；分包的限制；分包人的地位，分包价款的支付，分包人变更的要求，工程的检查和交接等。

任务练习

1. 国际工程合同是指国际工程的参与主体之间为了实现特定的目的而签订的明确彼此__________关系的__________。在国际工程参与主体订立合同的过程中，国际工程合同为合同双方规定了权利与义务。这种权利、义务的相互关系并不是一种道义上的关系，而是一种__________关系。

2. 在国际上已经有了一批比较完善的合同范本，如__________、__________、__________、__________等。

3. 合同的制定和管理是搞好国际工程承包项目的关键，工程承包项目管理包括进度管理、质量管理和成本管理，而这些管理均是以__________要求和规定为依据的。

4. 国际惯例与合同条款之间存在解释与被解释、补充与被补充的关系，二者发生矛盾时，以__________为准。

5. 国际工程合同适用的国际法律包括：__________、__________、__________。

6. 由于合同条件的科学性和公正性而被许多国家的雇主和承包商接受，又被一些国家政府和国际性金融组织认可，__________被称作国际通用合同条件。

7.《FIDIC 建设工程施工合同》主要分为 7 大类条款：__________、__________、__________、__________、__________、__________、__________。

8. AIA 出版的系列合同文件在美国建筑业界及国际工程承包界，特别在__________地区具有较高的权威性，应用广泛。

9. 构成 FIDIC 合同的合同文件的优先解释顺序，正确的是（　　）。

A. 规范和图纸、通用合同条件、专用合同条件、投标书、中标函、合同协议书

B. 合同协议书、中标函、投标书、专用合同条件、通用合同条件、规范和图纸

C. 合同协议书、中标函、规范和图纸、专用合同条件、通用合同条件、投标书

D. 规范和图纸、合同协议书、通用合同条件、专用合同条件、投标书、中标函

项目小结

国际工程招标归纳起来有四种类型：国际竞争性招标、有限国际招标、两阶段招标和议标。国际工程招标程序和报价与国内招标程序和报价有差别。国际工程合同适用的国际法律包括国际公法、国际私法和国际经济法。国际工程咨询和承包在国际上都有上百年历史，经过不断总结经验，在国际上已经有了一批比较完善的合同范本，如 FIDIC 合同条件、ICE 合同条件、NEC 合同条件、AIA 合同条件等。这些范本还在不断地修订和完善，可供学习和借鉴。我国的《建设工程施工合同（示范文本）》就是借鉴了 FIDIC 合同条件。国际项目任何一方都应配备专门人员认真研究合同，做好合同管理工作，以满足国际工程项目管理的需要。

项目练习

一、选择题（单选或多选）

1. 在国际工程项目招标方式中（　　）虽然无法获得有竞争力的报价但可以较快地达成协议，开展工作。

A. 国际竞争性招标　　B. 国际有限招标

C. 两阶段招标　　D. 议标

2. 对于某些大而复杂且专业性很强的国际工程项目，如石油化工项目，可能的投标者很少，准备招标的成本很高，这样的项目适合（　　）。

A. 国际竞争性招标　　B. 国际有限招标

C. 两阶段招标　　D. 议标

3. 投标书技术部分的主要内容是详细叙述投标人对本工程项目如何去实施，包括质量保证及具体的施工方案还有（　　）。

A. 质量控制　　B. 进度控制

C. 成本控制　　D. 合同管理

E. 人员管理

二、填空题

1. 国际工程招标归纳起来有四种类型：________、________、________、________。

2. 投标书技术部分中保函一般包括________和________。

3. 世界银行推行的招标方式主要突出三个基本观点：① ________；② 对所有会员国及瑞士的所有合格企业给予同等的竞争机会；③ 通过在招标和签署合同时采取优惠措施鼓励借款国发展本国制造商和承包商（评标时，借款国的承包商享受 7.5% 的优惠）。

4. FIDIC 合同为________的计价方式。

5. FIDIC 合同条件由________和________两部分构成。

6. FIDIC 合同条件中，拥有“土木工程合同的圣经”之誉的是________。

7. FIDIC 合同强调________的作用，提倡对________进行充分授权，让其“独立公正地”工作。

8. FIDIC 合同条件下合同文件的组成及优先次序为：________、________、________、________、________、________、________、________。

9. 在 FIDIC 合同下，________是很重要的，涉及投标保函、履约保函、取舍款保函、工程保留金保函、免税进口材料物资及税收保函、工程款支付保函。

三、思考题

1. 什么是国际工程？

2. 什么是国际工程承包？

3. 国际工程项目招标方式有哪些？各自特点是什么？

4. 国际工程投标前的准备工作有哪些？

5. 简述承包商的权利和义务。

6. 简述业主的权利和义务。

7. 简述工程师的权利和义务。

四、案例分析

【背景】

项目概况：本工程为非洲某国政府的两个学院的建设，资金由非洲银行提供，属技术援助项目，招标范围仅为土建工程的施工。

投标过程：我国某工程承包公司获得该国建设两所学院的招标信息，考虑到准备在该国发展业务，决定参加该项目的投标。投标小组到达该国时离投标截止日仅 20 天。买了标书后，没有时间进行全面的招标文件分析和详细的环境调查，仅粗略地折算各种费用，仓促投标报价。待开标后发现报价低于正常价格的 30%。开标后业主代表、监理工程师进行了投标文件的分析，对授标产生分歧。监理工程师坚持我国该公司的标为废标，因为报价太低肯定亏损，如果授标则肯定完不成。但业主代表坚持将该标授予我国公司，并坚信中国公司信誉好，工程项目一定很顺利。最终我国公司中标。

合同中的问题：中标后承包商分析了招标文件，调查了市场价格，发现报价太低，合同风险太大，如果承接，至少亏损 100 万美元。合同中有如下问题。

（1）没有固定汇率条款，合同以当地货币计价，而经调查发现，汇率一直变动不稳定。

（2）合同中没有预付款的条款，按照合同所确定的付款方式，承包商要投入很多自有资金，这样不仅造成资金困难，而且财务成本增加。

（3）合同条款规定不免税，工程的税收约为 13% 的合同价格，而按照非洲银行与该国政府的协议本工程应该免税。

承包商的努力：在收到中标函后，承包商与业主代表进行了多次接触。一方面谢谢其支持和信任，决心搞好工程为他争光，另一方面又讲述了所遇到的困难——由于报价太低，亏损是难免的，希望他在几个方面给予支持：

（1）按照国际惯例将汇率以投标截止日前 28 天的中央银行的外汇汇率固定下来，以减少承包商的汇率风险。

（2）合同中虽没有预付款，但非洲银行的经援项目通常有预付款。没有预付款承包商无力进行工程。

（3）通过调查了解获悉，在非洲银行与该国政府的经济援助协议上本项目是免税的。本项目执行这个协议，所以应该免税。合同规定由承包商交纳税赋是不对的，应予修改。

最终状况：由于业主代表坚持将标授予中国公司，如果这个项目失败，他就要承担责任，所以对承包商提出的上述三个要求，他尽了最大努力与政府交涉，并帮承包商讲话。最终承包商的三点要求都得到满足，这一下扭转了本工程的不利局面。最后在本工程中，承包商顺利地完成了合同，业主满意，在经济上不仅不亏损而且略有盈余。本工程中业主代表的立场以及所做出的努力起了十分关键的作用。

经验教训：

（1）承包商新到一个地方承接工程必须十分谨慎，特别在国际工程中，必须详细地进行环境调查，进行招标文件的分析。本工程虽然结果尚好，但实属侥幸。

（2）合同中没有固定汇率的条款，在进行标后谈判时可以引用国际惯例要求业主修改合同条件。

（3）本工程中承包商与业主代表的关系是关键。能够获得业主代表、监理工程师的同情和支持，对合同的签订和工程实施是十分重要的。

【问题】

1. 从事国际工程业务，需要注意哪些事项?

2. 你认为国际工程项目管理的核心是什么?

3. 请查阅相关资料，确认本项目适合采用的国际工程合同条件。

五、实训题

分析三峡工程设备国际招标实践案例。

实训目的：利用具体工程项目，使学生对国际工程项目的特点及国际工程项目的招标方式有进一步的认识。

准备工作：

① 明确国际工程的概念；

② 掌握国际工程招标的方式；

③ 网络和图书资源；

④ 笔记本。

实训步骤：描述实训目标→划分小组→收集资料→形成书面材料→课堂汇报→分享成果。

实训结果：

① 知道三峡工程设备进行了国际招标；

② 了解参加每项招标的投标单位；

③ 编制分析报告。

注意事项：

① 资料收集要全面；

② 确保小组所有成员自己参与；

③ 充分发挥学生的积极性、主动性和创造性。